沉积地球化学方法

付修根　胡　广　韦恒叶　等 编著

科学出版社

北　京

内 容 简 介

沉积地球化学是研究沉积物的化学组成、化学作用和化学演化的学科，是沉积学的重要分支，也是沉积学与地球化学相融合和交叉形成的一门重要科学。本书运用地球化学分析技术方法，通过研究沉积岩或沉积物中各常量元素地球化学、微量元素地球化学、同位素地球化学及有机地球化学等特征在环境分析、源区识别、气候研究、油气勘探中的应用，并详细介绍这些方法的使用条件、应用局限等。

本书可作为地球化学、沉积学、古环境科学等相关领域的学者、研究生和本科生的参考书，也可以作为沉积地球化学分析的方法手册。

图书在版编目（CIP）数据

沉积地球化学方法 / 付修根等编著. --北京：科学出版社，2024.9
（2025.8 重印）. --ISBN 978-7-03-079404-8

Ⅰ. P591

中国国家版本馆 CIP 数据核字第 2024HJ3677 号

责任编辑：罗　莉 / 责任校对：彭　映
责任印制：罗　科 / 封面设计：墨创文化

科 学 出 版 社 出版

北京东黄城根北街16号
邮政编码：100717
http://www.sciencep.com

四川青于蓝文化传播有限责任公司印刷
科学出版社发行　各地新华书店经销

*

2024 年 9 月第 一 版　　开本：787×1092 1/16
2025 年 8 月第二次印刷　　印张：13 3/4
字数：320 000

定价：118.00 元
（如有印装质量问题，我社负责调换）

沉积地球化学方法
（作者名单）

付修根　胡　广　韦恒叶　路俊刚　杜秋定

王利超　饶　刚　徐志明　李　勇　尹相东

沈利军　聂　应　易建全　胡方知　王　莹

前　言

　　沉积地球化学已经广泛应用于环境分析、源区识别、气候研究、油气勘探等领域，是沉积学与地球化学的交叉科学。在沉积地球化学的应用中，形成了大量的分析方法，这些方法是对特定沉积环境的归纳和总结，需要限定的地质条件。地质专业的学生，系统学习了地质学的基本理论，掌握了地质研究的基本技能，但由于实践经验不足，还难以适应复杂地质条件的工作需求。近年来，沉积地球化学新理论、新技术、新方法不断涌现，地质工作者面临着知识更新的问题。

　　本书在实践应用的基础上，系统介绍沉积地球化学分析方法的研究现状和发展趋势，详细阐述这些沉积地球化学分析方法的使用条件和应用局限。通过沉积地球化学分析方法的学习，学生能够了解沉积地球化学分析方法的现状和发展趋势，掌握沉积地球化学分析的系统方法，合理应用沉积地球化学分析方法。本书可以作为广大地质科研工作者开展沉积地球化学分析的方法手册。

　　本书具有以下特点：

　　(1)本书源于基本原理分析，突出方法介绍，注重应用实践，是一本方法学教材和应用指导手册。

　　(2)本书详细介绍传统沉积地球化学分析方法，突出沉积地球化学分析方法研究中的热点和前沿，提出这些分析方法的应用局限，是一本实用性非常强的参考用书。

　　本书由西南石油大学地球科学与技术学院付修根、胡广、韦恒叶等编写。具体分工为：第一章由付修根编写，前言、第三章、第七章、第八章由付修根、徐志明、路俊刚、李勇、饶刚、尹向东、沈利军编写，聂应、胡方知、王莹、易建全博士参与了这些章节编写的部分工作，第二章由杜秋定编写，第四章由胡广、王利超编写，第五章、第六章由韦恒叶编写。全书由付修根统稿定稿。

　　本书是西南石油大学研究生教材建设项目"沉积地球化学分析方法"(编号：20YJC13)的研究成果，也受到国家自然科学基金项目(编号：42241203，42241202)资助。

　　本书中疏漏和不当之处，衷心希望读者不吝赐正。

编者

2023 年 12 月

目　　录

第一章 沉积地球化学概述

本章对沉积地球化学分析方法进行简要介绍，提出沉积地球化学的概念，限定本书中沉积地球化学研究的内容，对沉积地球化学研究的常规方法进行说明，也对当前沉积地球化学研究中的主要测试技术进行简要介绍。本章中的测试技术仅仅从原理上进行简述，详细的介绍将在后续各章节中具体说明。

第一节 沉积地球化学概念与研究内容

沉积地球化学是由沉积学与地球化学相互渗透、相互结合而产生的一门新兴交叉学科，是以沉积物和沉积岩为对象，研究其在沉积-成岩过程中所含元素及同位素的迁移、聚集与分布规律的一门科学。沉积地球化学涉及面甚广，包括风化产物在搬运过程中元素的迁移、形成和沉积分异规律；沉积作用过程中元素及同位素的沉积方式、沉积机制和控制因素；成岩作用中元素及同位素的转移，重新分配及其化学机制；沉积岩中化学元素及其同位素的分布与分配；岩石成分在地质历史时期的地球化学演化，以及有机地球化学及其在沉积成矿中的作用等诸多方面。沉积地球化学可以概括为两大领域：其一是研究物质的化学运动和变化过程，即沉积岩中化学成分、化学元素及其同位素的分布与分配、分散与集中、共生组合、迁移规律和演化历史；其二是研究控制和影响元素及其同位素运动和变化的各种因素。

沉积地球化学研究内容包含沉积岩从风化到成岩的全过程，即从母岩的风化、剥蚀、搬运、沉积直到成岩后的地球化学作用，具体内容包括六个方面。

(1)风化、搬运过程中元素及同位素的地球化学行为。系统研究母岩风化、剥蚀和搬运过程中的元素及同位素地球化学行为的变化，如元素及同位素的迁移形式，化学沉积分异规律，影响元素及同位素迁移、分异的因素等。

(2)沉积过程中元素及同位素的地球化学行为。系统研究母岩风化剥蚀的产物发生沉积作用过程中的元素及同位素地球化学行为的变化，如各种元素及同位素的沉积方式，导致元素及同位素沉积的地球化学机制，各种元素及同位素在沉积物中集中和分散的规律，同位素分馏对元素集中与分散的控制因素等。

(3)成岩过程中元素及同位素的地球化学行为。系统研究沉积物从沉积环境进入成岩环境，在成岩作用过程的不同阶段和不同成岩环境中相关元素及同位素的转移特征，各种元素的分配规律及化学机制，控制成岩环境中元素分配和同位素分馏的因素等。

(4)沉积岩中元素及同位素的地球化学行为。系统研究沉积岩中的各种元素和同位素分配和组合特征,元素在沉积岩中的丰度和赋存的状态,各类元素的分配规律等。

(5)岩石成分在地质历史时期的地球化学演化。以时间为坐标,系统研究地史时期不同地质阶段形成的沉积岩中化学成分的特征,从而认识沉积圈层地球化学演化历史和演化规律,为认识地球演化规律提供基础。

(6)沉积岩中的有机地球化学行为。沉积岩中含有一定含量的有机质,这是沉积岩不同于火山岩和变质岩的典型特征。沉积岩中有机质沉积、埋藏后,会形成石油、天然气及煤,这与有机质类型、有机质演化程度等地球化学行为有关,也是沉积地球化学研究的重要方面。

第二节　沉积地球化学研究方法

应用地球化学资料解释沉积环境需要将野外地质工作与室内实验分析结合起来,只有在对研究剖面进行详细观察的基础上,才能合理地采集样品,科学地选择分析项目,并把获取的分析数据经过整理、分析来解释沉积环境。一般的研究步骤包括:①野外观察与描述;②样品的选择与采集;③实验室沉积地球化学分析;④数据处理与地质解释;⑤综合评价与预测。

一、野外观察与描述

与多数地质学科常用的方法一样,野外观察与描述也是地球化学研究沉积环境的基础,是对实验室分析所得各项数据做出符合客观实际解释的根本。野外观察与描述重点包括颜色、岩性、结构、构造、沉积序列分析、古流向及物源分析、古生物化石分析及沉积有机质分析等。

1. 颜色

沉积岩的颜色是分析沉积环境、物源区特征、成岩作用、表生风化作用等信息的重要标志,沉积岩新鲜断面的颜色往往与沉积环境有关。例如,红色、褐红色、黄色常常与高价铁的氧化物或氢氧化物有关,代表氧化环境;灰色及黑色常常与含有机质或分散状黄铁矿有关,代表还原环境;绿色、灰绿色常常与低价铁的硅酸盐矿物(如海绿石、鲕绿泥石)有关,代表弱氧化-弱还原介质条件。

2. 岩性

野外重点鉴别沉积岩的物质组成和矿物学特征,通过成分成熟度分析,判断物源特征和沉积水动力条件。随着搬运距离的增大,不稳定组分(如长石、岩屑等)含量会逐渐减少,而稳定组分(如石英)含量相对增加。因此,成分成熟度越高,搬运距离越远,石英含量高;成分成熟度越低,搬运距离越近,长石和(或)岩屑含量高。

3. 结构

野外充分利用放大镜观察沉积颗粒的形态、大小、磨圆等结构特征，是分析沉积水动力条件的重要证据。随着搬运距离的增大，沉积颗粒越来越细，颗粒的磨圆程度(圆度)越来越高，颗粒的分选性越来越好。因此，结构成熟度高通常为高能浅水环境，结构成熟度低通常为低能深水或快速堆积环境。

4. 构造

沉积构造是进行野外观察与描述较重要的内容，常出现在岩层顶、底面及岩层内部。顶面构造包括波痕、泥裂、雨痕、剥离线理、足迹与遗迹等，可用于判断岩层的顶面；底面构造包括槽模、沟模、压刻模、重荷模等，是岩石底面判断的重要标志；岩层内部构造复杂，如层理构造不仅是沉积环境的重要依据，也是水动力条件的重要标志。

5. 沉积序列分析

野外观察与描述时常需要对剖面沉积序列进行分析，这是因为不同沉积环境的沉积序列通常都按照特定的组合方式、排列顺序和演化规律依次叠加。沉积序列与沉积环境及其演化密切相关，特别是海平面升降、构造沉降、物源供给及气候等对沉积序列具有决定性意义，如海侵序列表现为向上变细的正粒序结构，而海退序列则相反，表现为向上变粗的逆粒序结构。

6. 古流向及物源分析

利用各种沉积构造和标志，包括流水沙纹层理、浪成沙纹层理、流线理、剥离线理、波痕、交错层理、砾石定向排列构造、砾石叠瓦构造、槽模、刷模、锥模、沟模、流痕，甚至生物遗痕等判别古流向。物源方向的分析方法较多，野外观察较常用的方法是在古流向分析的基础上，综合分析同层位碎屑沉积物的粒度、成分成熟度、结构成熟度、单层厚度，以及沉积构造等来判断物源方向。

7. 古生物化石分析

野外重点描述古生物化石的门类与属种、化石完整性、保存状态、丰度与密度、古生态及古环境等。通过生物化石组合可以判断沉积环境，如遗迹化石非常丰富时，水底并非缺氧环境，珊瑚通常为透光性好的清水温暖浅海环境，腕足主要生活于浅海区，三叶虫生活于海洋环境，主要为底栖。

8. 沉积有机质分析

野外可以根据沉积岩颜色、沉积水体氧化-还原环境、沉积速率、沉积矿物组合、沉积相特征等初步判断沉积有机质特征。

二、样品的选择与采集

样品的选择与采集是沉积地球化学研究的重要一环,采样方法及采集样品取决于研究目的,一般而言,样品的采集要达到数量和质量的统一,选择的样品必须有代表性以保证其能真正反映剖面中各类岩性的沉积地球化学特征,同时又要通过对适量样品的分析达到满足研究项目的要求,确保地球化学资料的统计学可靠性。因此,沉积地球化学分析的样品选择和采集常常需要满足:①在对研究剖面进行观察与描述基础上划分沉积作用单元,确定采样的基本单位(如均匀间隔采样或是针对目的层加密采样);②明确研究对象沉积地球化学分析的目的(如物源区分析、古气候恢复、沉积古环境分析、沉积大地构造分析等);③在常规分析方法的基础上进一步精选样品做特殊分析。

三、实验室沉积地球化学分析

为了测试沉积岩中的矿物、元素、同位素及有机质的组成,通常采用快速又经济的分析测试方法以获取大量精确的数据,常用的实验室沉积地球化学测试方法主要包括三个方面,这里仅进行简单的方法说明,详细原理及样品要求见本章第三节。

1. 主微量元素测试方法

(1)直接分析:重量法、库仑法。
(2)间接分析:原子吸收光谱、原子发射光谱、荧光光谱、质谱、色谱。

2. 同位素测试方法

(1)C、H、O、S 稳定同位素测试方法。
(2)铷锶(^{87}Rb-^{87}Sr)法。
(3)二次离子质谱仪(secondary ion mass spectrometry,SIMS)锆石 U-Pb 同位素定年。
(4)锆石 U-Pb 激光剥蚀定年。
(5)^{14}C 同位素定年。
(6)Sm-Nd 同位素。

3. 有机地球化学实验方法

(1)总有机碳(total organic carbon,TOC)含量分析。
(2)岩石热解分析。
(3)镜质体分析。
(4)油气气相色谱分析技术。
(5)生物标志物色谱-质谱分析。

四、数据处理与地质解释

室内分析所获得的大量测试数据，蕴含着研究对象在各个地质事件中的复杂联系，因而数据处理十分重要，需要各种处理方法和表示方法才能使它们之间的联系更为清晰地显示出来。一般可分为两种方法，一是图示法，包括直方图、三角图、相关图解法等；二是目前普遍采用的数理统计学方法，该方法能比较科学地揭示样品之间的规律性以及参数之间的相关性。对于大量测试数据，可借助电子计算机。

沉积地球化学数据的解释首先需要排除成岩作用、沉积再循环等对原始数据的影响，确保原始数据真实地反映原岩的信息。在此基础上进行沉积地球化学数据的规律分析，在分析的过程中需要充分考虑野外观察与描述的地质现象，结合沉积大地构造背景进行综合考虑，做出合理的地质解释。

五、综合评价与预测

科学的价值不仅是认识事物、解释现象，更重要的是可根据观察和实验得到的数据结果进行解释、分析和归纳，进一步上升为规律，然后在人类的经济、社会活动中用这些规律对事物或所要达到的目的进行评价判别、选择预测，为创造物质财富和精神财富作出贡献。例如，通过有机地球化学数据的分析，综合评价含油气盆地生烃潜力，预测烃源岩和生烃凹陷的分布，为盆地油气勘探提供依据。

第三节　沉积地球化学测试方法

一、主微量元素测试方法

1. 基本原理

沉积岩的化学成分包括元素周期表中的所有自然元素，通过实验仪器探测样品中目标元素的物理化学信息的分布与强度来获得目标元素在样品中的含量，具体可分为直接测量和间接测量。直接测量就是通过待测元素的物理化学性质，将其从样品中分离富集出来直接测量，如重量法、库仑法等。间接测量是目前较常用的测量方法，通过特定的仪器测定元素的物理学特性，如原子吸收光谱、原子发射光谱、荧光光谱、质谱、色谱等，从而获得所需元素的含量。

原子吸收光谱具有选择性强(测定比较快速简便)、灵敏度高(常规分析中大多数元素均能达到 10^{-6} 水平，石墨炉原子吸收法绝对灵敏度可达到 $10^{-14} \sim 10^{-10}$)、分析范围广(目前可测定73种元素)、抗干扰能力强(温度影响和背景影响小)、精密度高(一般为1%~3%，采用高精度测量法的精密度小于1%)的优势。然而，原子吸收光谱原则上不能多元素同时分析，对难溶元素的测试灵敏度还不太令人满意，对共振谱线处于真空紫外区的元素(如磷、硫等)还无法测定，另外，标准工作曲线的线性范围窄，给实际工作带来不便。

原子发射光谱具有选择性好(一次摄谱可同时测定多种元素，可分析元素达 70 种)、灵敏度高和精密度好[检出限可达 10^{-6} 级，精密度约为±10%，电感耦合等离子体(inductively coupled plasma，ICP)光源使某些元素检出限降低至 $10^{-10} \sim 10^{-9}$，精密度达±1%甚至以下]，可直接分析固体、液体和气体试样的优势。然而，原子发射光谱不能用于有机物及大部分非金属元素含量分析；对标试样、感光板、显影条件有严格的要求，否则会影响分析结果的准确度；分析时要配一套标准试样，不宜做个别分析，而适用于大量的、经常的试样分析。

荧光光谱具有分析速度快(2～5 分钟完成全部待测元素)、非破坏性分析(不会引起化学状态的改变)、精密度高(含量测定达到 10^{-6} 级水平)、制样简单(固体、粉末、液体均可分析)等优势。然而，荧光光谱对轻元素的灵敏度较低，容易受元素干扰和叠加峰影响。

质谱元素分析可以对气体、液体、固体等进行分析，分析的范围比较广；可以测定化合物的分子量，推测分子式、结构式，用途广；分析速度快，灵敏度高，样品用量少，只需要 1mg 左右，有时只要几微克。然而，质谱法分析价格昂贵，操作较为复杂，操作条件严格。

色谱分析具有分离效率高、应用范围广(有机物、无机物、低分子或高分子化合物等)、分析速率快(几分钟至几十分钟可完成一次复杂的分离与分析)、样品量少(十几至几十微升)、灵敏度高(可测定 10^{-9} 级微量的物质，特定检测方法可检测 10^{-12} 级数量的物质)、多组分同时分析(20 分钟左右可以实现几十种成分同时分离与定量)等优势。然而，色谱分析的定性能力较差，因此，目前发展起来了色谱法与其他多种具有定性能力的分析技术的联用。

2. 样品要求

地质研究的复杂性决定了样品采集的多样化，要求所采集样品与研究目的具有一致性，样品要具有代表性，取样时避免样品出露风化、接触带样品变质、运输过程的污染、加工过程污染，样品还需满足一定的质量等。

二、同位素测试方法

(一)C、H、O、S 稳定同位素测试方法

1. 基本原理

稳定同位素即未发现有放射衰变或裂变的同位素，目前在研究中最常用的是 C、H、O 和 S 稳定同位素，而质谱法是稳定同位素分析中最常用和最精确的方法。它是先使样品中的分子或原子电离，形成各同位素的离子，然后在电场、磁场的作用下，将不同质量与电荷之比的离子流分开进行检测，得到各个元素的同位素比值。

2. 样品要求

(1)采样要坚持空间性、时间性、代表性和有效性,采集的样品要分清是原生还是次生,是早期还是晚期,不同位置、不同相带、不同层位、不同构造的样品不能混合。

(2)防止样品污染。沉积岩中同位素组成变化很小,有时变化小于1%,应尽量降低样品污染。

(3)尽量采集露头上新鲜的岩石,如果采集样品的表面发生过风化,做 C、O 同位素分析时会影响测试数据的准确性,因为雨水会与碳酸盐发生化学风化,产生同位素分馏。

(二)铷锶(^{87}Rb-^{87}Sr)法

1. 基本原理

岩石或单矿物中的铷(^{87}Rb)经 β 衰变生成稳定同位素(^{87}Sr)。根据对试样中母体同位素 ^{87}Rb 和子体同位素 ^{87}Sr 含量及锶同位素比值的测定,即可根据放射性衰变定律计算测试样品形成封闭体系以来的时间,即岩石或单矿物形成以来的时间。样品多采用质谱法分析测定,即将试样分解后,采用离子交换树脂色谱分离、纯化铷和锶,然后用同位素稀释质谱法测定试样中的铷、锶含量和锶同位素比值,进而可以计算地质年龄或者分析物质来源。

为了获得高精度的稳定 Sr 同位素数据,目前主要使用热电离质谱仪(thermal ionization mass spectrometry,TIMS)或多接收电感耦合等离子体质谱仪(multi-collector-inductively coupled plasma-mass spectrometry,MC-ICP-MS)来测量 $\delta^{88/86}$Sr。相对于热电离质谱仪,多接收电感耦合等离子体质谱仪的灵敏度相对较高,分析速度快。多接收电感耦合等离子体质谱仪配置有多个法拉第接收杯和离子计数器,因此能够同时测量多个 Sr 的同位素,但需要注意同量异位素的干扰。此外,多接收电感耦合等离子体质谱仪的质量歧视效应显著,影响分析的准确度,需要进行质量歧视校正,目前常采用的校正方法包括标样-样品间插法、Zr 元素外部校正法、双稀释剂法。

相比于多接收电感耦合等离子体质谱仪,热电离质谱仪产生的仪器质量分馏效应比较小,但并不规律,很难使用标样-样品间插法进行校正;由于每种元素的电离温度不一致,也无法使用 Zr 元素进行校正。因此,用热电离质谱仪测定稳定 Sr 同位素时,只能使用双稀释剂法校正。热电离质谱仪的测量效率比多接收电感耦合等离子体质谱仪低,但具有更高的测量精度。

2. 样品要求

选择富钾的矿物,如黑云母、白云母。它们是 ^{87}Rb-^{87}Sr 法中最常用的矿物。通常黑云母比白云母易受变质作用和蚀变作用的影响,易发生 ^{87}Rb、^{87}Sr 的得失。另外还有钾长石,其 ^{87}Rb/^{87}Sr 值较低,但这类矿受到扰动时,对 ^{87}Rb-^{87}Sr 的保留能力较强,即 ^{87}Rb-^{87}Sr 封闭体系较好。角闪石和辉石类矿物中 ^{87}Rb/^{87}Sr 值都很低,一般只被用来确定(^{87}Sr/^{87}Sr)的初始比值。沉积岩的年龄测定常选用海绿石,因其含有比较合适的 ^{87}Rb/^{87}Sr 值。

对全岩样品来说，最合适的是酸性火山岩，因为其钾含量比基性火山岩高，随之铷含量也较高。基性火山岩中的玄武岩因 $^{87}Rb/^{87}Sr$ 值很低，常被用来确定 $^{87}Sr/^{87}Sr$ 的初始值。

(三)二次离子质谱仪(SIMS)锆石 U-Pb 同位素定年

1. 基本原理

二次离子质谱仪(SIMS)，即离子探针(ion probe analyzer，IPA)，是目前微区原位分析最精确的技术。其原理是通过高能离子轰击样品靶产生的二次离子，对样品的同位素组成进行分析。SIMS 锆石 U-Pb 同位素定年方法是根据被测样品与相应标准矿物的二次离子中 U-Pb 同位素的强度关系，计算出被测样品微区的 U-Pb 含量和 U-Pb 同位素年龄。

2. 样品要求

(1)样品采集时，要了解被测对象的地质特征、形成条件和岩石成因，了解岩石的结构、构造、岩相学与岩石学信息。要采集尽可能新鲜的岩石样品，防止其他岩性的混入。对采样点要做好记录和照相等。进行显微薄片研究时，了解锆石与其他造岩矿物之间的关系。

(2)单矿物锆石挑选切忌污染，特别是碎样过程中要确保设备干净，通常可采取专用工具手工碎样或使用专门的碎样设备。

(3)由于不同岩性样品含有不同的锆石量，因而要根据样品性质采集足够的样品以满足锆石的挑选，通常取样较多。

(四)锆石 U-Pb 激光剥蚀定年

1. 基本原理

锆石 U-Pb 激光剥蚀定年方法的全称为锆石 U-Pb 激光剥蚀电感耦合等离子体质谱(laser ablation-inductively coupled plasma-mass spectrometry，LA-ICP-MS)定年方法。通过对锆石单矿物颗粒中不同区域的原位样品激发，使样品局部熔蚀气化，利用 Element2 高分辨电感耦合等离子质谱仪(ICP-MS)，测定矿物中母体同位素(U、Th)和子体同位素(Pb)含量，依据放射性衰变定律，将数据进行处理以获得测定对象所形成的年龄值。该方法制样流程简单，空间分辨率高，分析速度快，污染少、费用低，已广泛应用于各种地质体研究中。

2. 样品要求

样品要求与二次离子质谱(SIMS)锆石 U-Pb 同位素定年方法相同。

(五)^{14}C 同位素定年

1. 基本原理

自然界中碳主要赋存 3 种同位素：^{12}C、^{13}C 和 ^{14}C，其中 ^{12}C、^{13}C 都是稳定同位素，只有 ^{14}C 具有放射性，故称为放射性碳。利用 ^{14}C 同位素放射性衰变规律进行测年的技术

称为 ^{14}C 同位素定年，也称放射性碳定年法。^{14}C 同位素定年的基本原理是根据样品中的 ^{14}C 原子衰变率计算样品的年代。

常规 ^{14}C 测定方法中通常采用的是衰变计数法，而目前更多采用加速器质谱仪（accelerator mass spectrometry，AMS）测定。AMS 是 20 世纪 70 年代末开始发展起来的一种现代核分析技术，它的原理就是直接计测样品中 ^{14}C 的原子数，不必等待它们发生衰变，而且所需样品中只含几毫克，甚至几百微克的碳量就可以了，精确度可达到 3‰～5‰。^{14}C 同位素定年是测定数万年以来的含碳物质年龄的一种常规方法，现已广泛运用于第四纪地质、古气候及海洋变迁研究等方面。

2. 样品要求

(1)该方法适用于数百万年至四万年左右的含碳有机物或碳酸盐样品。一般而言，稳定的含碳化合物表示的年代相对可靠。

(2)注意样品是否被污染，了解采集地点的堆积环境，要求尽可能采集埋藏较深的样品。

(六)Sm-Nd 同位素

1. 基本原理

Sm-Nd 同位素方法主要是利用 ^{147}Sm 经 α 衰变转变为稳定子体同位素 ^{143}Nd 测定地质体时代的一种测年方法，应用全岩等时线法或全岩+矿物等时线法，其等时线的构筑方法与 ^{87}Rb-^{87}Sr 法相同。

2. 样品要求

(1)所研究的同组样品应具有同时性和同源性。
(2)所测样品中，Sm/Nd 有较为明显的差异。
(3)在样品形成后，体系保持 Sm 和 Nd 封闭。

斜方辉石、单斜辉石、斜长石和磷酸盐矿物是 Sm-Nd 内部等时线测定的常用对象。酸性岩因为 Sm/Nd 值变化小，不适合单独做全岩等时线年龄的测定，但它们可以用于模式年龄测定。

三、有机地球化学实验方法

(一)总有机碳(TOC)含量分析

1. 基本原理

先用稀盐酸去除样品中的无机碳，然后将样品置于高温氧气流中燃烧，使总有机碳转化成二氧化碳，经红外检测器或热导检测器检测出二氧化碳的含量，计算出总有机碳的含量。

2. 样品要求

(1) 样品须经盐酸除去无机碳，且测试样品时必须干燥。

(2) 样品磨碎至粒径小于 0.2mm。

(二) 岩石热解分析

1. 基本原理

样品在载气流(氦气、氢气、氮气)保护下，通过控制热解炉的温度，使样品中的气态烃、液态烃、热解烃和二氧化碳随载气流排出，分别用氢火焰离子化检测器和热导检测器检测，热解后的残余有机质在加热氧化后转化为二氧化碳，由热导检测器检测出二氧化碳含量数值。

2. 样品要求

样品须用水洗净，粒度小于 0.5mm。

(三) 镜质体分析

1. 基本原理

将干酪根试样通过固结剂黏合、抛光制成薄片，根据光电效应，用波长(λ)为 546mm±5mm 的直射光照射镜质组抛光面，再通过光电倍增管将反射光强度转变为电流强度，将试样的电流与相同条件下已知反射率的标准物质所产生的电流进行比较，从而得出待测物的反射率。

2. 样品要求

(1) 表面须抛光呈镜面，没有明显凸起，无擦痕，组分界限清晰，颗粒表面没有麻点。表面清洁，无抛光料和污物。

(2) 测定对象的有机质在成熟—过成熟阶段，应选择无结构镜质体中的均质镜质体和基质镜质体；有机质在未成熟—成熟阶段，应选择均匀凝胶体或充分分解木质体作为测定对象。

(四) 油气气相色谱分析技术

1. 基本原理

油气气相色谱分析技术的基本原理是：样品被载气带入色谱柱后，各组分在固定相和流动相之间不断地反复进行分配。由于不同的组分在两相中的分配系数存在差异，随着分配次数的增加，最终各组分从色谱柱出口流出的时间不同，从而达到对样品中各组分进行高效分离的目的。气相色谱分析技术具有分离效能高、灵敏度高、分析速度快、适用范围广、定量准确等特点，因而广泛应用于正构烷烃和异构烷烃、芳烃、天然气组分的气相色谱分析中。

2. 样品要求

该技术广泛应用于气体和沸点在 500℃ 以下的液体和易气化团体的组分分析中，同时对各种化合物也可以进行检测。野外获得的油气苗或烃源岩样品均可作为测试分析对象，无须进行特殊处理。

(五) 生物标志物色谱-质谱分析

1. 基本原理

生物标志物是指发现于地质体中的化学性质稳定、碳骨架结构具有明显生物起源特征的有机化合物，如甾类和萜类化合物烷。这类生物标志化合物一般用气相色谱-质谱仪 (gas chromatography-mass spectrometry，GC-MS) 或色谱-质谱-质谱法 (GC-MS-MS) 连用仪分析鉴定，这种连用仪的特点是分别发挥色谱的高分离效能和质谱的高鉴别能力，即使有些化合物不易分开，靠质量碎片图也能把其鉴别出来。

样品注入色谱气化室，汽化后随载气进入毛细柱，分离成的单一组分依次进入质谱离子源。当化合物进入离子源时，用能量为 70eV 或低于 70eV 的电子束轰击，化合物就会失去一个电子变成等质量的分子离子，不同质量的分子离子或碎片离子可在多个轨道中运行，经离子光学系统将其聚焦成具有一定速度的离子束，射入连续改变磁场强度的质量分析器，使具有不同质量的离子按从小到大的顺序进行方向、能量聚焦，并通过收集狭缝射到电子倍增器上，放大后被计算机记录下来，经数据系统处理即可得到定性用的质谱图或质量碎片图。

2. 样品要求

测定甾烷、萜烷的饱和烃组分，应按有机质族组分的柱层析分析方法获取；当正构烷烃含量高时，会影响检测效果，应采用尿素络合或分子筛除出去。色谱进样方式为样品直接或用溶剂稀释后分流或无分流进样。质谱离化方式为电子轰击；分辨率大于 500Da (道尔顿，$1Da=1.66054\times10^{-27}kg$) 或全质量范围为一个质量单位，扫描方式为全扫描或多离子检测。

第二章 常量元素沉积地球化学

本章内容包括沉积岩中常量元素含量及分布、沉积岩中常量元素分布控制因素和常量元素地球化学的应用。本章介绍常量元素沉积地球化学研究中的热点和前沿方向，如碳酸盐工厂、源-汇分析等，也介绍常量元素在环境研究、气候恢复、构造背景判断中的应用，并提出应用局限。

第一节 沉积岩中常量元素含量及分布特征

常量元素也称主量元素或造岩元素，是岩石中质量分数大于1%（或0.1%）的元素，在地壳中质量分数大于1%的8种元素依次为O、Si、Al、Fe、Ca、Na、K、Mg。除O以外的7种主量元素在地壳中都以阳离子的形式存在，它们与氧结合形成氧化物（或氧的化合物），是构成三大类岩石的主体。另外，Ti、H、P在地壳中的质量分数尽管不足1%，但在岩石中频繁出现，也属于造岩元素。

一、地壳中元素的平均含量

地壳中各元素的平均含量称为克拉克值，是由美国化学家弗兰克·威格尔斯沃斯·克拉克（Frank Wigglesworth Clarke）通过对世界各地5159件岩石样品化学测试数据计算求出的厚16km的地壳内50种元素的平均含量与总质量的比值。地壳中各元素含量是极不均匀的（表2-1），其中，主量元素O、Si、Al、Fe、Ca、Na、K、Mg含量之和占99%以上。

表 2-1 地壳主量元素丰度（%）

主量元素氧化物	上地壳	地壳	下地壳	上地壳太古代	地壳太古代
SiO_2	65.9	57.4	54.4	60.1	56.9
TiO_2	0.65	0.90	0.99	0.83	1.00
Al_2O_3	15.2	15.9	16.1	15.3	15.2
FeO	4.52	9.12	10.63	8.00	9.60
MgO	2.21	5.31	6.31	4.69	5.90
CaO	4.20	7.41	8.50	6.20	7.30
Na_2O	3.90	3.11	2.81	3.05	3.00
K_2O	3.36	1.32	0.64	1.81	1.20
合计	99.94	100.47	100.38	99.98	100.1

二、沉积岩化学组成与元素丰度

由于沉积作用的复杂性和成因机理的多样性，因此，沉积岩的元素组成变化较大。砂岩、泥（页）岩和碳酸盐岩是沉积岩的主体构成，其中砂岩和泥（页）岩占80%以上。

（一）砂岩沉积矿物与化学组成

砂岩的化学成分变化极大，它取决于碎屑和填隙物的成分。碎屑成分为砂岩的主要成分，因此，砂岩的化学成分与碎屑成分在很大程度上表现为一致性（表2-2）。砂岩的化学成分与矿物成分具有对应的关系，K元素与钾长石和云母等含钾矿物对应，Si元素反映硅酸盐尤其是石英的含量，Fe、Mg、Mn和Ti主要表明基性岩屑和某些副矿物的存在。

表 2-2　主要类型砂岩的平均化学组分

化学成分	砂岩类型			化学成分	砂岩类型		
	石英砂岩/%	岩屑砂岩/%	长石砂岩/%		石英砂岩/%	岩屑砂岩/%	长石砂岩/%
SiO_2	95.4	66.1	77.1	CaO	1.6	6.2	2.7
Al_2O_3	1.1	8.1	8.7	Na_2O	0.1	0.9	1.3
Fe_2O_3	0.4	3.8	1.5	K_2O	0.2	1.3	2.8
FeO	0.2	1.4	0.7	CO_2	1.1	5.0	3.0
MgO	0.1	2.4	0.5	—	—	—	—

注：据 Pettijohn（1981）。

砂岩化学成分以 SiO_2 和 Al_2O_3 为主，而且 SiO_2/Al_2O_3 的值是区别成熟和未成熟砂岩的标志。成熟的砂岩在矿物成分上以最稳定组分石英为主，在这类砂岩中，石英含量高于75%；从化学成分上看，这类砂岩的特点是 SiO_2 含量极高（表2-2），SiO_2/Al_2O_3 的值较大，表明成分中铝硅酸盐或黏土矿物含量都很少。成熟的石英砂岩中，其化学成分的变化常与胶结物成分有关，如果胶结物为方解石，那么化学成分中具有较高的 CaO 含量。

未成熟砂岩的特点是 SiO_2/Al_2O_3 的值较低，按化学成分可进一步分为两类。一类为长石砂岩，长石含量大于 25%，化学成分上表现为 Al_2O_3、K_2O、Na_2O 的含量较高，而铁、镁的含量较低，这与主要矿物为长石的化学成分一致。另一类为岩屑砂岩，岩屑含量大于25%，化学成分上表现为 Al_2O_3、Fe_2O_3、FeO、MgO 含量较高，这与砂岩中富含铁、镁的不稳定岩屑或矿物有关。

（二）泥岩沉积矿物与化学组成

泥岩的矿物成分复杂，主要由黏土矿物（如高岭石、蒙脱石、伊利石等）和粉砂级石英组成，其次为碎屑矿物（长石、云母等）、后生矿物（如绿帘石、绿泥石等）以及铁锰质和有机质。泥岩的平均矿物成分：黏土矿物 58%，石英 28%，长石 6%，碳酸盐矿物 5%，氧化铁矿物 2%。其化学组分主要为 SiO_2、Al_2O_3 及 H_2O，一般情况下，三者总量可达 80%以上；其次为 Fe_2O_3、FeO、MgO、CaO、Na_2O、K_2O 等。迟清华和鄢明才(2007)统计了我国东部地区不同类型泥(页)岩的主量元素化学组成(表 2-3),表明泥岩中的化学成分以 SiO_2 和 Al_2O_3 为主的特征,这与泥岩中黏土矿物和石英含量高的特征是一致的。

表 2-3　中国东部各类泥(页)岩主量元素化学组成(%)

化学成分	SiO_2	TiO_2	Al_2O_3	Fe_2O_3	FeO	MnO	MgO	CaO	Na_2O	K_2O	P_2O_5
普通泥(页)岩	61.98	0.769	16.24	4.51	1.49	0.063	1.96	1.81	0.88	3.61	0.127
粉砂质泥(页)岩	65.57	0.712	14.24	3.72	1.55	0.061	1.73	2.01	0.96	3.27	0.115
钙质泥(页)岩	53.60	0.659	12.77	3.19	1.44	0.074	2.72	8.88	0.64	3.72	0.128
碳质泥(页)岩	63.23	0.687	16.07	2.24	1.30	0.023	1.27	0.82	0.49	4.17	0.124
富铝泥(页)岩	54.82	0.944	24.90	4.99	0.96	0.032	0.79	0.89	0.35	2.76	0.099
铁铝泥(页)岩	52.45	0.931	20.10	13.83	0.77	0.066	0.49	0.64	0.39	1.31	0.234
凝灰质泥(页)岩	69.22	0.500	14.17	1.78	1.96	0.061	0.83	1.69	2.15	3.28	0.068

泥岩中黏土矿物类型和对应的化学组成是判断泥岩形成环境和成岩作用的主要依据。

(1)高岭石。高岭石是在雨量充沛、排水良好和酸性水中形成的,为热带和亚热带的典型产物,可作为强风化作用的标识。

(2)蒙脱石。蒙脱石形成并不完全受气候控制,只要水分充足,火山作用产物和基性岩石便可以水解形成蒙脱石,可作为中等风化作用的产物;因此,蒙脱石通常由火山玻璃蚀变而来,常见于碱性土壤中,在埋藏成岩作用中,蒙脱石将转变成伊利石。

(3)伊利石。伊利石是数量最多的黏土矿物,大部分来源于先形成的页岩,也是深埋藏页岩的主要组成成分,常与绿泥石共生,由长石和云母风化分解而成的伊利石可以作为初始风化产物。伊利石形成于低温、低淋滤作用、弱碱性介质,其形成反映了寒冷干燥的气候条件。

(4)绿泥石。绿泥石是一种抗风化能力非常弱的黏土矿物,一般在碱性环境中形成,抗风化能力比伊利石差,因此,在化学风化受到抑制的环境下更有利于绿泥石保存,一般形成于寒冷干旱的气候条件。

(5)伊/蒙混层。在干湿交替的环境中,伊利石在向蒙脱石转化的过程中会形成伊/蒙混层,因此,泥岩中伊/蒙混层的出现一般被认为是气候逐渐向润湿转变。泥岩中黏土矿物组成决定了 Al_2O_3、Fe_2O_3、FeO、Na_2O、K_2O 化学组分的含量,因为这些主量元素主要赋存于黏土矿物中,当然,FeO 含量也可能与泥岩中黄铁矿的含量有关。

(三)碳酸盐岩沉积矿物与化学组成

碳酸盐岩几乎只由稳定的低镁方解石和白云石组成,以方解石为主的为石灰岩,以白云石为主的为白云岩。现代碳酸盐沉积物中还常包含高镁方解石、文石、原白云石等。碳酸盐岩中常见的其他自生矿物有石膏、硬石膏、重晶石、天青石、岩盐、钾镁盐矿物等；常见的陆源碎屑矿物有石英、长石碎屑、黏土矿物和少量重矿物，这些陆源碎屑矿物均不溶于盐酸，通常被称为酸不溶物。

　　碳酸盐岩的主要化学成分为 CaO、MgO 和 CO_2，此外，还有少量的 SiO_2、Al_2O_3、FeO、Fe_2O_3、Na_2O、K_2O 和 H_2O 等。纯石灰岩的理论化学成分为 CaO（56%）、CO_2（44%）；纯白云岩（白云石）的理论化学成分为 CaO（30.4%）、MgO（21.7%）、CO_2（47.9%）。可利用碳酸盐岩主量元素的含量、种类、元素比值进行地层的划分与对比，判断沉积环境和研究岩石成因等。

　　由于大部分碳酸盐沉积物是由分泌碳酸盐的生物产生，其中不少是光合作用的副产物，因此，碳酸盐的形成过程主要取决于光照强度。在海水上部 100m 的水层中，特别是表层 10m，悬浮着大量能进行光合作用的生物，这也是碳酸盐沉积物形成的主要场所。这个具有高生物产率的浅水区域被称为碳酸盐工厂（James，1977）。碳酸盐工厂的环境条件决定了碳酸盐沉积类型和化学组成，目前已建立了热带浅水碳酸盐工厂、温凉水碳酸盐工厂、灰泥丘工厂等的碳酸盐特征（颜佳新等，2019）和差异的化学组成。

　　(1) 热带浅水碳酸盐工厂。热带浅水碳酸盐工厂所处环境水体氧浓度高、营养物质较贫乏，但光照条件好，处于南北纬 30°之间，水体温度温暖。该环境下光能自养型生物繁盛，如藻类及与藻类共生并利用藻类进行光合作用的动物(比如珊瑚、底栖有孔虫等)；不依赖光照的异养生物也常见。因此，热带浅水碳酸盐工厂以生物控制的碳酸盐矿物为特征，在台地边缘形成生物骨架，这种生物骨架不仅形成了传统意义的碳酸盐矿物，还可以形成与碳酸盐相伴生的硅质矿物和磷质矿物，因此，在化学成分上除了 CaO 和 CO_2 外，也可以含 Si 和 P，需要注意的是，这里的 Si 和 P 是生物成因的。

　　(2) 温凉水碳酸盐工厂。温凉水碳酸盐工厂也称冷水碳酸盐工厂，在温跃层之下，热带浅水碳酸盐工厂转换为温凉水碳酸盐工厂，这里为弱光或无光区，水温低，营养物质一般比热带浅水碳酸盐工厂区丰富，生物以异养生物为主，上部可发育红藻等。水温更低的温凉水碳酸盐工厂主要出现在南北纬 30°到极地的范围内，其水深范围可以从浅海延伸到半深海甚至深海，最普遍的环境是外部浅海陆架上有流体扫过的部分。温凉水碳酸盐工厂的碳酸盐沉积物为砂粒大小的碳酸盐生物骨骼碎片组成，缺乏热带型珊瑚礁和鲕粒，碳酸盐灰泥很少。

　　(3) 灰泥丘工厂。其典型的环境为弱光带或透光带，营养物质丰富，低氧但不缺氧的水域环境。常出现在温跃层，沉积物颗粒非常细，为生物和非生物因素在细菌参与下共同形成，有机质的腐烂起重要的作用，可以形成典型的灰泥丘。灰泥丘工厂的主要产物是泥晶碳酸盐，但不同于潟湖泥或深海等深流的水动力沉积物堆积。在地质记录中，浅水区和热带地区的灰泥丘工厂是不寻常的，它的出现通常是环境条件或大灭绝导致的缺乏更有竞争、更高效的碳酸盐工厂（Riding and Liang，2005）。

(四) 硅质岩沉积矿物与化学组成

　　硅质岩是化学作用、生物和生物化学作用以及某些火山作用形成的富含二氧化硅的岩石，其硅质含量一般大于 70%（Pettijohn，1975），矿物主要有蛋白石、玉髓和石英。硅质岩的主要化学成分为 SiO_2（含量大于 70%）和 H_2O，其次含有不定量的氧化物，如 Fe_2O_3、Al_2O_3、MgO 等。硅质岩中的硅质矿物不是来自碎屑，而是来自生物的硅质骨骼、壳体或碎片，由化学作用直接沉淀或交代作用产生。硅质岩可以分为三种类型：生物硅质岩、化学硅质岩和凝灰硅质岩。

（1）生物硅质岩。生物成因硅质岩主要有硅藻土、海绵岩、放射虫硅质岩等，在显微镜下可看到放射虫、硅藻或硅质交代残留的钙藻等。硅藻土主要由硅藻遗体组成，化学成分主要为 SiO_2 和 H_2O，矿物成分主要为蛋白石-A。放射虫硅质岩主要由硅质放射虫介壳组成，除放射虫外，还可有硅藻、海绵骨针、海藻、有孔虫等生物遗体，并常有黏土矿物，以及方解石、海绿石、碎屑石英等混入物。海绵岩主要是由硅质海绵骨针堆积并由化学沉淀的 SiO_2 胶结形成的海绵硅质岩。

（2）化学硅质岩。化学硅质岩是以沉积的或交代碳酸盐或其他矿物的 SiO_2 为主要成分的岩石，质地坚硬，一般称为燧石岩，主要成分为玉髓和自生石英，年代较新者可为蛋白石，还常有黏土、碳酸盐及有机质混入物，也可含有少量硅质生物遗体。含氧化铁杂质的称为铁质碧玉岩，常呈红色、绿色或黄色，矿物成分是自生石英，可含少量生物遗体；含有机碳的称为碳质碧玉岩，常呈黑色。

（3）凝灰硅质岩。凝灰硅质岩是以脱玻化玻屑为主要造岩成分的蛋白石岩，又称瓷土岩。其中，蛋白石呈超显微状球体集聚状，孔隙多，质地较轻，含少量黏土成分，是火山灰沉积在湖、海中改造而成的一种特殊的硅质岩。

目前有关硅质岩成因的研究主要借助 $\omega\%$(Al-Fe-Mn)判别图（Adachi et al.，1986）以及 $\omega\%[Al/(Al+Fe+Mn)]$-$\omega\%$(Fe/Ti)判别图（Boström et al.，1972）。这些判别图中均利用 Mn 作为热液成因的指示元素，而 Murray（1994）认为 Mn 元素容易受成岩作用的影响，是一种相对容易迁移的元素。

第二节　沉积岩中常量元素分布控制因素

一、母岩成分与风化作用强度

沉积岩的形成经历了风化作用、剥蚀作用、搬运作用、沉积作用、成岩作用的过程，这些作用过程共同控制了沉积岩中的矿物及元素分布。随着风化强度的增大，大部分可溶元素（如 K、Na、Ca）很容易从沉积物和土壤中浸出，而难溶元素（如 Al、Fe）则少量流失（Nesbitt and Young，1982）。当然，元素的迁移不仅仅是元素的溶解迁移，也可以是母岩碎屑的整体迁移。因此，母岩的成分和风化作用的强度是沉积岩中元素分布的重要控制因素。

自剥蚀地貌中形成的剥蚀产物，搬运到沉积区或汇水盆地中最终沉积下来的这一过程，即是"源-汇"系统。"源-汇"系统主要针对颗粒物和溶解质两部分，因此，整体性研究主要涉及沉积学和地球化学两方面的内容。古代"源-汇"系统涵盖了古地貌重建、古构造恢复、碳循环过程、深时古气候、古环境、古地理等诸多方面。"源-汇"系统的沉积学研究方法主要包括碎屑矿物的同位素年龄物源定量示踪、地貌学比例关系深时古地貌定量预测、沉积物质量平衡与沉积物分配分析等。这些方法对"源"的恢复和揭示沉积母源特征具有重要意义。

(1) 碎屑矿物的同位素年龄物源定量示踪。物源区示踪中，传统的岩石学方法如运用迪金森 (Dickinson) 三角图解法区分物源体系、判断构造背景，存在一定的多解性；重矿物组合及相关判别参数也是判定母岩矿物组分及物源方向的常规手段，但其分析结果相对粗略，无法达到"源-汇"系统研究需要。近年来，碎屑锆石 U-Pb 同位素分析成为"源-汇"系统分析的重要手段之一，通过碎屑锆石年龄组成与潜在源区结晶岩体年龄组成对比，以区分出源区物质组成，与此同时，借助阴极发光、透射光下的碎屑矿物形态学特征，判别物源体系的搬运距离 (Markwitz and Kirkland，2018)；当样品数据点多、源区母岩成分复杂、汇区碎屑锆石年龄组成呈多峰特征时，亦可优选科尔莫戈罗夫-斯米尔诺夫 (Kolmogorov-Smirnov，K-S) 及柯伊伯 (Kuiper) 检验等方法对多组数据相似性进行对比，以确定源区和汇区的锆石年龄组合相关性 (Saylor and Sundell，2016)。在利用碎屑锆石 U-Pb 定年进行物源区分析时，特别需要注意再旋回沉积物对物源区示踪的影响，一个重要的排除方法是结合沉积演化过程进行综合分析，如利用碎屑矿物的低温热年代学方法约束源区的隆升与剥蚀时间。

(2) 地貌学比例关系深时古地貌定量预测。地貌比例关系研究旨在利用地貌参数经验关系，对"源-汇"系统不同单元地貌特征进行定量预测，20 世纪 60~70 年代，地理学家最早发现冲积扇面积与冲积扇的坡度、源区的汇水面积呈幂函数的比例关系 (Hooke，1968)。地貌学研究证实，无论地表过程如何变化，地貌形态参数间的内在联系都相对稳定，尽管依据这种方法估算的地貌学参数普遍存在较大的不确定性，但一般而言，预测值与实际值、理论值处于一个数量级内。选取多种地貌学回归关系进行共同约束，对"源-汇"系统定量预测具有较大的实用意义 (Sømme and Jackson，2013)。

(3) 沉积物质量平衡与沉积物分配分析。质量平衡分析包括源区剥蚀量、沉积物供给及汇水区沉积体三方面的对比分析。事实上，由于源区沉积物短暂储存、汇区沉积物改造乃至跨盆地物质搬运，源区剥蚀产物总量、沉积物通量及汇区沉积体总量往往并不一致，在盆地尺度的"源-汇"系统研究中，通过对比三者差异可以确定沉积物搬运、沉积及分配过程，明确沉积物粒度向下游的变化趋势 (Watkins et al.，2019)。源区剥蚀量可由宇宙成因核素测年法测定的源区平均剥蚀速率并结合相关测年方法所得 (Covault et al.，2011)，或利用低温热年代学所记录的退火年龄及热史模拟测定剥蚀量 (Babault et al.，2018)，或利用地层趋势法插值建模恢复 (Liu et al.，2016)。相比而言，宇宙成因核素测年法仅能计算第四纪的剥蚀量，而低温热年代学法、地层趋势法则更适用于深时"源-汇"系统。沉积物通量计算以"支点"法和 BQART 沉积通量模型 [B 为代表基底岩性、冰川作用和人类活动的环境参数，Q 为水流量 (km^3/a)，A 为流域面积 (km^2)，R 为流域最大地势高度 (km)，T 为流域年平均温度 (℃)]，计算沉积物供给为代表 (Holbrook and Wanas，2014；Syvitski and Milliman，2007)。

通过"源-汇"系统分析，恢复沉积岩母源特征，从而可以揭示母岩对沉积岩中常量元素分布的控制作用。事实上，母岩区风化和剥蚀作用强度的不同，对沉积岩中常量元素分布也有重要的影响。研究表明，从母岩到土壤的形成过程中，一般伴有 Ca、Mg、Na、K 的明显减少，少量 Al、Fe 的流失，Si 含量的增加。随着风化作用的加强，母岩的矿物成分破坏严重，元素在搬运过程中分异作用也越明显，影响元素迁移的因素较多，包括元素自身的化学性质、自然地理环境等。风化作用中元素总的迁移趋势是：迁移能力最强的元素 Cl、S（SO_4^{2-}）最先流失，其次是 Ca、Mg、F 等，而后是 Si、K、Mn，P 等，最后是 Al、Fe、Ti 等，因而在风化过程中，可在风化壳富集形成某些矿产，如风化淋滤型的富 Fe 矿和铝土矿的形成。

二、元素的迁移形式与沉积分异

元素的迁移是元素在地壳中不同部位发生重新分配、集中和分散的直接原因。母岩的原始矿物组合破坏以后，一般有两种性质不同的产物，一种为稳定的低温矿物，另一种为以溶解状态参与地表水循环的溶解物。这些矿物或化合物分别发生机械沉积作用、化学沉淀作用和生物化学沉积作用。元素及其化合物在沉积岩中所表现出的分异现象优先取决于它们在水中的迁移形式，而同一元素由于介质条件的不同，也可具有不同的迁移形式。

进入碎屑矿物晶格或被黏土矿物吸附的元素与本身所赋存的碎屑矿物一起以低载荷形式搬运，并以机械分异作用为主发生沉淀作用，在迁移和沉积过程中元素及其化合物没有发生明显的化学变化。这些元素倾向于富集在砂、泥中，进入海（湖）盆以后，或与粗粒物质一起堆积于河口部位和滨岸附近，或与细粒物质一起继续以悬浮物质状态搬运，最后在盆地中心发生悬浮沉积作用而堆积。这类元素主要富集于对机械和化学风化作用均较稳定的矿物，如石英中的 Si、锆石中的 Zr 等。

以离子形式呈溶液和胶体溶液搬运的元素，其迁移能力主要取决于其溶解度，并按化学分异规律发生沉淀（图 2-1）。难溶的 Al、Fe、Mn 的氧化物迁移能力最弱，最易发生沉淀作用，有时尚能形成铁矿床。最易溶的钠盐、钾盐和镁盐迁移能力最强，因此元素 K、Na、Mg 常富集于海（湖）水中，只有通过蒸发作用达到一定浓度以后才发生沉淀，产生盐类矿床。因而几乎完全由化学沉淀过程所产生的蒸发岩、碳酸盐类矿物能够直接指示沉积作用环境。以离子形式呈溶液和胶体溶液形式存在的元素的迁移规律在很大程度上取决于元素的地球化学行为，如与原子结构有关的离子半径、离子电位、化学键的性质、晶格能、元素及其化合物的溶解度等。此外，元素及化合物所处的外界物理化学条件，包括温度、压力、浓度、氧化还原电位，酸碱度等也是重要的外在因素。温度可以通过改变元素及其化合物的存在状态而改变元素的迁移能力，水介质的 Eh（氧化还原电位）和 pH 可以通过改变元素的化合价及其化合物的溶解度使其迁移能力发生变化。以元素 Fe 为例，在还原条件下，pH 较高时，Fe 以 Fe^{2+} 形式存在，迁移能力很强，而在氧化条件和 pH 低的酸性介质中，以 Fe^{3+} 形式存在，迁移能力很弱。

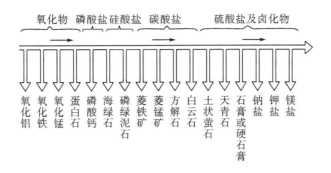

图 2-1 化学分异作用图解

生物化学作用在元素的迁移与沉淀中也起重要作用，这种作用主要发生在蓄水环境内，如沼泽、湖泊、海洋等。生物体本身富集某些元素，也吸附大量元素，如 Ca、Si、P、Sr、B 等。生物死亡后，腐烂分解会直接造成沉积盆地内某些元素的形成与富集。此外，生物化学作用尚可以改变沉积介质的化学条件，从而间接地控制某些元素和化合物的形成与富集。例如，海（湖）盆底层水强还原环境中细菌对硫酸盐的还原环境，造成以硫化物形式存在的 Fe^{2+} 的富集。

湖泊沉积物元素的分异现象十分明显，如我国青海湖湖底元素具有显著的分异规律。①从湖盆边缘到中心，总的趋势是随着离子半径增大、离子电位降低、元素依次富集。在电价相同的元素之中，那些半径较小、电位较高的元素有向湖盆边缘移动的倾向；离子电位很低、或电位很高而构成络阴离子团中心离子的那些元素，以及与 CO_3^{2-}、络阴离子密切相关的 Ca，则明显富集于湖泊主体及其附近；可溶性 Si 由于形成胶体和硅藻活动的影响则向湖泊中心移动。②由于水动力、水化学性质及湖底地形的影响，环带状分布式是青海湖元素聚集的主要特点，如以石英和硅酸盐为主要存在形式的 Si、很难形成可溶性化合物的 Ti 均在高能带的河口部位和滨岸地带富集。主要以悬浮物和胶体溶液形式迁移的元素，如 Fe、Mn 向湖盆中心含量有增加的趋势，同时受湖水 pH 的影响，在 pH 较大的偏碱性湖区局部富集。以溶解状态迁移的活泼性的元素，如 Na、K 以及被黏土矿物吸附的元素，如 V、Co、Ni 等则主要分布于深水湖区。③由于生物和生物化学作用，元素 P 和自生 Si 在湖盆南部水生生物繁茂区富集。

自然界中沉积作用过程是复杂的，控制沉积作用的因素也是多种多样的，因此元素的分异聚集并没有一个简单的规律可循。与岩浆作用相比，人们对沉积作用中元素的迁移与沉积过程中的化学行为了解得比较少，因此要对沉积过程中元素的分布与分配规律给予明确的论述还需要做很多工作。

三、沉积-浅埋藏环境的影响

沉积物沉积以后，在沉积至浅埋藏过程中沉积颗粒与沉积环境的水介质及成岩孔隙水之间存在着一系列复杂的地球化学作用。在这些反应中，元素的再分配不仅与元素的性质有关，而且明显受环境因素的影响。

研究表明，在含氧的海水之下，沉积物与水界面以下的数十米范围内一般可区分出三个特征的生态层序。每一个层序具有各自的生物化学反应，可形成不同的矿物组合。以铁的化合物形式为例，可以看出环境对元素分异聚集的明显影响。

第一层序带称氧化(OX)带，以喜氧生物的呼吸作用为主要新陈代谢过程。其主要反应为：$CH_2O+O_2 \Longrightarrow H_2O+CO_2$。在这个带内，有机质被溶解氧氧化为 CO_2，有机质被消耗。该带的下限由沉积物中所含的分子氧向下扩散的程度而定，一般不超过数厘米，底栖生物的活动可使这个带加深。该带内不存在还原反应，铁主要以 Fe^{3+} 的化合物形式存在。

第二层序带称还原(SR)带，厌氧细菌对硫酸盐的还原作用为主要新陈代谢过程。随着有机质的分解，沉积物中的氧逐渐消耗，硫酸盐还原细菌等厌氧细菌的作用将海水中呈溶解状态的 SO_4^{2-} 还原，其反应式为：$2CH_2O+SO_4^{2-} \Longrightarrow HS^-+HCO_3^- +H_2O+CO_2$。这一反应受海水中 SO_4^{2-} 的多少和沉积物中有机质的丰度所控制。该带的深度约为 1m，在贫有机质的沉积物中可增加到数米。在 SR 带内，沉积物碎屑矿物中的 Fe 与反应的生成物 H_2S 作用形成铁的单硫化物和硫化物，Fe^{3+} 不断被还原，沉积物中 Fe、S 等元素富集。当有机质或 SO_4^{2-} 离子供应不足，以至不足以产生足够的 H_2S 时，形成非氧化-非硫化物环境，则形成菱铁矿或 Fe^{2+}- Fe^{3+} 的硅酸盐，如海绿石。Mn 的还原作用也在这个带内发生，还原后的 Mn 可结合到碳酸盐和硫化物矿物中。

第三层序带为甲烷(ME)带。发生在硫酸盐的渗透作用达不到的深度以下，或随着 SO_4^{2-} 在 SR 带的消耗，在硫酸盐还原作用停止的情况下，该带内有机质被继续分解产生甲烷和某些氧化物，如 CO_2。其反应式为：$2CH_2O \Longrightarrow CH_4+CO_2$。该带内伴生的矿物有蓝铁矿、菱铁矿、黄铁矿等。在该带内，甲烷的生成与 Fe^{2+} 的还原作用相结合产生介质的强碱性条件，十分有助于碳酸盐的沉淀作用：$CH_2O+2Fe_2O_3+3H_2O \Longrightarrow 4Fe^{2+}+HCO_3^- +7OH^-$。当沉积物中 Fe^{2+} 较少时，则会减少孔隙水的碱性特征，碳酸盐矿物又可变得不稳定。

在上述三个层序带中，同位素的分馏作用程度也不同，如形成于甲烷环境中的菱铁矿 $\delta^{13}C$ 值高，在氧化环境(OX 带)和硫化物环境(SR 带)中形成的碳酸盐 $\delta^{13}C$ 值低(Maynard，1983)。

上述反应序列在很大程度上受沉积物原始沉积环境中介质的化学性质所控制(图 2-2)。在海(湖)相缺氧沉积环境中，也可能存在盐跃层而造成海(湖)水分层的底层水缺氧环境(图 2-2a)，因为海(湖)水中富含 SO_4^{2-}，所以在底层水环境和沉积物-水界面以下只具有 SR 反应带，向下则为 ME 带。在淡水缺氧环境中，由于 SO_4^{2-} 供应不足，只发育 ME 带(图 2-2b)，不发育 SR 带，因此甲烷、菱铁矿和蓝铁矿更易形成于淡水中。而在含氧的海相沉积环境中，OX、SR、ME 三个带依次出现，形成一个完整序列(图 2-2c)。在含氧的淡水环境中，由于水中缺少 SO_4^{2-}，往往不发育 SR 带(图 2-2a)。沉积作用速度同样影响上述各带的发育程度。缓慢的沉积作用在含氧环境中有利于 OX 带的发育，而缺氧环境中则有利于硫酸盐还原作用及 FeS_2 的富集或碳酸盐的矿化作用。与此相反，快速的沉积作用将使 OX 带和 SR 带影响降到最低程度，而 ME 带却十分发育，沉积物中富集菱铁矿。

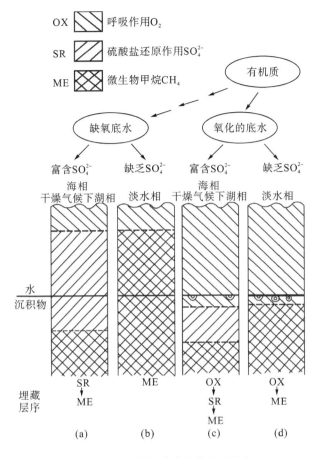

图 2-2　沉积-浅埋藏成岩带生态层序

除沉积介质的氧化还原环境以外，水介质的矿化度、酸碱性都影响着元素的组成，如在海水和盐度较高的水介质中，由于黏土矿物的吸附作用和矿物中的离子交换作用，沉积物中往往富含 Sr、B 等元素。控制元素分布的决定性因素除了元素本身的性质以外，沉积物形成时的古地理，包括古气候、古地形、风化强度、生物活动和水介质的物理化学性质等也起着十分重要的作用。

四、成岩作用中元素的再分配

沉积物在成岩过程中，在压力、温度的变化以及地下水的循环作用等各种因素的影响下，随着矿物的交代作用、置换作用和重结晶作用等后生变化的发生，元素也便进行再分配和重新分布，特别是那些活动性较大的元素，往往在成岩过程中富集。

方解石或文石同富含 Mg^{2+} 的海水反应产生白云石，造成元素 Mg 的富集即为成岩作用中元素的再分配的典型实例。白云岩成因模式中，目前提出了蒸发模式、渗透回流模式、混合水模式、浓缩正常海水模式、埋藏模式、热液模式等。其中，埋藏模式和热液模式与成岩作用的元素再分配有关。

(1)埋藏模式。白云石的人工合成实验表明,当温度到达 100℃时,白云石能够克服热力学障碍发生沉淀,因此,随着埋藏深度的增大,当埋藏温度达到 100℃时,富 Mg^{2+} 流体在压实作用下与灰岩发生交代作用,形成白云石。埋藏白云石化多发生在颗粒灰岩和结晶灰岩等地层中,由于 Mg^{2+} 半径小于 Ca^{2+} 半径,在高温高压条件下更容易取代 Ca^{2+},因而埋藏条件下当 Mg^{2+} 与 Ca^{2+} 的含量比等于 4 时即可发生白云石化。埋藏白云石化常形成于后期埋藏成岩阶段,形成深度一般在 2000~3000m。埋藏白云石化常受构造断裂控制,表现为邻近构造线的白云石化作用较强,向周围逐渐减弱,该模式形成的白云岩常具有颗粒结构和粉、粗晶结构,宏观上表现为砂糖状白云岩,发育残留孔隙;在沉积地球化学方面,埋藏白云岩的 $\delta^{18}O$ 值偏负,Sr、Na 等元素含量低,有时 Fe 等其他金属元素含量高。

(2)热液模式。热液白云石化是地层深部的富 Mg^{2+} 热液在某种机制下向上运移,流经上覆灰岩地层,并对其进行白云石化改造的过程,热液的标准是侵入灰岩的流体温度要比环境温度高 5℃以上(White,1957)。热液白云石化的形成深度目前尚存在争议,一般认为形成深度大于 2500m,其 Mg^{2+} 与 Ca^{2+} 的含量比为 4~10,白云岩以结晶白云岩或具有一定渗透性的颗粒白云岩、礁白云岩为主。岩石以发育鞍形白云石为特点,溶蚀结构、交代残余结构发育,常伴生少量的铅-锌矿、黄铁矿、萤石等;岩石的沉积地球化学特征表现为富含 Fe、Mn 等元素,具有较轻的氧同位素,富含放射性成因 ^{87}Sr。

沉积岩的元素分布也随着地质时代的变化而改变。研究发现,K_2O 的含量在古生代泥岩中要高于较新地层泥岩中的含量,到目前为止,还不能确定这种变化是由于成岩作用造成的,还是由于地球表面化学组成的改变造成的。此外,CaO、Na_2O、Fe 的含量也都随地质时代变迁而改变。

第三节　常量元素地球化学的应用

沉积岩(物)是地球表层系统圈层相互作用的记录者,通过沉积地球化学的研究,可以示踪相关的地质过程。主量元素含量高,易于测试,常用于物源分析、风化作用、沉积水体环境恢复、元素循环等。其中,Fe、Mn 元素已广泛用于恢复水体氧化还原环境,K、Na、Ca、Mg 等元素可用于重建水体盐度特征,TOC、P、Si 常用于生物生产力恢复。

一、风化作用与古气候恢复

主量元素应用于风化作用和古气候恢复的机理是,随着风化作用的加强,大多数可溶元素,如 K、Na、Ca 等非常易于迁移,而不溶元素如 Al 等仅少量流失,基于这样一个过程,一些风化指标被建立,用来评估岩石的化学风化强度。这些指标包括化学蚀变指数(chemical index of alteration,CIA)、帕克(Parker)风化指数(weathering index of parker,WIP)、风化化学指数(chemical index of weathering,CIW)、斜长石蚀变指数(plagioclase index of alteration,PIA)等。

　　为了重建古气候特征，最好考虑原始沉积物信息，避免沉积再旋回效应对化学风化指标的影响。因此，沉积再旋回的判断是必要的，可以采用 Th/Sc[①]、Zr/Sc 进行判断（图 2-3），Th/Sc 和 Zr/Sc 在沉积初期明显正相关，经历再旋回作用后，Zr/Sc 大幅增加，Th/Sc 无明显变化，也可以使用 Nd 同位素与源岩的对比关系进行判断（Fu et al.，2017）。Nesbitt 和Young（1982）最初提出 CIA 是以泥质岩为研究对象，之后也被用来进行砂岩常量元素的CIA 计算并推测物源区风化程度，然而，碎屑沉积物在产生过程中元素组成受物理和化学过程控制，物理风化过程根据沉积物颗粒大小、密度和形状对其进行水动力分选，产生的粗细颗粒会对沉积物的矿物组成产生影响（粒度效应），造成粗细颗粒中不同元素的富集，使得 CIA 等化学风化指标不能指示其真实的化学风化强度，可能会受到粒径影响。因此，在使用不同粒径岩石进行风化指标研究时，需要考虑粒径对风化指标的影响，另外，也需要考虑环境差异对风化指标的影响，如不同的沉积相的影响（Fu et al.，2017）。

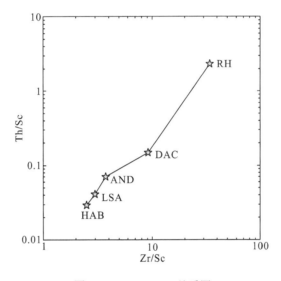

图 2-3　Th/Sc-Zr/Sc 关系图

注：玄武岩（basalt，HAB）；低硅安山岩（low-silica-andesite，LSA）；安山岩（andesite，AND）；英安岩（dacite，DAC）；流纹岩（rhyolite，RH）（Taylor，1965）。

　　研究表明，细碎屑岩在成岩过程中的钾交代会改变原岩成分，因此，需要进行钾交代作用校正以获得源岩真实风化程度，其校正方法是，在使用化学蚀变指数（CIA）之前通过计算成分变异指数（index of compositional variability，ICV）进行成熟度判别，选取 ICV > 1的样品进行 CIA 计算，再利用 Al_2O_3-（CaO*+Na_2O）-K_2O（A-CN-K）图提出的公式对钾交代进行校正（图 2-4），经校正后的 CIA 计算值可判断源岩的风化程度，一般利用投点图评估投点连线与 A-CN 连线的关系（Zeng et al.，2022）。另外，还可以利用 Panahi 等（2000）提出的公式进行校正，计算得出未发生钾交代的 CIA 值（CIA_{corr}）。

注：① 无特别说明时，本书中涉及的元素（离子）之间的比值均代指元素（离子）含量之间的比值。

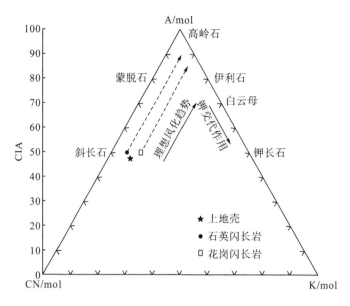

图 2-4　Al_2O_3-(CaO^*+Na_2O)-K_2O(A-CN-K)图(Nesbitt and Young, 1984)

常用化学风化指标如表 2-4 所示。

表 2-4　常用化学风化指标

风化指标	计算公式	参考文献
CIA	$[Al_2O_3/(Al_2O_3+CaO^*+Na_2O+K_2O)]\times100$	Nesbitt and Young, 1982
CIW	$[Al_2O_3/(Al_2O_3+CaO^*+Na_2O)]\times100$	Harnois, 1988
PIA	$[(Al_2O_3-K_2O)/(Al_2O_3+CaO^*+Na_2O-K_2O)]\times100$	Fedo et al., 1995
ICV	$(Fe_2O_3+K_2O+Na_2O+CaO^*+MgO+TiO_2)/Al_2O_3$	Cox et al., 1995
CIX	$Al_2O_3/(Al_2O_3+Na_2O+K_2O)\times100$	Garzanti et al., 2014
WIP	$[(2Na_2O/0.35)+(MgO/0.9)+(2K_2O/0.25)+(CaO^*/0.7)]\times100$	Parker, 1970

注：式中氧化物均为氧化物的物质的量，CaO^* 为硅酸盐中 CaO 的物质的量。

化学蚀变指数(CIA)首先被 Nesbitt 和 Young(1982)提出，用于定量评价长石的化学风化强度，反映长石转化为黏土矿物的风化程度(Nesbitt and Young，1982)，其计算式为 CIA=$n[Al_2O_3/(Al_2O_3+CaO^*+Na_2O+K_2O)]\times100$(注：$n$ 指的是氧化物的物质的量)，这里的 CaO^* 为硅酸盐中 CaO 的物质的量，通常采用 CaO^*=min($CaO-P_2O_5\times10^3$, Na_2O)(注：min 指的是 CaO^* 取 $CaO-P_2O_5\times10^3$ 和 Na_2O 中的最小值)(McLennan et al.,1993)进行评估和计算。CaO^* 也可以通过酸浸法估算，然而，这两种方法计算的 CIA 值仅有细微的差异(Shao and Yang，2012)。CIA 已经广泛用于源区风化强度和古气候的恢复，一般认为，细粒沉积物的 CIA 为 80～100，反映了强烈的化学风化，代表炎热和潮湿的气候；CIA 为 70～80，反映中等风化，代表温暖潮湿的气候条件；CIA 为 50～70，反映弱风化程度，代表寒冷和干旱的气候(Nesbitt and Young，1982)。Yang 等(2004)基于全球尺度的研究表明，

CIA 与陆表温度间存在线性的关系,因此提出了古温度与 CIA 的关系:$T=0.56\times\text{CIA}-25.7$($T$ 代表温度,单位为℃),基于这个计算式,通过 CIA 的计算可以恢复古温度。

在使用 CIA 反映风化强度和恢复古温度时,还存在一些局限:①在使用 CIA 反映风化强度和恢复古温度时,不同风化强度的界限不是绝对的,特别是风化与中等风化强度的界限,需要结合其他指标综合进行判断;②CIA 对高程度化学风化的细微变化并不敏感;③CIA 不适用于富含碳酸盐的沉积物,一般认为,当碳酸盐矿物含量大于 30%时,CIA 不能用于反映样品的风化强度(Goldberg and Humayun,2010);事实上,即使 CIA 计算中除去碳酸盐和磷酸盐中的 CaO,但碳酸盐的残余会导致 CIA 评价化学风化强度存在误差,因此在碳酸盐颗粒存在的地方,为避免风化强度计算误差,通常使用化学风化指数(chemical index of weathering excluded CaO,CIX);④CIA 也不适用于大陆瞬时风化的评价(Shao and Yang,2012)。

化学风化指数(CIW)首先由 Harnois(1988)提出,其公式为 $\text{CIW}=n[\text{Al}_2\text{O}_3/(\text{Al}_2\text{O}_3+\text{CaO}^*+\text{Na}_2\text{O})]\times100$。CIW 与 CIA 相同,但消除了方程中的 K_2O,旨在排除成岩作用中 K 蚀变的影响。CIW 并不适合于富含钾长石的岩石,因为该方法使用了总铝(Al),而未对钾长石中的铝进行校正(Fedo et al.,1995)。因此,在使用 CIW 进行化学风化强度判断时,可能会被误导,对于富含钾长石的岩石,其化学风化强度无论是强还是弱,CIW 值都可能非常高。另外,与 CIA 类似,CIW 对高程度化学风化的细微变化并不敏感。

斜长石蚀变指数(PIA)首先由 Fedo 等(1995)提出,其计算式为 $\text{PIA}=n[(\text{Al}_2\text{O}_3-\text{K}_2\text{O})/(\text{Al}_2\text{O}_3+\text{CaO}^*+\text{Na}_2\text{O}-\text{K}_2\text{O})]\times100$。PIA 实际上是对 CIA 的修订,旨在使用该计算式判断富含斜长石岩石的化学风化强度。

在应用 CIA 计算式计算时,一般要进行成分变异指数(index of compositional variability,ICV)的检查,其计算式为 $\text{ICV}=n(\text{Fe}_2\text{O}_3+\text{K}_2\text{O}+\text{Na}_2\text{O}+\text{CaO}^*+\text{MgO}+\text{TiO}_2)/\text{Al}_2\text{O}_3$(Cox et al.,1995)。对不同硅酸盐矿物 ICV 的研究表明,高岭石具有低的 ICV 值(0.03～0.05),斜长石的 ICV 为 0.6,碱性长石的 ICV 为 0.8～1,黑云母具有高的 ICV 值(8)(Cox et al.,1995)。因此,ICV 可以表征矿物成分的成熟度,一般认为,ICV>1,表明细碎屑岩含很少黏土物质,成分成熟度较低;ICV<1,表明细碎屑岩含较多黏土成分,指示强烈的化学风化作用。

在应用上述公式计算岩石的化学风化强度时注意到,CaO*代表硅酸盐中 CaO 的物质的量,即一般为去除了碳酸盐和磷酸盐中的 CaO 物质的量,但碳酸盐残余会导致化学风化指数与实际化学风化强度存在误差。因此,在碳酸盐颗粒存在的地方,为避免风化强度计算误差,常使用化学风化指数(CIX)评估化学风化情况,其计算式为 $\text{CIX}=n[\text{Al}_2\text{O}_3/(\text{Al}_2\text{O}_3+\text{Na}_2\text{O}+\text{K}_2\text{O})]\times100$(Garzanti et al.,2014)。

事实上,早在 1970 年,Parker 就提出了帕克风化指数(weathering index of Parker,WIP),其计算式为 $\text{WIP}=n[(2\text{Na}_2\text{O}/0.35)+(\text{MgO}/0.9)+(2\text{K}_2\text{O}/0.25)+(\text{CaO}^*/0.7)]\times100$。该指数采用元素(K、Ca、Na、Mg)与氧结合的键强作为加权因子来反映岩石的风化情况,WIP 越小,风化作用越强。然而,WIP 不适用于强风化情况,因为碱金属元素和碱土金属元素在强风化情况下所剩无几。

二、沉积水体环境恢复

沉积水体环境的恢复主要依据矿物组合、相关元素含量或有关元素含量的比值进行，主要包括铁矿物组合、铁组分含量、锰元素等。

1. 草莓状黄铁矿

草莓状黄铁矿粒径分布特征已广泛应用于古海洋水体氧化-还原环境的恢复。草莓状黄铁矿形成需要满足以下条件：①水体中活性铁浓度较高的条件下，Fe^{2+} 与 HS^- 首先形成无序的硫化亚铁(FeS)；②活性铁浓度较高，或活性铁浓度低但 pH 高(碱性)的条件下，硫化亚铁(FeS)转变为四方硫铁矿(Fe_9S_8)；③四方硫铁矿(Fe_9S_8)中的 Fe^{2+} 散出，形成胶黄铁矿(Fe_3S_4)；④胶黄铁矿(Fe_3S_4)微晶在磁性作用下聚合成不稳定态的草莓状胶黄铁矿，继而转变为稳定态的草莓状黄铁矿。海水中的氧化还原界面可满足上述所有条件，对现代黑海的观察发现，草莓状黄铁矿大量出现在氧化还原界面上下。因此，草莓状黄铁矿形成的场所正是氧化还原界面附近。

氧化水体和硫化水体中草莓状黄铁矿的形成机理差异很大，且其粒径大小、分布范围及微晶晶形皆取决于形成时的氧化还原条件。在水循环良好的氧化海中，底层水体含氧量正常，氧化还原界面往往在水岩界面之下，此时，由于硫化氢和单质硫不间断地少量供给，草莓状黄铁矿的形成与生长需要较长的时间，从而更容易出现粒径较大的黄铁矿，但粒径均一性差。而在硫化的海洋环境下，氧化还原界面位于水体之中，草莓状黄铁矿的形成过程是在氧化还原界面附近的缺氧水体中完成，此种环境富含亚铁离子、硫化氢以及单质硫，且无沉积物依托，一旦草莓状黄铁矿形成便很快沉入海底，因此草莓状黄铁矿具有较大的生长速率及较小的直径，且粒径分布范围极窄。草莓状黄铁矿一旦停止生长，被埋藏后就不会再受到后面成岩期和表生期作用的影响而再次增大，即使发生氧化作用形成铁的氧化物和氢氧化物，也会存留其原始的大小和形态，因此它被认为是恢复和重建古环境的有效手段。

许多学者就草莓状黄铁矿的粒径分布所对应的氧化还原条件做了大量研究，Wilkin 等(1996)提出，沉积于硫化海环境下的草莓状黄铁矿平均粒径为 5.0μm±1.7μm，而沉积于氧化或次氧化环境下为 7.7μm±4.1μm。一般情况下，硫化海中草莓状黄铁矿粒径大于 10μm 的占比小于 4%，而氧化或次氧化海中则占比为 10%～50%。Bond 和 Wignall(2010)提出了更进一步的划分方案：草莓状黄铁矿平均粒径为 3～5μm，且分布范围极窄，极可能在硫化水体环境中形成；粒径范围为 4～6μm，仅有个别粒径大于 10μm，则形成于缺氧水体环境；粒径范围为 6～10μm，有少数粒径大于 10μm，为次氧化水体环境；氧化还原界面稍靠下的位置仅出现少量黄铁矿，粒径较大(大于 10μm)。除此之外，Wilkin 等(1996)还根据草莓状黄铁矿平均粒径对标准偏差的二元图解(图 2-5)的投点划分硫化环境与次氧化-氧化环境。

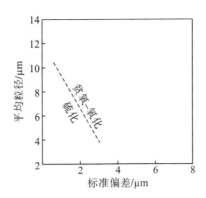

图 2-5　草莓状黄铁矿平均粒径对标准偏差的二元图解（Bond and Wignall，2010）

草莓状黄铁矿的微晶形态也与水体环境有关，一般认为，在水体饱和度不高的非硫化缺氧条件下，易形成立方体微晶的草莓状黄铁矿，随着水体过饱和度的增加和硫化程度的加深，则形成以球粒状微晶为主的草莓状黄铁矿。在使用草莓状黄铁矿恢复水体古环境时，还存在一些局限：①草莓状黄铁矿指示的是海洋中氧含量最小带（oxygen minimum zone，OMZ）的氧化还原条件，而不能准确指示底层水的氧化还原状态；②草莓状黄铁矿的形成机理尚不完全明确，一方面，实验室模拟形成的草莓状黄铁矿粒径分布特征与水体氧化还原条件不一致（Vietti et al.，2015）；另一方面，在一些化石的壳体上发现了大量的草莓状黄铁矿颗粒，二者指示了差异的沉积环境（Kershaw and Liu，2015）。

2. 黄铁矿矿化度

沉积岩中黄铁矿矿化度（DOP）是表征水体氧化还原环境的良好指标，其计算式为 $DOP = Fe_{py}/(Fe_{py} + \text{acid-soluble Fe})$（Raiswell et al.，1988），这里的 Fe_{py} 表示黄铁矿中的铁物质的量浓度，acid-soluble Fe 表示活性铁物质的量浓度，一般为酸溶铁。DOP<0.45 代表氧化的水体条件，DOP 为 0.45～0.75 指示次还原的水体环境，DOP>0.75 代表还原的水体环境（Algeo et al.，2011）。然而，在使用这一指标时需要注意，其阈值并不是绝对的，需要综合指标进行判断。

3. C_{org}：P

P 在缺氧条件下更易移动，其 C_{org}：P 指标代表了还原条件下 P 埋藏的相对效率，这里的 C_{org} 是指有机碳，比值采用的是物质的量比值。因此，C_{org}：P 指标常用来表征水体氧化还原环境（Redfield，1958）。Redfield（1958）使用 C_{org}：P=106 作为氧化还原界线，更多的研究建议，C_{org}：P>100 指示还原的水体环境，而 C_{org}：P<50 代表氧化的水体条件（Algeo and Li.，2020）。

4. Mn

Mn 的赋存状态常常可以作为氧化还原环境判断的指标，在氧化条件下，Mn 一般以氧化物的形式存在，而在次还原条件下，Mn 则以碳酸盐矿物的形式存在，在还原条件下，Mn 一般是不富集的。

三、构造背景判断

硅质岩中主量元素常用于其成因判断（图 2-6），从而揭示构造背景。Murray（1994）认为 Al 和 Ti 可以作为陆源物质输入的标志，并根据 Al_2O_3、TiO_2、Fe_2O_3、SiO_2 的比值关系，提出区分洋中脊、大洋盆地和大陆边缘硅质岩的判别图，认为大陆边缘硅质岩的 $Al_2O_3/(Al_2O_3+Fe_2O_3)$ 为 0.5～0.9，远洋盆地硅质岩的 $Al_2O_3/(Al_2O_3+Fe_2O_3)$ 为 0.4～0.7，洋中脊硅质岩的 $Al_2O_3/(Al_2O_3+Fe_2O_3)$＜0.4。然而，Murray（1994）的硅质岩构造判别图解中，热液成因硅质岩主要形成于半深海、洋中脊、开阔海盆地，事实上，热液流体可以产生于海底深大断裂、弧后盆地、洋中脊、裂谷、岛弧、热泉等多种环境，这就使得在应用 Murray（1994）图解判断硅质岩构造背景时出现一些与实际情况不相符合的结论，因此，不能简单地通过硅质岩地球化学判断图来分析其形成背景，还必须结合硅质岩伴生的岩石组合特征来综合分析其形成环境。

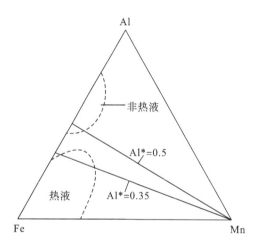

图 2-6　硅质岩成因判断的 Al-Fe-Mn 图解（Adachi et al.，1986）

Al*=$Al_2O_3/(Al_2O_3+Fe_2O_3)$，元素符号表示质量百分含量。

第三章 微量元素沉积地球化学

第一节 微量元素的分类及存在形式

一、基本概念

微量元素又称为痕量元素，地壳中除 O、Si、Al、Fe、Ca、Mg、Na、K、H 这 9 种元素(丰度共计约占 99%)以外的其他元素统称为微量元素，它们在岩石或矿物中的质量分数一般在 1%或者 0.1%以下，单位常用 $\mu g/g(10^{-6})$ 或 $ng/g(10^{-9})$ 表示。然而主量元素与微量元素是相对的，会因为具体的研究对象而变化。例如，常见的微量元素 Zr，在锆石中却是主量元素。因此，微量元素在地球化学中的严格定义为：该元素在所研究的体系(地质体、岩石、矿物等)中的浓度，可以低到近似用稀溶液定律(亨利定律)描述其行为的才能称为微量元素。

微量元素沉积地球化学是研究微量元素在沉积圈层不同类型沉积岩中的含量、分布特征及化学演化规律，进而分析地质历史时期沉积岩形成的沉积环境条件、恢复沉积环境演化的分支学科。在地球化学研究中，微量元素因其特殊性质而作为一种地球化学指示剂和示踪剂，其在成岩、成矿作用及地球古环境和古气候、古盐度、古水温、氧化-还原条件和古水深等的演化研究中发挥了重要作用。和地球化学其他领域一样，微量元素沉积地球化学也是近代地球化学发展中非常活跃的分支学科之一。

二、微量元素的分类

目前，微量元素的地球化学分类尚不完全统一，常因划分的依据不同，有不同的分类方案。

1. 戈尔德施密特的分类方案

20 世纪 60 年代以前，一般沿用戈尔德施密特的分类方法，划分为亲石元素、亲铁元素、亲铜(硫)元素、亲气元素等(图 3-1)。

2. 按元素周期表，依化学性质分类

可以分为稀碱金属(Li、Rb、Cs 等)、稀有元素(Nb、Ta、Zr、Hf 等)、稀土元素(La、Ce、Nd 等)及过渡元素(Fe、Co、Ni、Cu、Zn 等)(图 3-2)。

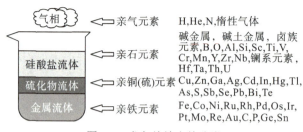

图 3-1 戈尔德施密特分类

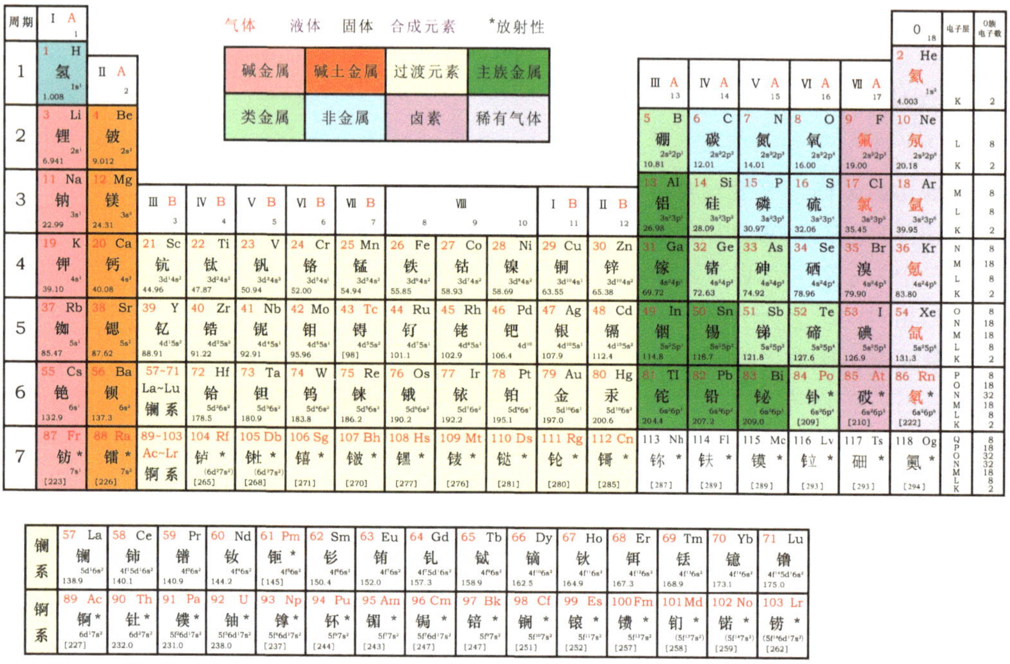

图 3-2 元素周期表

近年来，随着微量元素分配理论和定量模型的发展，微量元素的地球化学分类也发生了较大的变化，可以从不同的角度去进行分类。

3. 按其在固相-液相（气相）间的分配特征进行分类

1）相容元素（compatible elements）和不相容元素（incompatible elements）

许多地球化学过程中常常存在液相和固相共存的体系，如地壳熔融形成岩浆和岩浆结晶分异的过程。在这些体系的地球化学过程中，微量元素会在液相和固相之间进行分配，这种分配大多是不均匀的。微量元素在结晶化学和地球化学性质上的差异，使得有些元素容易进入固相从而在液相中的浓度迅速降低。这类易进入或保留在固相中的微量元素统称为相容元素。反之，若微量元素不易进入固相，而保留在与固相共存的熔体或溶液中，在液相中浓度迅速增加。这类微量元素统称为不相容元素。

从分配系数（这里指固相对液相的分配）概念出发，相容元素的总分配系数大于1，不相容元素的总分配系数小于1，这是从热力学元素分配对不相容和相容的定义。按总分配系数(D_0)的大小，不相容元素又可分为两组：①$D_0<0.1$，如 K、Rb、U、Th、Pb、LREE；②$0.1<D_0<1$，如 Zr、Nb、Ta、HREE。

为了研究方便，常将不相容元素可以进一步细分为强不相容元素、中等不相容元素和弱不相容元素。但请注意，直接给出具体的数字界限来区分这三类不相容元素并不总是明确的，因为这取决于具体的地质环境和研究背景。

2) 大离子亲石(large ion lithophile，LIL)元素和高场强(high field strength，HFS)元素

许多不相容元素常具有特殊的离子半径和离子电荷(很小或很大)，如 K、Rb、Sr、Ba、Cs 等的离子半径很大但离子电荷低，称为大离子亲石元素。这类元素的特点是离子电位小于 3，易溶于水，地球化学性质活泼。相反，高场强元素具有较高的离子电荷，离子电位大于 3，不易溶于水，如 Th、Nb、Ta、Zr、Hf、HREE 等。这类元素倾向于富集在岩石圈中，特别是地壳。

元素相容性实质上是其总分配系数大小的顺序，而分配系数明显受体系成分、温度和压力等因素控制，因此，在具体的地质地球化学作用过程中相容性会发生改变。基于这种情况，Bonen 等(1980)把不相容元素分为长期不相容元素(long term incompatible elements，LTE)和短期不相容元素(short term incompatible elements，STE)，前者指在各种岩浆体系中，均保持不相容特征的元素，如 La、Ce、Ta 等；后者则指仅在玄武质岩性中显示不相容，而在玄武质岩性范围外可能显示相容的元素，如 U、Sr、Ba、P 等。

4. 按微量元素在熔融过程中挥发和难熔的程度分类

Ringwood(1966)提出了挥发元素及难熔元素的分类。由于在行星形成和演化过程中存在过一个高温阶段，因此元素的挥发与难熔程度决定了元素在地球中的富集与亏损。一般来说，挥发性元素是指那些在 1300~1500℃、适度还原条件下通常能从硅酸盐熔体中挥发出来的元素；相反，难熔元素(或非挥发性元素)则是在这种条件下不能挥发的元素。在宇宙化学研究中，除分出难熔元素与挥发元素外，还分出了易熔元素，并将它们分为五个亚组，即难熔元素(亲石元素、亲铁元素)、易熔元素(亲硫元素)、挥发元素(亲气元素、太阳元素)。

McDonough 和 Sun(1995)在压力为 10^{-4}atm[①]、50%凝聚温度(K)下提出了一种元素的分类(表 3-1)。Palme 和 O'Neill(2007)按元素在不同温度下的挥发性给出了类似的元素的宇宙化学和地球化学分类(表 3-2)。

表 3-1 按凝聚温度的元素分类表(McDonough and Sun，1995)

亲石元素	
难熔的	Be, Al, Ca, Sc, Ti, V*, Sr, Y, Zr, Nb, Ba, REE, Hf, Ta, Th, U
过渡的	Mg, Si, Cr*
中等挥发的	Li, B, Na, K, Mn*, Rb, Ca*
高度挥发的	F, Cl, Br, I, Zn

① 1atm = $1.01325×10^5$Pa，标准大气压。

	亲铁元素
难熔的	Mo，Ru，Rh，W，Re，Os，Ir，Pt
过渡的	Fe，Co，Ni，Pd
中等挥发的	P，Cu，Ga，As，Ag，Sb，Au
高度挥发的	Ti，Bi

	亲铜元素
高度挥发的	S，Sc，Cd，In，Sn，Te，Hg，Pb

	亲气元素
高度挥发的	H，He，C，N，O，Ne，Ar，Ke，Xe

注：*代表在高压下，这些元素可具有亲铁行为，进入地核。

表 3-2　微量元素分类（McDonough and Sun，1995；Palme and O'Neill，2007）

	亲石元素
难熔元素	Be，Al，Ca，Sc，Ti，V①，Sr，Y，Zr，Nb，Ba，REE，Hf，Ta，Th，U
过渡元素	Mg，Si，Cr①
中等挥发的元素	Li，B，Na，K，Mn①，Rb，Ca①，P
高度挥发的元素	F，Cl，Br，I，Zn(Cs，Ti)

	亲铁元素
难熔元素	Mo，Ru，Rh，W，Re，Os，Ir，Pt
过渡元素	Fe，Co，Ni，Pd
中等挥发的元素	P，Cu，Ga，Ge，As，Ag，Sb，Au
高度挥发的元素	Ti，Bi

	亲铜元素
高度挥发的元素	S，Sc，Cd，In，Sn，Te，Hg，Pb

	亲气元素
高度挥发的	H，He，C，N，O，Ne，Ar，Ke，Xe

	在 10^{-4}atm 下，50%凝聚温度
难熔元素	≥1400K(1400～1850K)
过渡元素	1250～1350K
中等挥发的元素	约 640～1230K
高度挥发的元素	<800K(<600K)

注：①代表在高压情况下，这些元素可具有亲铁行为，进入地核。

5. 按微量元素在地球演化过程中分散与富集的特点分类

在地球的形成和演化过程中，很多元素在从地核到地壳的垂直方向上会发生分离作用。Shcherbakov(1979)发现，元素在超基性岩、玄武岩、花岗岩、页岩中分布，相对于陨石的浓度系数与其核电荷及半径分布的趋势呈非线性依赖关系，元素在地球外圈(如岩石圈）的富集程度，随其化学活动性增加而增加，随其活动性化合物的密度及丰度的减少而增加。陨石是地球最初的形态，μ 是元素在陨石中的丰度，代表的是最初的浓度，V 是元素在玄武岩中的丰度，C 是元素在页岩中的丰度。这三个参数是划分元素在地球形成演化过程中的基本参数，根据 V/μ、C/V 的值，可将化学元素划分出下列四组：

(1) 向心元素 C_1 (centripetal elements)：$V/\mu<1$、$C/V<1$。包括 Mg、Cr、Fe、Co、Ni、Cu、Ru、Rh、Pt、Os、Ir、Pd、Au。

(2) 最小离心元素 C_2 (minimal centrifugal elements)：$V/\mu>1$、$C/V<1$。包括 P、Na、Ca、Sc、Ti、V、Mn、Zn、C、N、Cl、Br、I。

(3) 弱离心元素 C_3 (deficiency-centrifugal elements)：$V/\mu<1$、$C/V>1$。包括 Ga、Ce、As、Se、Sn、Te、Bi、Re、Mo。

(4) 离心元素 C_4 (centrifugal elements)：$V/\mu>1$、$C/V>1$。包括 Li、Rb、Cs、Sr、Ba、Y、REE、Zn、Hf、Nb、Ta、Th、B、Al、In、Tl、Si、Pb、Sb、U、F、O。

另一分类是聚集元素与分散元素 (Tischendorf and Harff, 1985)，这种分类是根据元素的丰度、形成矿物种数及聚集分散程度所进行的。分散元素是指对一级近似而言，不形成矿物或只能形成少数矿物的元素，不存在它们的独立矿床。而聚集元素是指优先形成矿物的元素，是典型的形成矿床的元素。

三、微量元素的存在形式

微量元素以多种形式存在于地质体中，主要的存在形式有以下四种。

(1) 独立矿物存在：如 Zr 在各种岩石中常见的存在形式是独立矿物锆石 ($ZrSiO_4$)；REE 与之类似，一部分或大部分以独居石、磷钇矿等独立矿物形式存在。

(2) 类质同象替代主元素存在：在矿物结晶时，微量元素以分散状态赋存于寄主矿物晶格中，置换某个结构位置化学性质与之相似的元素、离子或者离子团，形成均匀的单一相的混晶，即替位式固溶体。例如，长石中 Rb 以类质同象置换 K。

(3) 非类质同象混入物存在：固熔体分凝物、机械混入物等以显微矿物颗粒，甚至纳米级包裹于主矿物中，或以离子、分子及气体、液体状态存在于矿物晶体内有缺位的间隙或其他空隙内。例如，铂族元素矿物常以细小包裹体的形式包裹在黄铜矿等硫化物中。

(4) 颗粒表面吸附存在：矿物表面电价不饱和，从而吸附其他离子状态的微量元素于矿物颗粒表面，如黏土矿物吸附稀土阳离子而形成的离子吸附型稀土矿床。

第二节　微量元素相关定律

一、微量元素的稀溶液定律与亨利定律

稀溶液定律又叫依数性定律，指的是由难挥发的非电解质所形成的稀溶液的性质，包括溶液的蒸气压下降、沸点升高、凝固点下降和渗透压与一定量溶剂中所溶物质的量

成正比等。这些性质不是由溶质本身的性质决定，而是由溶质粒子数目的多少决定，因此被称为稀溶液的依数性。一种微量元素作为一种次要成分存在于一个体系中时，可将之看作溶质，由于其含量低，可作稀溶液对待，因此可以用稀溶液定律描述其行为。在理想溶液中没有混合焓，即 $H_{混合}=0$。在实际溶液中，溶质之间、溶质与溶剂之间彼此相互作用，$H_{混合}\neq0$，活度对理想溶液的混合曲线发生不同程度偏离(图3-3)。

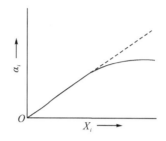

图3-3　微量组分的溶液行为(O'Nions and Powell，1977)

图3-3是对一微量元素在溶液中行为的说明。α_i 为在液相或固相中的活度，X_i 是实际的摩尔分数。活度的定义是在相 j 中组分 i 在给定 p、T 和组成时的化学势 μ_i^j 与在标准状态时化学势 μ_i^0 之差：

$$\alpha_i^j = \exp(\mu_i^j - \mu_i^0)/pT \tag{3-1}$$

在稀溶液中，溶质(微量组分)之间的作用是微不足道的，溶质与溶剂之间的相互作用制约溶质的性质。亨利(Henry)定律则指的是在无限稀释的极限情况下，一切溶质(微量组分)呈相同行为，在图3-3中为直线关系($X_i\rightarrow0$)，即微量组分活度与其浓度成正比。在极稀薄溶液中，溶质的活度正比于溶质的摩尔分数：

$$\alpha_i = k_i X_i \tag{3-2}$$

式中，k_i 为亨利常数；X_i 为溶质 i 在溶液中的摩尔分数，它代表在高度稀释时溶质的活度系数与组分浓度 X_i 无关，而受 p、T 及体系性质控制。

尽管如此也存在特殊的偏离亨利定律的现象，如在石榴子石中，在极端稀释情况下(主要是重稀土元素)，即当微量元素浓度很低时，其分配系数会随浓度降低而增加。Morlotti和 Ottonello(1982)认为这是微量元素与周围介质相互反应所造成的。Irving(1978)也认为亨利定律浓度极限本身是压力、温度、H_2O 活度和体系成分等变量的函数。

二、微量元素的能斯特定律与分配系数

亨利定律的适用范围涉及微量组分在两相间的分配问题，能斯特定律是描述微量组分在两相间分配关系的。岩石形成过程中的各种固体矿物和液态流体是自然界中元素最常赋存的相。微量元素常以固溶体(类质同象)、显微晶体或吸附形式存在于矿物中。

在稀溶液中，溶质 i(微量组分)在溶液中两相 α 和 β(多数情况下是晶体相-矿物和液相-熔体)之间的平衡分配一般是不均匀的，其关系由相平衡条件 $\mu_i^\alpha = \mu_i^\beta$ 所决定，μ_i^α 和 μ_i^β 分别为微量元素 i 在 α 相和 β 相的化学势，$\mu_i^\alpha = \mu_i^\beta$ 可改写为

$$\mu_i^{0\cdot\alpha} + pT\ln X_i^{\beta} = \mu_i^{\alpha\cdot\beta} + pTX_i^{\beta} \tag{3-3}$$

变换上式可得

$$X_i^{\alpha} / X_i^{\beta} = \exp[(\mu_i^{0\cdot\beta} - \mu_i^{0\cdot\alpha}) / pT] = K_D \tag{3-4}$$

这就是能斯特定律表达式，即在恒温恒压条件下，溶质在两平衡相间的平衡浓度比为一常数 (K_D)，称为分配系数，或能斯特分配系数。由亨利定律，稀溶液中微量组分的活度与浓度成正比关系，可以得出 $K_D = a_i^{\alpha} / a_i^{\beta}$，即平衡活度比为一常数，这表明能斯特分配系数中包含有亨利常数 k。

在微量元素地球化学研究中，分配系数作为核心问题之一极其重要。一般地球化学文献中所引用或讨论的是上述能斯特分配系数，或称简单分配系数。一个体系中所有矿物的简单分配系数加权和称为总分配系数 D^i，表达式为

$$D^i = \sum_{j=i}^{n} K_D^i X_j \tag{3-5}$$

式中，n 为含元素 i 的矿物种数；X_j 为第 j 种矿物的质量分数；K_D^i 为第 j 种矿物对元素 i 的简单分配系数。

除了常用的能斯特分配系数之外，Henderson 和 Kracek（1927）提出了复合分配系数或交换分配系数，在这种概念中引入了载体（carrier）或参考物（reference）元素，即被微量元素所置换的常量元素，复合分配系数的表达式为

$$D_{tr/cr} = (C_{tr}^s / C_{cr}^s) / (C_{tr}^l / C_{cr}^l) \tag{3-6}$$

式中，s、l 分别代表固相（晶体）和液体相（熔体）；tr 为微量元素；cr 为被置换的常量元素。例如，Sr 在斜长石和熔体之间的分配系数可用 Ca 为载体元素而表示为复合分配系数：

$$D_{Sr/Ca} = (C_{Sr}/C_{Ca})^{斜长石} / (C_{Sr}/C_{Ca})^{熔体} \tag{3-7}$$

这种表达方法相当于考虑了下述交换反应：

$$\begin{array}{ccc} CaAl_2Si_2O_8 + SrAl_2Si_2O_8 & \Longleftrightarrow & SrAl_2Si_2O_8 + CaAl_2Si_2O_8 \\ 斜长石 \quad 熔体 & & 斜长石 \quad 熔体 \\ （大量）（痕量） & & \end{array} \tag{3-8}$$

因此，这种分配系数又称交换分配系数或亨德森分配系数。复合分配系数相较于其他系数而言具有可减小体系成分影响的优点。

在实际天然体系中，微量元素在熔体所形成的黏性层中的分配受扩散作用控制，在这种条件下微量元素分配系数称为有效分配系数（Burton et al.，1953），表达式为

$$K_D^i = K_D^i / [K_D^i + (1 - K_D^i)\exp(-R_s\delta / J_1^i)] \tag{3-9}$$

式中，K_D^i 为简单分配系数；R_s 为晶体生长速率；J_1^i 为微量元素 i 在熔体中的扩散系数；δ 为元素 i 浓度恒定时熔体层厚度。

在目前的地球化学文献中，重点讨论和应用的是能斯特分配系数。美国地球化学家 Gast（1968a，1968b）提出矿物 / 熔体分配系数概念，才使分配系数的理论直接用于地球化学问题的讨论。

第三节　微量元素在沉积岩中的分布特征

微量元素在沉积岩中的分布受多种因素控制，如物源区岩石类型、风化作用、成岩作用、沉积分选和元素的溶液地球化学性质等。富含黏土的沉积岩中最易富集微量元素和稀土元素，相关的研究也很多。Th、Sc、Co 等微量元素在海水和河水中的浓度非常低，在海洋中存留时间短，元素比值不受成岩作用和变质作用影响，能反映物源区最原始的地球化学特征。溶解度大的元素，如 Fe、Mn、Pb、Cr 等，积极参与成岩作用。在风化淋滤过程中，Sr 易被淋滤带走，Cs、Rb 和 Ba 易发生沉淀。Zr、Hf、Sn 等不活泼元素则多按照颗粒的大小机械性地分布，受沉积岩中重矿物的含量控制。

一、碎屑沉积岩中的微量元素分布特征

部分微量元素在富含有机质的黑色页岩中极易富集。泥页岩中主要微量元素有 V、Ni、Fe、Mn、Cu、Zn、Cr、Ba、B、Ga、Pb、Sr、Li 等。黏土矿物表面的吸附作用使得泥页岩中大多数微量元素的含量都高于其他类型的沉积岩，如黏土矿物对 B 的吸附作用。此外，有机质对某些微量元素，特别是某些稀土元素的富集作用也导致了泥页岩中某些微量元素的富集，如 V、Ni 等在富含有机质泥页岩中的富集。Ba 在泥页岩中含量较高，但进入海（湖）盆之后易形成 $BaSO_4$ 沉淀，只有在一些深海的沉积物中会出现富集，其可能与生物沉积作用相关。Sr 和 Ca 在沉积岩中呈正相关关系。我国渤海湾盆地古近-新近系泥页岩中 Sr 元素特别富集，与其泥页岩中富含 $CaCO_3$ 有很大关系。此外，除了黏土矿物的吸附作用以外，某些生物壳体对 Sr 也具有吸附作用，在生物死亡后也会造成 Sr 的局部富集。在富含有机质的黑色页岩中往往富集 Cr、Ni、V，可能与有机质富集作用和黑色页岩形成时的还原条件有关（Brownlow，1979）。

煤是由古植物遗体经泥炭化作用、煤变质作用等形成的一种富含有机物的沉积岩。无论是在泥炭化阶段还是在煤变质阶段，有机质对金属元素地球化学行为具有重要影响，使得煤中富集了 B、Ba、Cl、Cu、F、Ga、Ge、Mn、Ni、Rb、Sr、Ti、V、Zr、Ag、Hg、Eu、Hf、La、Lu、Th、Yb 等微量元素及稀有元素。混合其中的有机物还会造成稀有元素在磷灰岩中的富集。Sr、B、Ba 等微量元素还具有成煤环境的指向意义。

研究表明，一些主要类型沉积岩中微量元素的含量是有规律可循的。Fe、P、V、Cr、Co、Cu 等元素在砂岩中含量较低，在粉砂岩中较高，而在黏土岩中达到极大值，在泥灰岩中含量降低，在灰岩中达到最小值。Sr 的含量由风化壳岩石向砂-粉砂岩、黏土岩逐渐增大。由于黏土矿物的吸附作用，泥岩中通常富集 Ga。Ba 在粉砂岩和黏土中含量较高。由于 Ba 易与水中的 SO_4^{2-} 结合生成难溶的 $BaSO_4$ 沉淀，因而海水中贫 Ba 也贫 Sr。V 经常与黏土矿物聚集在一起，砂岩和粉砂岩中 V 含量很小。在岩石化学风化过程中，V 部分进入溶液中，在黏土矿物形成时 V 会进入其晶格中替代与之离子半径相似的 Fe 和 Mg。Ni 通常富集在黏土中。Cr 在粉砂岩和黏土矿物中比较富集，而在海相形成的沉积岩中则

贫 Cr。Cu 具有较高的迁移能力，它在风化壳、砂岩、粉砂岩和黏土矿物中的含量与铁簇元素相比是较少的，但在化学及生物沉积物中 Cu 的含量比 V、Cr、Ni 稍高些。总体上看，黏土中 Cu 的含量高于其他岩石。Fe、P 在沉积物中的含量随着沉积物粒度的变细而增加，在泥岩中它们的含量随着碳酸盐物质的富集而减少。Mn 的含量从砂岩到页岩不断增加，Mn 在水中呈真溶液状态搬运的能力要强于 Fe、P，因而在黏土-石灰质软泥中较富集。Zr、Y、Li、Cs、Be、Ta、In 等稀有元素在砂岩中含量较少，由于颗粒表面吸附作用，在黏土矿物、页岩、铝土矿中富集明显。

二、碳酸盐岩中的微量元素分布特征

碳酸盐岩易混入一些微量元素形成镁方解石、铁白云石和含锶的文石等。这些微量元素的替代主要取决于元素的地球化学性质，其次也与外部条件，如 Eh、pH、压力、温度以及溶液的离子浓度等有关。比钙离子半径小的二价元素，如 Mg、Zn、Fe、Mn、Cd 等容易在方解石中取代 Ca 而形成方解石型的矿物。比钙离子半径大的二价元素，如 Sr、Ba 等容易在文石中以类质同象取代 Ca。取代过程中类质同象取代的差值（即离子半径差）越大则取代范围越小，新生成的矿物也不稳定。反之，类质同象取代的差值越小则取代范围越大，新生成的矿物也越稳定。

Mg 常以微量元素的形式存在于方解石中形成镁方解石。而 Mg 在方解石中的含量通常与温度有关，通常随着温度的降低而降低。在自然界中随着纬度的升高和海洋深度的增加，环境中的温度都会降低，因此镁方解石中的镁含量也会随着降低。Mg 除了以类质同象替代 Ca 之外，还能以吸附的方式出现在方解石中。CO_3^{2-} 的浓度也会影响方解石中 Mg 的含量，随着纬度的增加，CO_3^{2-} 的浓度减小，高纬度地区常常形成低镁方解石。同时，当溶液中 CO_3^{2-} 浓度低时，生物骨骼中方解石中的 Mg 含量也低。Sr 易被风化淋滤，由河流带入海洋，从而富集在海水中。Sr 慢慢地积累在沉积物中，再以微量元素的方式进入矿物中。自然界文石中常含有不定量的 Sr，方解石中则不含或含有极少量。研究表明，文石质生物骨骼中的 Sr/Ca 与溶液中的 Sr/Ca 呈线性关系。现代海洋中有一个比较均匀的 Sr/Ca，而某些骨骼文石中的 Sr/Ca 与温度相关，较低的 Sr 形成于较高温度的环境。含有极少量 Sr 的镁方解石中 Sr 的降低也同温度的增加有关。但是方解石质的生物骨骼中呈现相反的相关性，这可能与生物骨骼的 $CaCO_3$ 中的 Sr 含量具有多解性有关。Fe^{2+} 可以取代 Ca^{2+} 形成铁方解石。在白云石-铁白云石体系中，Fe^{2+} 还可以以固溶体的形式有限地取代 Mg^{2+}。由于 Fe 和 Mn 某些相似的地球化学性质，一些方解石和白云石中除了含有一定的 Fe 外，有时也含有一定的 Mn。此外 Mn 还单独以 Mn^{2+} 的方式取代方解石中的 Cr^{2+}，形成含锰方解石。Fe 和 Mn 的含量在碳酸盐胶结物中极为重要，他们有助于解释碳酸盐岩的形成条件。除上述常见的微量元素存在于碳酸盐矿物之中，Na 有时也会以混入物的形式存在于方解石格架之外。

第四节 微量元素在沉积岩中的应用

利用沉积岩中微量元素所提供的信息来研究沉积学和沉积矿床学中的问题，是当代地球化学研究的重要课题。微量元素组成不仅可以示踪物源区，还可以判别构造环境，其中蛛网图和三角图是最有效的判别图解，Ce 异常是判断古海洋氧化还原环境的常用指标，Eu 异常常用于区分基性岩和热液流体与酸性岩和陆源物质。沉积岩中微量元素与其形成环境有着密切的联系。古海洋中微量元素的地球化学循环与其沉积环境和生物发育之间有着复杂的相互作用关系，对重要地质事件具有指示意义。研究沉积岩中的微量元素组成变化有助于揭示古气候、古盐度、古水深、当时的氧化还原条件及生物生产力等。与沉积岩相关的稀土元素的应用会在后面的章节专门进行详细介绍。

一、构造背景判断

表生条件下，碎屑岩元素地球化学行为受诸多因素的影响（Bhatia，1983；Roser and Korsch，1999），其中源区母岩性质和构造背景的影响最为显著（和政军等，1988）。构造环境既控制碎屑岩的物质来源，又影响元素在风化、剥蚀、搬运以及沉积过程中的聚集丰度和分馏程度。不同构造环境形成的碎屑岩具有不同的地球化学特征，因此碎屑岩地球化学特征可以揭示盆地的构造属性，追索物质来源（王丛山等，2016）。沉积盆地的构造环境主要划分为四种类型：活动大陆边缘、被动大陆边缘、大洋岛弧和大陆岛弧。研究表明：随着构造环境由大洋岛弧—大陆岛弧—活动大陆边缘—被动大陆边缘转变，碎屑岩轻稀土元素 La、Ce、Nd、Hf、Ba/Sr、Rb/Sr、La/Y、Ni/Co 都系统地增大，Ba、Rb、Pb、Th、U 和 Nd 含量逐渐增高，而过渡性元素 Sc、V、Co、Cu、Zn 和 Ba/Rb、K/Th、K/V 都系统地减少（Bhatia and Crook，1986）。La、Ce、Nd、Th、Zr、Hf、Nb、Ti 等微量元素相对于主量元素稳定性较强，在水体中不活泼且滞留时间较短，经过初次风化便进入了碎屑沉积物中，故其含量及比值可以用于判别源区构造背景（Nesbitt and Young，1982）。Bhatia 和 Crook（1986）还根据澳大利亚东部古生代浊积砂岩的微量元素特征，提出了判别沉积盆地构造环境的最佳图解（Th-Co-Zr/10、Th-Sc-Zr/10 和 La-Th-Sc）和微量元素标志（图 3-4，表 3-3）。

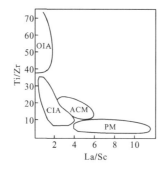
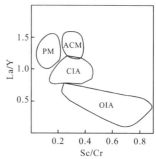

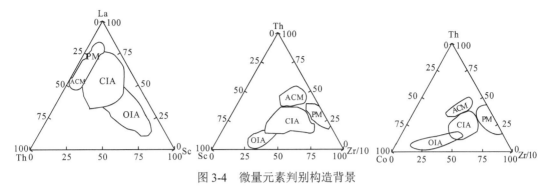

图 3-4　微量元素判别构造背景

注：据 Bhatia 和 Crook(1986)，Bhatia(1983)修改。PM.被动大陆边缘；ACM.主动大陆边缘；CIA.大陆岛弧；OIA.大洋岛弧。

表 3-3　不同构造环境砂岩的微量元素含量及比值

特征值	大洋岛弧	大陆岛弧	活动大陆边缘	被动大陆边缘
$Pb/10^{-6}$	6.9±1.4	15.1±1.1	24.0±1.1	16.0±3.4
Rb/Sr	0.05±0.05	0.65±0.33	0.89±0.24	1.19±0.40
$Th/10^{-6}$	2.27±0.7	11.1±1.1	18.8±3.0	16.7±3.5
$Zr/10^{-6}$	96±20	229±27	179±33	29.8±8.0
$Hf/10^{-6}$	2.1±0.6	6.3±2.0	6.8	10.1
$Nb/10^{-6}$	2.0±0.4	8.5±0.8	10.7±1.4	7.9±1.9
K/Th	4055±1526	1296±250	1252±360	681±194
Th/U	2.1±0.78	4.6±0.45	4.8±0.38	5.6±0.7
Zr/Th	48.0±13.4	21.5±2.4	9.5±0.7	19.0±5.8
Ti/%	0.48±0.12	0.39±0.06	0.26±0.02	0.22±0.06
Ti/Zr	56.8±21.4	19.7±4.3	15.3±2.4	6.74±0.9
$Sc/10^{-6}$	19.5±5.2	14.8±1.7	8.0±1.1	6.0±1.4
$V/10^{-6}$	131±40	89±13.7	48±5.9	31±9.9
$Co/10^{-6}$	18±6.3	12±2.7	10±1.7	5±2.4
$Zn/10^{-6}$	89±18.6	74±9.8	52±8.6	26±2.4
Sc/Cr	0.57±0.16	0.32±0.06	0.3±0.02	0.16±0.02

二、母岩性质研究

由于在风化作用及沉积成岩过程中相对稳定的化学性质，一些高场强元素(如 Th、Ti、Zr、Hf 等)、过渡元素(如 Co、Sc 等)及稀土元素可用于表征陆源碎屑沉积的物源类型(Wronkiewicz and Condie，1987；Hayashi et al.，1997；Jian et al.，2013)。Hayashi 等(1997)认为不同物源的沉积物 TiO_2/Zr 具有显著区别，源区为铁镁质岩石相对长英质岩石具有更高的 TiO_2/Zr。具体表现为酸性长英质火成岩的 $TiO_2/Zr<55$；基性铁镁质火成岩的 $TiO_2/Zr>200$；中性火成岩的 TiO_2/Zr 为 $55\sim200$(图 3-5)。相对于基性岩，酸性岩明显富 La 和 Th，而贫 Sc、Cr 和 Co，因此，La/Sc、Th/Co 等参数可用于判别物源组成(Cullers，2002；图 3-6)。酸性岩比基性岩有更高的 La/Sc、更低的 Co/Th(McLennan and Taylor，1991)。Cr 赋存于铬铁矿石中，代表铁镁质组分，而 Zr 赋存于锆石中，代表长英质组分，因此 Cr/Zr 能够反映物源区铁镁质与长英质组分的相对比例（Wronkiewicz and Condie，1989）。元素 Hf、Zr 是一对亲密伴生的元素，化学性质比较接近。因此，Zr/Hf 可以用于岩石的成因和物源分析，从酸性岩—中性岩—基性岩—超基性岩，岩石的 Zr/Hf 逐渐增大（Floyd and Leveridge，1987）。此外，La/Th-Hf 和 Th-Sc 图解也是判断母岩性质的重要方法之一，得到了广泛的应用（McLennan et al.，1993；Jian et al.，2013；Wang et al.，2017；图 3-7，图 3-8）。

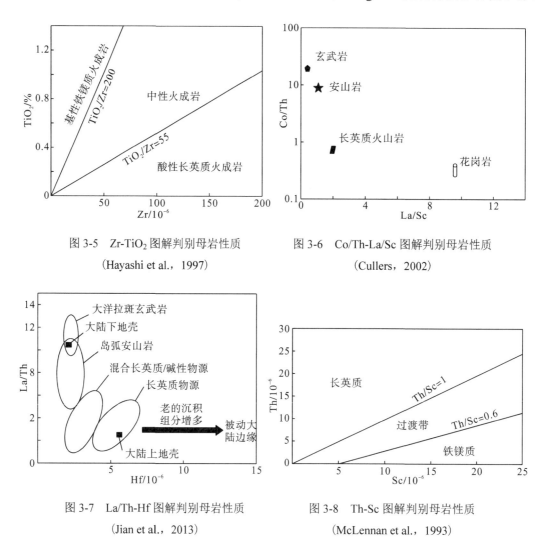

图 3-5　Zr-TiO$_2$ 图解判别母岩性质
（Hayashi et al.，1997）

图 3-6　Co/Th-La/Sc 图解判别母岩性质
（Cullers，2002）

图 3-7　La/Th-Hf 图解判别母岩性质
（Jian et al.，2013）

图 3-8　Th-Sc 图解判别母岩性质
（McLennan et al.，1993）

三、古盐度分析

　　研究沉积水体的古盐度对于区分海陆相环境、探讨古环境的形成与演化、揭示矿产资源的储存与富集均具有重要的意义（毛光周等，2018）。在不同的盐度条件下形成的沉积物微量元素分配的差异性使得微量元素成为重建古盐度条件的重要无机地球化学方法。目前，B 元素以及元素比值（如 B/Ga、Sr/Ba、Rb/K 和 Th/U）在揭示古盐度条件的研究中已经得到了广泛的应用。

（1）B。水体中 B 含量与盐度存在线性正相关关系，水体盐度越高，沉积物吸附的 B 离子就越多（Couch，1971）。一般而言，海水环境下的 B 含量为 80～125μg/g，而淡水环境的 B 含量多小于 60μg/g（Walker，1968）。据此，B 元素常被用来指示古盐度（Couch，1971）。

（2）B/Ga。海水中的 B 和 Ga 主要来源于河流输入。海水中 B 的浓度与盐度具有非常显著的线性相关关系（Wei and Algeo，2020），正常的海水通常比淡水具有更高的 B 含量（Reynolds，1965；Couch，1971）。然而含 Ga 的矿物溶解度一般较低，加上海水中的颗粒清扫作用，导致海水中 Ga 的浓度一般远低于淡水系统（Orians and Bruland，1988；McAlister and Orians，2012）。因此，B/Ga 可以用来揭示水的盐度条件。最新研究表明：B/Ga＞6 指示海水相，B/Ga 为 3～6 指示半咸水相，B/Ga＜3 指示淡水相（Wei and Algeo，2020）。

（3）Sr/Ba。Sr 和 Ba 具有较为相似的化学性质，然而它们在同一沉积环境中，由于地球化学行为的差异而发生分离。在自然界水体中，Sr 的迁移能力比 Ba 的迁移能力强，水介质矿化度即盐度很低时，Sr、Ba 均以重碳酸盐的形式出现；当水体盐度逐渐增大时，Ba 以 $BaSO_4$ 的形式首先沉淀，留在水体中的 Sr 相对 Ba 趋于富集；当水体的盐度增大到一定程度时，Sr 亦以 $SrSO_4$ 的形式递增沉淀（冯兴雷等，2018）。因此，沉积物中的 Sr/Ba 可以用来反映水体的盐度条件（冯兴雷等，2018；Wei and Algeo，2020）。通常来说：Sr/Ba＞0.5 指示海水相，Sr/Ba 为 0.2～0.5 指示半咸水相，Sr/Ba＜0.2 指示淡水相（Wei and Algeo，2020）。

（4）Rb/K。Rb 离子半径比 K 离子半径大，在相同浓度下，被吸附的 Rb 量大于 K 的量。随着水体盐度的增加，黏土矿物和有机质吸附的 Rb 多于 K，因此 Rb/K 越高反映盐度越高（Campbell and Lerbekmo，1963）。研究表明：正常的海相沉积物中该比值大于 0.006，咸水沉积物的该比值为 0.004～0.006，淡水沉积物的该比值为 0.0028（Campbell and Williams，1965）。

（5）Th/U。放射性元素 U 和 Th 具有不同的地球化学特征，在风化过程中 U 容易氧化和淋失，而 Th 则保存在残积物中或吸附于黏土。根据 Th/U 与沉积环境的对应关系，Th/U 也可作为判断海陆相沉积的一个指标（明承栋等，2015）。一般来说，Th/U＞7 为陆相淡水环境，Th/U 为 2～7 为微咸水-半咸水沉积环境，Th/U＜2 为海相咸水环境（张文正等，2008）。

四、古风化和古气候条件判别

化学风化是在地球表生环境下通过一系列化学作用对母岩进行分解改造的过程，长时间尺度的全球气候调控主要依靠硅酸盐化学风化和大气 CO_2 浓度的负反馈机制（Kump et al.，2000；Maher and Chamberlain，2014）。大陆硅酸盐化学风化在全球碳循环过程中作为净碳汇，对维持地球长期宜居的自然环境具有重要意义（Oliva et al.，2003）。此外，重建地质历史时期古气候条件，对于预测未来气候的变化有非常重要的作用（张鸿禹和杨文涛，2021）。总的来说，元素含量变化、Sr/Cu、Ga/Rb-Sr/Cu 图解、Rb/Sr 和 Th/U 是应用较多的微量元素化学风化指标。

（1）元素含量变化。微量元素的分配及比值的变化、组合和古盐度的分布可以在一定程度上指示古气候环境的演化历程。因为岩层中元素的分配一方面取决于元素本身的物理化学性质，另一方面又受到古气候，古环境的极大影响，古气候对元素丰度变化的影响尤为显著。当气候变化引起湖(海)平面升降时，自然会导致沉积环境的改变，控制元素分配的主要原因是古气候(田景春和张翔，2016)。

在干旱、半干旱环境中，生物地球化学作用减弱，降水稀少，径流量和挟带的物质成分减少，沉积作用减弱，沉积物中的一般元素相对减少，而成盐元素则逐渐聚集，进入盐湖成岩期。由此推断，在潮湿气候条件下，沉积岩中 Fe、Al、V、Ni、Ba、Zn、Co 等元素含量较高，说明湖水淡化，为高湖面期，反映的是潮湿的气候环境；而在干燥气候条件下，由于水分蒸发，水介质的碱性增强，Na、Ca、Mg、Cu、Sr、Mn 大量析出，形成各种盐类沉积在水底，所以它们的含量相对增高，为低湖面期，反映的是干燥的气候环境(王良忱和张金亮，1996)。Mn、Ca、Mg、Sr 具有相似的变化趋势，Zn、Co、Ni、Ba、Fe 亦具有相似的变化趋势。前人认为，Sr 的高含量是干旱炎热气候条件下湖水浓缩沉淀的结果(马宝林和温常庆，1991)。因而，Sr 的高含量值应是古湖泊炎热干旱气候的证据，其低含量值则指示较潮湿气候。Chivas(1985)对澳大利亚盐湖的研究表明：盐湖中 Sr 的含量随盐度的增加而增加，故古盐度与古气候的干旱程度变化趋势是一致。

(2)Sr/Cu。Sr 是一种典型的喜干型元素，在干旱气候下形成的沉积岩中发生富集，沉积岩中的 Sr 较低时指示潮湿气候，较高时反映干旱气候。而 Cu 则在潮湿气候条件下发生富集(Lerman and Gat，1989；Cao et al.，2015)。因此，气候变得越来越温暖和干旱时，沉积物中的 Sr/Cu 变高。通常而言，Sr/Cu 为 1.3～5 时，反映了温暖潮湿的气候，Sr/Cu 为 5～10 时，反映了半潮湿-半干燥的气候，Sr/Cu>10 时，反映的是炎热干旱的气候(Lerman，1978；尹锦涛等，2017)。

(3)Ga/Rb-Sr/Cu 图解。Ga 主要与细粒铝硅酸盐组分有关，富集在相关的高岭石中，反映温暖潮湿气候(Beckmann et al.，2005；Roy and Roser，2013)；Rb 主要与伊利石有关，指示寒冷干燥气候下的弱的化学风化作用(Roy and Roser，2013)。Ga/Rb 越低，表征的气候越寒冷干燥(Roy and Roser，2013)。高的 Ga/Rb 与低的 Sr/Cu 均指示温暖潮湿的气候(Roy and Roser，2013；Xie et al.，2018)(图 3-9)。

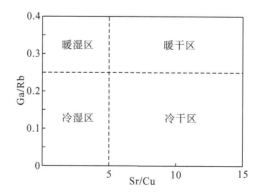

图 3-9 Ga/Rb-Sr/Cu 气候判别图解

注：据 Xie 等(2018)修改。

（4）Rb/Sr。Rb 和 Sr 地球化学性质存在明显的差异，两者常常发生分馏（Goldstein and Jacobsen，1988；Chen et al.，1999）。含有 Rb 的矿物抗风化能力强，且 Rb 易被黏土矿物吸附而保留下来，含有 Sr 的矿物易被风化，加之 Sr 元素活动性强，容易被流水带走而造成岩石中 Rb 与 Sr 的分离（金峰等，2016）。研究表明：Rb/Sr＞1 反映化学风化程度较高，Rb/Sr＜1 反映中-低程度的化学风化（Asiedu et al.，2019）。

（5）Th/U。在化学风化过程中，U 比 Th 更加活泼，U 由 U^{4+} 氧化为更易溶解的 U^{6+}，因此，Th/U 可以用来指示化学风化作用强度的相对强弱（Taylor and McLennan，1985；张建军等，2017；Wang et al.，2017）。Th/U 越大指示的化学风化作用越强（Taylor and McLennan，1985；张建军等，2017）。

五、碎屑输入识别

高场强的或水不溶性的 Zr、Th、Rb 和 Sc 是铝硅酸盐的重要组成部分（Zhao et al.，2016），这些元素的化学性质很稳定，很少受风化过程、生物过程和成岩过程的影响（Tribovillard et al.，2006；Lézin et al.，2013）。因此，这些元素可以用来评价陆源碎屑输入，值越高，反映的陆源碎屑输入量越大（Lézin et al.，2013；Zhao et al.，2016；Liu et al.，2018）。

六、水动力条件揭示

Zr 属于典型的亲陆惰性元素，Zr 的含量高值总是与粗粒沉积岩相对应，指示高能环境（赵一阳和郡明才，1994；Dypvik and Harris，2001；Chen et al.，2006）。相反，Rb 在海相沉积岩中主要以硅酸盐态赋存于黏土、云母等细粒或轻矿物中，易沉淀于低能环境（牟保磊，1999）。因此，Zr/Rb 可以用来揭示沉积水动力条件。通常在相对动荡的高能环境中呈 Zr/Rb 高值，反之则相反（雍自权等，2012）。

七、古水深表征

古水深是沉积学研究的重要内容，对于揭示构造活动、古气候环境变化和有机质富集机制均具有重要作用（Jin et al.，2006；尹锦涛等，2017；万蒙蒙等，2021）。前人在利用微量元素地球化学示踪做了大量的工作，提出 Zr/Al、Rb/K 和 Co 元素可以作为定性或定量的反映古水深的微量元素地球化学指标。

（1）Zr/Al。沉积物中 Zr 一部分富集在黏土矿物中，一部分赋存在粉砂级和砂级大小的重矿物中（如锆石），而 Al 主要赋存在黏土矿物中（Liu et al.，2019）。因此，Zr/Al 可以指示古水深或离岸距离的变化，Zr/Al 随着水体深度的增加而降低（尹锦涛等，2017）。

（2）Rb/K。前人研究表明：Rb/K 与古水深具有良好的对应关系，因此 Rb/K 可以定性表征古水深或离岸距离的变化，Rb/K 越高，表明水体越深（Jin et al.，2006；孙中良等，2020）。

（3）Co 元素法。周瑶琪等（1998）提出可以利用沉积岩中 Co 定量计算古水深，即通过计算沉积物沉积时的沉积速率来计算古水深，计算公式如下：

$$V_s = V_0 \times N_{Co} / (S_{Co} - t \times T_{Co})$$

$$h = 3.05 \times 10^5 / \left(V_s^{\frac{3}{2}} \right)$$

(3-10)

式中，V_s 代表某样品沉积时的沉积速率；V_0 代表当时正常湖泊沉积速率（0.15～0.3mm/a）；N_{Co} 代表正常湖泊沉积物中 Co 的含量（20×10^{-6}）；S_{Co} 代表样品中 Co 的含量（22.76×10^{-6}）；t 为样品中 La 的含量与陆源碎屑岩中 La 的平均含量的比值（49.21/38.99）；T_{Co} 为陆源碎屑岩中 Co 的含量（4.68×10^{-6}）。

八、氧化还原条件反映

古氧化还原条件的重建是古环境研究的重要内容。根据底水中每升水溶解氧含量，前人对水体的氧化还原条件提出了不同的划分标准，其中，Tyson 和 Pearson（1991）提出的四分法得到了广泛的应用：①当底水中溶解氧高于 2ml/L 时，为氧化（oxic）环境；②当底水中溶解氧为 0.2～2ml/L 时，为次氧化（suboxic）环境；③当底水中溶解氧低于 0.2ml/L，且无游离的硫化氢时，为缺氧（anoxic）环境；④当底水中不含溶解氧，且含游离的硫化氢时，为硫化（euxinic）环境。

沉积水体的氧化还原状态影响着各种元素在水体中的循环、分异和富集，环境的变化在沉积物中留下了丰富的地球化学记录，因此岩石中相关元素指标可以用来定性反映古水体氧化还原环境变化（夏鹏等，2020）。总的来说，用来作为氧化还原指示剂的元素应当满足以下三个条件：①元素是自生的，而不是来自碎屑输入和（或）热液（Tribovillard et al.，2006）；②元素为氧化还原敏感性元素，即元素在氧化条件下是易溶的，在还原条件下是难溶或不溶的（Russell and Morford，2001；Tribovillard et al.，2006）；③能独立反映氧化还原条件的变化，沉积物的成分和结构、沉积速率、成岩作用对元素不造成影响（Jones and Manning，1994）。

在实际应用过程中，如果利用单个元素指示氧化还原条件时，选用变价元素；如果是利用元素比值分析氧化还原条件，元素比值中作为分子的元素的化学行为特征与氧化还原条件密切相关，而作为分母的元素一般与氧化还原条件关系比前者弱或与氧化还原条件相关性差（韦恒叶，2012）。

（1）Th/U。在氧化水体中，U 以可溶性的 U^{6+} 存在，导致 U 在沉积物中亏损；而 U 在还原环境中以不能溶解的 U^{4+} 存在，造成沉积物中 U 的富集，而 Th 通常以不能溶解的 Th^{4+} 存在，不受氧化还原条件的影响（Wignall and Twitchett，1996）。根据 U、Th 地球化学行为的差异性，可以将 Th/U 作为氧化还原指示剂。通常认为：Th/U≤2 代表缺氧环境，2＜Th/U＜7 代表贫氧环境，Th/U≥7 代表氧化环境（Wignall and Twitchett，1996；Fang et al.，2019）。

（2）U_{auth}。泥岩中的 U 来源于黏土矿物和（或）重矿物（Jones and Manning，1994），自生沉积的 U_{auth}（$U_{auth} = U_{total} - Th/3$）可以作为判断氧化还原条件变化的指标。前人研究表明

$U_{auth} < 5$ 表明沉积物沉积时处于氧化状态，U_{auth} 为 5～12 表明处于贫氧状态，$U_{auth} > 12$ 表明处于缺氧状态（Jones and Manning，1994；尹锦涛等，2017）。

（3）Cu/Zn。Cu 和 Zn 均为铜族元素，在沉积作用过程中可因水介质氧逸度差异而产生分离，形成随介质氧逸度的降低由 Cu 富集向 Zn 富集过渡的沉积分带，因此可利用沉积物中的 Cu/Zn 反映沉积环境含氧量的变化。研究表明：Cu/Zn < 0.21 反映强还原环境，0.21 < Cu/Zn < 0.38 反映弱还原环境，0.38 < Cu/Zn < 0.50 反映弱还原-弱氧化的过渡环境，0.50 < Cu/Zn < 0.63 反映弱氧化环境，Cu/Zn > 0.63 反映氧化环境（梅水泉，1988；郭艳琴等，2016）。

（4）V/Cr。V 在氧化水体中通常以 V^{5+} 的形式存在，而在还原环境中几乎以不可溶的 V^{4+} 或 V^{3+} 形式发生沉淀。Cr 在氧化环境中以 CrO_4^{2-} 的形式存在，导致 Cr 从沉积物迁移到水体中，使得沉积物中 Cr 的相对含量较低。因此，与 Cr 相比，沉积于缺氧环境中的沉积物 V 的相对含量相对于氧化环境中的高（Chen et al.，2019）。一般而言，V/Cr < 2 代表氧化条件，2 < V/Cr < 4.25 代表贫氧条件，V/Cr > 4.25 代表缺氧条件（Jones and Manning，1994；Wang et al.，2018）。

（5）V/Sc。V 和 Sc 都是难溶元素，且 V 与 Sc 成比例变化。在缺氧条件下，V 的富集程度显著高于 Sc（Kimuraa and Watanabe，2001）。因此，V/Sc 越高，表征环境越缺氧。一般 V/Sc < 9.1 指示氧化环境（Kimuraa and Watanabe，2001）。

（6）V/(V+Ni)。Ni 在氧化海洋环境中以可溶的 Ni^{2+}、$NiCl^+$ 和 $NiCO_3$ 形式存在，也会与腐殖酸形成络合物。在缺乏 H_2S 和锰氧化物的中等还原强度下，有机络合物中的 Ni 会释放并进入上覆海水或孔隙水，有 H_2S 存在的强还原环境下，Ni 形成 NiS 不溶物，并以固溶体形式进入自生黄铁矿（Tribovillard et al.，2006）。在缺氧条件下，V 比 Ni 更容易富集（Jian et al.，2013）。当 V/(V+Ni) > 0.54 时，指示沉积水体为缺氧状态；V/(V+Ni) 为 0.46～0.54 时，反映沉积水体为贫氧状态；V/(V+Ni) < 0.46 表示沉积水体处于氧化状态（郑玉龙等，2015）。

（7）Ni/Co。Co 与 Ni 均为亲硫元素，在氧化环境中都溶于水，但 Co 在缺氧的条件下能形成不溶的 CoS，并以固溶体的形式进入自生黄铁矿中，而 Ni 在强还原条件下才形成不溶的 NiS（Tribovillard et al.，2006）。根据各自地球化学行为的差异性，Ni/Co 可揭示沉积水体的氧化还原条件。通常 Ni/Co > 7 指示缺氧水体，Ni/Co < 5 为氧化水体，Ni/Co 为 5～7 为贫氧水体（Jones and Manning，1994；Zhang et al.，2019）。

（8）Re/Mo。Re 在陆壳碎屑中的含量很低（0.5ng/g；Crusius et al.，1996），与 Fe 或 Mn 的循环无关，通常在氧化和缺氧条件下都是一种保守性的元素。Re/Mo 通常用来解释贫氧和缺氧沉积（Crusius et al.，1996），高的 Re/Mo（> 0.015）被认为代表贫氧的条件（Crusius et al.，1996），相反，缺氧/硫化的底层水有更低的 Re/Mo，接近现代海水的值 0.8×10^{-3}（Ross and Bustin，2009）。

（9）Mo_{EF}-U_{EF} 协变图（图 3-10）。在贫氧条件下，自生 U 在 Fe(Ⅱ)/Fe(Ⅲ) 氧化还原界面被摄取，比 Mo 优先富集，而自生 Mo 在硫化条件下才发生富集，同时颗粒传输可以促进水中的 Mo 进入沉积物，然而 U 却不受这个过程影响（Algeo and Tribovillard，2009；Tribovillard et al.，2012）。因此，Mo_{EF}-U_{EF} 协变图也可以识别氧化还原条件（Algeo and

Tribovillard，2009）。富集系数（enrichment factor，EF）值可用于计算沉积岩中某个元素相对于平均页岩的富集程度（Tribovillard et al.，2006），其计算公式为：$EF_x=(X/Al)_{sample}/(X/Al)_{PAAS}$，其中$(X/Al)_{sample}$和$(X/Al)_{PAAS}$分别代表了样品和后太古代澳大利亚平均页岩（Post-Archean average Australian shale，PAAS）中元素 X 和元素 Al 的比值（Taylor and McLennan，1985）。EF<1 指示元素相对 PAAS 亏损；EF>1 说明元素轻微富集；EF>3 反映元素明显富集；EF>10 表明元素强烈富集（Algeo and Tribovillard，2009）。在开放海环境下，氧化条件使自生 Mo 和 U 的富集程度较低；在贫氧条件下，自生 Mo 和 U 中等富集（EF<10），但是自生 U 比 Mo 更加富集；在缺氧-硫化条件下，自生 Mo 和 U 强烈富集（EF>10），此时自生 Mo 比 U 更加富集，产生了更加高的自生 Mo/U 值。相对于现代海水中的自生 Mo/U 值，在贫氧条件下，沉积物中的 Mo/U 低，约为海水的 0.3 倍；在缺氧条件下，沉积物中的 Mo/U 中等，约为海水的 1 倍；在硫化条件下，沉积物中的 Mo/U 高，约为海水的 3 倍。因此，高的自生 Mo/U 代表了更加还原的环境（Algeo and Tribovillard，2009；Tribovillard et al.，2012）。

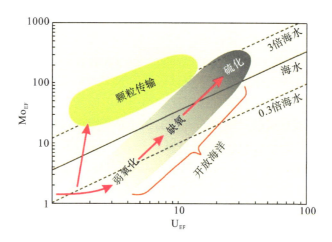

图 3-10　Mo_{EF}-U_{EF} 协变图指示氧化还原条件

注：据 Algeo 和 Tribovillard（2009）。

（10）Mo_{EF}、U_{EF} 和 V_{EF}。Mo、U 和 V 为常见的氧化还原敏感性元素。这些元素在不同的氧化还原条件下呈现出不同的化学价态：在氧化环境中，以高价态（Mo^{6+}、U^{6+} 和 V^{5+}）的形式溶解于水体中；在还原环境中，以不可溶的低价态（Mo^{4+}、U^{4+} 和 V^{3+}）形式发生沉积（张明亮等，2017）。由于 U 和 V 在缺氧脱硝酸的环境下就可以发生富集，而 Mo 主要在硫化环境中富集（Tribovillard et al.，2006），因此 Mo、U 和 V 的富集程度也可以用来区分氧化还原环境。如果 Mo、U 和 V 都没有发生富集，对应氧化的环境；如果 U 和 V 发生了富集，而 Mo 没有发生富集，对应贫氧/缺氧的环境；如果 Mo、U 和 V 均出现了富集，则反映了在水体或水-岩界面出现了硫化缺氧的环境（Algeo and Maynard，2004；Tribovillard et al.，2006；Yu et al.，2019）。

九、生物生产力指示

海洋初级生产力是指浮游生物（主要是浮游植物）在单位时间单位体积内通过光合作用生产有机碳的数量，即固定能量的速率（Barnola et al.，1987）。生物生产力是全球碳循环的重要环节，与全球生物地球化学循环有着密切的联系（沈俊等，2011）。此外，生物生产力的变化对海水的表层状况、上升流、季风波动以及环流变化等有一定的指示作用，因此重建地质历史时期的生物生产力对于理解大气 CO_2 浓度、气候变迁和海洋环境之间的联系具有重要作用（沈俊等，2011）。生物生产力是控制有机质富集的重要条件，恢复生物生产力对揭示烃源岩的形成机制具有重要作用（Pedersen and Calvert，1990；Zhao et al.，2016）。目前，Ba、Cd、Cu、Zn、Ni、Mo 和 Sr 等微量元素可以作为反映生物生产力的指标。

（1）Zn、Ni 和 Cu。Zn、Ni 和 Cu 是浮游生物生长必不可少的营养元素（Tribovillard et al.，2006）。这些元素大多通过形成有机金属配位体的形式沉积下来，大多数的有机质在沉积过后发生降解，释放出来的这些元素又重新保存在了沉积物的硫化物（黄铁矿）中（Algeo and Maynard，2004；Piper and Perkins，2004）。因此，沉积物中 Zn、Ni 和 Cu 的含量与有机碳沉积通量有着密切关系（Tribovillard et al.，2006；韦恒叶，2012）。一般来说，高的 Zn、Ni 和 Cu 含量指示高的有机碳输入，反映了较高的生物生产力，但由于这些元素在水体和沉积物的生物地球化学循环中存在释放和再循环过程，低的 Zn、Ni 和 Cu 含量却不一定指示低的生物生产力水平（韦恒叶，2012）。

（2）Cd。Cd 是海洋浮游生物所需的微量营养元素（Georgiev et al.，2015）。Cd 主要通过吸附在有机质的表面而沉降到海底，并随着有机质的降解以硫化物的形式富集在沉积物中（Morford et al.，2001）。同时 Cd 会取代磷灰石中 Ca 的位置而性质与 P 相似，但在缺氧环境中 P 会发生流失而 Cd 可以沉积下来（Middelburg and Comans，1991；Chaillou et al.，2002）。因此，Cd 可作为衡量生物生产力大小的指标，高的 Cd 含量通常反映了较高的生物生产力（李红敬等，2009）。

（3）Ba。Ba 是重要的生物营养元素，Ba 在现代海洋中的分布表现为准营养型，即上层水体贫 Ba，下层海水富 Ba。Ba 是应用最早、最广泛的生物生产力指标之一（Goldberg and Arrhenius，1958；Dymond et al.，1992；Pfeifer et al.，2001）。Goldberg 和 Arrhenius（1958）首先在赤道太平洋的上升流地区发现了高含量的重晶石（$BaSO_4$），并将其与海洋生物生产力联系起来。随后，Schmitz（1987）通过对印度洋赤道附近海域沉积物中的 Ba 进行研究发现，Ba 与表层生物生产力具有良好的相关性，提出 Ba 可用来推测生物生产力。值得注意的是，沉积物中的 Ba 有很多来源，包括：①生源 Ba；②陆源铝硅酸盐的 Ba；③海底热液 Ba 的沉淀；④某种底栖有机生物体的分泌物（Dymond et al.，1992）。只有生源 Ba（Ba_{bio}）才能反映海洋初级生产力。除了热液活动区域，其他环境沉积物中 Ba 的来源主要为生源和陆源。计算生源 Ba 常用的公式为：$Ba_{bio}=Ba_{total}-Ti_{total}\times(Ba/Ti)_{PAAS}$，其中，$Ba_{total}$ 和 Ti_{total} 分别代表全岩 Ba 和 Ti 含量，PAAS 指后太古代澳大利亚页岩平均值。一般来说，Ba_{bio} 含量越高，对应的海洋初级生产力越高(Paytan and Kastner, 1996; Wei et al., 2012)。在缺氧环境中利用 Ba_{bio} 指示生物生产力可能出现问题,这是由于在缺氧环境中,硫酸盐可能会被硫化细菌还原,从而造成 $BaSO_4$ 发生部分溶解,导致估算的生产力偏低(韦恒叶,2012)。

(4)Mo。Mo 元素的富集主要受控于水体或孔隙水中的硫化氢含量和铁的硫化物含量,有机质的高降解率会产生大量的硫酸盐,硫酸盐与 Mo 结合从而促使 Mo 沉淀于沉积物中,因此 Mo 通量与有机碳的堆积速率近似成正比,Mo 含量可以指示生物生产力的变化(黄永建等,2005; 丁江辉等,2019)。值得注意的是,只有在硫化环境中,Mo 才可以用来衡量生物生产力的变化,而在其他情况下,Mo 的沉积通量与生物生产力变化的关系并不明显,可能并不能用来反映生物生产力(沈俊等,2011)。

(5)Sr。Sr 的迁移和富集与生命活动密切相关(Banner et al., 1994),因此也可以用来揭示生物生产力的变化(He et al., 2017)。He 等(2017)通过对华东渤海湾盆地济阳拗陷始新世沙河街组 3 段油页岩的研究发现,沉积物中 Sr 含量与有机质含量具有显著的正相关关系,成功将 Sr 作为生物生产力指标。

十、热液活动评估

分析沉积物是否受到热液活动的影响对于揭示区域构造运动、有机质富集机制具有重要作用(李红敬等,2009; 夏威等,2015; Zhang et al., 2019)。前人的研究揭示了微量元素含量及其比值(Ba/Sr、Co/Zn、Cr/Zr 和 U/Th)可以反映沉积物沉积时期是否受到热液流体的影响。

(1)元素含量。沉积岩中 Mo、Cu、Zn、V、Cr、Ni、Cd 和 Sb 等微量元素的富集以及 Sr、Re、Zr 等元素的亏损通常与深部热液活动有关(Steiner et al., 2001; 夏威等,2017)。因此微量元素含量可以指示沉积物是否受到热液流体的影响。

(2)Ba/Sr。Ba/Sr 是敏感的热液活动指示参数。研究表明,正常海相沉积岩中的 Ba/Sr<1;受热液活动强烈影响的沉积物 Ba/Sr>1(Peter and Scott, 1988; Kinman and Neal, 2006)。

(3)Co/Zn。Co/Zn 是揭示热液活动的常用指标,可以对微量元素的来源(热液还是自生)进行有效区分。受热液活动作用的沉积物 Co/Zn 较低,平均在 0.15,而其他铁锰结核平均在 2.5(Toth, 1980; 夏威等,2017)。

(4)Cr/Zr。热液沉积物具有高 Cr 和低 Zr 的特征,因此学者提出 Cr/Zr 可以表征沉积物是否受到热液活动的影响(Marchig et al., 1982; Steiner et al., 2001)。沉积物中 Cr/Zr 越高,反映的热液活动越强烈,反之则相反。

(5)U/Th。U/Th 对热液活动也具有指示作用。通常来说,正常沉积物的 U/Th<1,然而热液沉积物的 U/Th>1(Zhang et al., 2020)。

(6)Ni-Co-Zn 三角图。Ni-Co-Zn 三角图已经被广泛用于各个地质历史时期的沉积物沉积期是否受到热液活动的影响的评估当中(Awan et al., 2020; Xu et al., 2022; Nie et al., 2023)(图3-11),是一个可靠的热液活动指标。

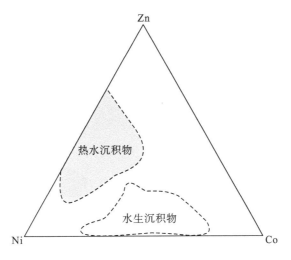

图 3-11　Ni-Co-Zn 三角图判断热液活动

注：据 Choi 和 Hariya(1992)。

（7）Fe-Mn-(Cu+Co+Ni)×10 三角图。前人研究表明 Fe-Mn-(Cu+Co+Ni)×10 三角图也是反映沉积物是否受到热液活动影响的重要图解，已得到广泛的应用(Awan et al.，2020；Xu et al.，2022；Nie et al.，2023)（图 3-12）。

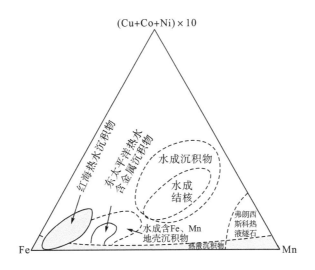

图 3-12　Fe-Mn-(Cu+Co+Ni)×10 三角图判断热液活动

注：据 Crerar 等(1982)。

十一、上升流活动分析

上升流活动分析是古海洋研究的重要内容之一，也是揭示海相烃源岩有机质富集的重要研究内容之一(张水昌等，2005；李天义等，2008；Zhang et al.，2018)。上升流对有机质丰度高的烃源岩形成的控制作用主要通过改变环境的原始生产力和保存条件来实现，一方面，上升流所带来的底部营养盐有利于生物的发育，从而较大幅度地提高原始生产力；另一方面，从底层带来的底层水氧含量低，有利于缺氧环境的形成，实现对有机质的良好保存(李天义等，2008)。目前，用来反映上升流的微量元素地球化学指标主要是 $EF_{Co} \times EF_{Mn}$、$Co(10^{-6}) \times Mn(\%)$ 和 Cd/Mo(图 3-13)。

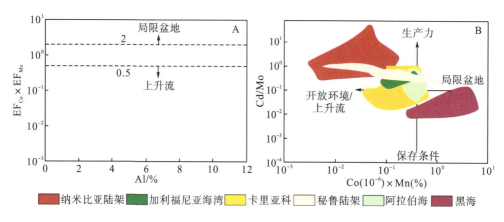

图 3-13   Al-$EF_{Co} \times EF_{Mn}$ 和 Co×Mn-Cd/Mo 图解识别上升流活动

注：据 Sweere 等(2016)。

受上升流影响的陆棚环境，水体呈贫氧状态，Co、Mn 含量相对贫乏，呈现低 Co 和 Mn 含量的特征，而受河流输入影响的水文限制区域呈现高 Co 和 Mn 含量的特征(Sweere et al.，2016)。在现代上升流环境中，如秘鲁陆缘、纳米比亚陆架和加利福尼亚海湾，$EF_{Co} \times EF_{Mn}$ 和 Co×Mn 分别小于 0.5 和 0.4，而在黑海等局限盆地中，$EF_{Co} \times EF_{Mn}$ 和 Co×Mn 分别大于 2 和 0.4(Sweere et al.，2016)。Cd 和 Mo 具有不同的地球化学行为，导致上升流环境中 Cd/Mo 较高(>1.0)，局限盆地中 Cd/Mo 较低(<1.0) (Sweere et al.，2016)。据此，$EF_{Co} \times EF_{Mn}$、Co×Mn 和 Cd/Mo 已经被广泛应用于地质历史时期上升流的识别当中(Zhang et al.，2018，2020；Jin et al.，2020)。

十二、古水温测定

前人研究表明，沉积物中 Sr 含量与温度具有相关性，可以利用 Sr 含量(y)和温度(T)的关系来测定古水温：

$$y = 2578 - 80.8T \tag{3-11}$$

通过对比计算结果与其他计算古水温的方法以及沉积物和相标志，证实了这一经验公式的可靠性。

田景春和张翔(2016)通过对丽水凹陷古新世沉积物中 Sr 质量分数的计算，得出丽水凹陷古新世沉积水体的水温比较恒定，早期在 27~30℃，晚期则在 30℃左右。

十三、白云岩成因判定

微量元素在碳酸盐岩沉积环境和成岩作用分析中发挥着重要作用。Sr 和 Na 的含量可以反映成岩流体的盐度，Sr 和 Na 的含量越高，指示其溶液盐度越高。Fe 和 Mn 的含量通常指示成岩强度和埋藏深度，埋藏越深，成岩强度越高，Mn 和 Fe 的含量越高；相反，Mn 和 Fe 的含量越低。另外，Sr 是海水及其派生流体最重要的示踪元素，而 Fe 和 Mn 则是大气水成岩环境中强烈富集的元素。高 Sr、低 Fe 和 Mn 的特征表明成岩环境的相对封闭性；而低 Sr、高 Fe 和 Mn 的特征则揭示成岩环境的相对开放性。因此，碳酸盐岩中微量元素可为相关流体的来源提供诸多有价值的信息，也有助于分析碳酸盐岩的成因。基于此，苏中堂(2011)通过分析鄂尔多斯盆地古隆起周缘马家沟组白云岩相关微量元素含量的特征，深入探讨了白云岩的成因。

第四章　沉积过程中稀土元素地球化学

稀土元素(rare earth element，REE)分为镧系元素和钪、钇元素。镧系元素是一类特殊的元素，原子序数从 57(镧)到 71(镥)，其原子结构不同于其他元素。稀土元素都具有非常相似的物理和化学性质，这种均匀性源于它们相似的电子构型，形成了一种特别稳定的+3 价氧化状态，并且在给定配位数下，随着原子序数的增加，离子半径有一个小而稳定的减小。尽管这些元素的化学行为相似，但它们可以通过若干岩石学和矿物学过程从一种元素到另一种元素进行部分分馏。造岩矿物中阳离子配位多面体类型和大小的多样性为这种化学分馏提供了手段。

已发现的稀土元素被简单分为两个亚类：轻稀土元素(缩写为 LREE，La-Eu)和重稀土元素(缩写为 HREE，Gd-Lu)。钇因其离子半径和化学性质与重稀土元素相似而被包括在重稀土元素中。有时，Pm-Ho 的元素也被单独划分为"中稀土元素"(缩写为 MREE)。

本章主要内容包括稀土元素的化学性质、稀土元素的分布、矿物学中的稀土元素、稀土元素的应用。

第一节　稀土元素的化学性质

一、镧系收缩对稀土元素化学性质的影响

对于大多数镧系元素，3+氧化状态是最稳定的，因此几乎所有稀土氧化物都以 REE_2O_3 的形式出现。然而，某些镧系元素在同一氧化物中可能具有多个价态。氧化镨通常含有+3 和+4 价的 Pr，其比例根据形成条件而有所不同，其化学式表示为 Pr_6O_{11}。类似地，Tb_4O_7 是一种重要的商用 Tb 化合物，内含部分 Tb^{4+} 和更稳定的 Tb^{3+}。Ce^{3+} 为其最稳定的氧化态，氧化物表示为 Ce_2O_3。钇的电子构型可以表示为 $[Kr]4d^15s^2$，元素氧化态为+3 价，其氧化物化学式为 Y_2O_3。

在周期系统中，镧系元素群也会产生一种特殊的现象，称为镧系收缩。这一现象表现为元素的原子半径和离子半径随着原子序数的增加而逐渐减小的现象。原子半径收缩得较为缓慢，相邻原子半径之差仅为 1pm 左右，但从 La～Lu 经历 15 个元素，原子半径收缩积累 14pm 之多。离子半径的收缩要比原子半径明显得多。因此，La 的原子半径最大，Lu 的最小。表 4-1 给出了镧系元素的离子半径，图 4-1 清楚地显示了上述效应。

表 4-1　六配位镧系元素的离子半径

元素	原子序数	+2 价离子/Å	+3 价离子/Å	+4 价离子/Å
La	57		1.032	
Ce	58		1.01	0.87
Pr	59		0.99	0.85
Nd	60		0.983	
Pm	61		0.97	
Sm	62	1.22	0.958	
Eu	63	1.17	0.947	
Gd	64		0.938	
Tb	65		0.923	
Dy	66		0.912	
Ho	67		0.901	
Er	68		0.89	
Tm	69	1.03	0.88	
Yb	70	1.02	0.868	
Lu	71		0.861	

注：据 Shannon（1976）。1Å=10^{-10}m。

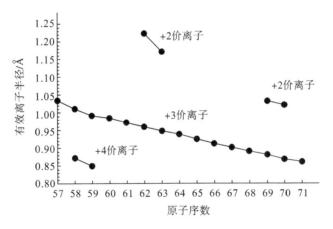

图 4-1　镧系元素有效离子半径的系统分类

注：从左到右的减少称为镧系元素收缩，离子半径符合表 4-1。

在周期系统中，价电子总是以一种不完美的方式保护自己不受核电荷的影响，这导致在周期系统中从左向右连续移动时，有效核电荷增加。由于价 f 轨道的不完全屏蔽，镧系元素显示出原子和离子半径的收缩。由于 4f 轨道的大小有限，因此镧系离子的大小由其 5s 和 5p 轨道确定（Platt，2012）。

由于 4f 轨道的延伸受到限制，它们不能与其他组件的周围轨道重叠。这意味着镧系元素在正常氧化状态下几乎不会形成共价键。因此，镧系元素通常通过离子/静电相互作用结合(Platt，2012)。

同样由于镧系元素的收缩，Y 的离子半径可与 Ho-Er 区较重稀土元素的离子半径相媲美。如果绘制 Y^{3+} 的有效离子半径(0.90Å)，它则位于元素 67(Ho) 和 68(Er) 之间。由于 Y 的最外层电子排列与重稀土元素相似，因此该元素的化学行为与重稀土元素相似。它在重稀土的(地球)化学过程中富集，很难从重稀土中分离出来。另一方面，钇的原子半径小得多，三价离子的尺寸比重稀土小得多(Gupta and Krishnamurthy，2005)。

镧系元素的收缩对周期系统下部的其余过渡金属也有影响。镧系元素收缩的程度足以使第三排中的过渡元素具有与第二排过渡元素非常相似的尺寸，如铪(Hf^{72})具有类似于 Zr^{4+} 的离子半径，导致这些元素具有类似的行为。同样，元素 Nb 和 Ta 以及元素 Mo 和 W 的大小几乎相同，Ru、Rh 和 Pd 的尺寸与 Os、Ir 和 Pt 相似，因此，它们也有相似的化学性质，很难分离。镧系元素收缩的影响在 Pt(Z^5=78)之前是明显的，之后由于惰性电子对效应而不再明显。

二、稀土元素的稳定和放射性同位素

这里主要介绍自然存在的稀土元素(镧系)的稳定和放射性同位素。

(1)镧(原子序数 57)。自然存在的镧(La)有一个稳定的同位素(^{139}La，含量为 99.91%)和一个放射性同位素(^{138}La)。已发现了 38 种放射性同位素，其中最稳定的是 ^{138}La，^{138}La 半衰期为 $10^2\times10^9$a，^{137}La 半衰期为 60000a，^{140}La 半衰期为 1.6781d，剩余的放射性同位素的半衰期不到一天。

(2)铈(原子序数 58)。自然存在的铈(Ce)有 4 种稳定同位素：^{136}Ce、^{138}Ce、^{140}Ce 和 ^{142}Ce，其中，^{140}Ce 含量最高(88.48%)。其他同位素 ^{119}Ce~^{135}Ce、^{137}Ce、^{139}Ce、^{141}Ce 和 ^{143}Ce~^{157}Ce 具有放射性，半衰期从约 100ns 到约 137.6d 不等。

(3)镨(原子序数 59)。天然存在的镨(Pr)只有一个稳定同位素 ^{141}Pr。已知约 38 种放射性同位素，其中 ^{143}Pr 最稳定，^{143}Pr 半衰期为 13.57d，^{142}Pr 半衰期为 19.12h，其他放射性同位素的半衰期都小于 6h。

(4)钕(原子序数 60)。自然存在的钕(Nd)有 5 种稳定同位素，^{142}Nd、^{143}Nd、^{145}Nd、^{146}Nd 和 ^{148}Nd。其中，^{142}Nd 含量最高(27.2%)。已知 33 种钕放射性同位素，其中最稳定的是自然产生的 ^{144}Nd(半衰期为 2.29×10^{15}a)和 ^{150}Nd(半衰期为 7×10^{18}a)，剩余放射性同位素的半衰期小于 11d。

(5)钷(原子序数 61)。这是唯一没有稳定甚至长寿命同位素的镧系元素，元素钷(Pm^{61})有 38 种放射性同位素，其中包括两种相对稳定的同位素：^{145}Pm 原子量为 144.9127，半衰期为 17.7a；^{147}Pm 原子量为 146.9151，半衰期为 2.623a(Wieser，2006)。由于两种同位素的半衰期较短，自然界中不存在钷，它只能靠人工合成。大多数其他的钷同位素的半衰期不到 1s，^{163}Pm 的半衰期最短，约为 200ms，主要的衰变产物是 Nd 和 Sm 同位素。

(6)钐(原子序数 62)。钐有 7 种同位素：^{144}Sm、^{147}Sm、^{148}Sm、^{149}Sm、^{150}Sm、^{152}Sm

和 ^{154}Sm。其中，^{144}Sm、^{150}Sm、^{152}Sm 和 ^{154}Sm 是稳定的，另外 3 种是放射性同位素，但它们的寿命非常长（^{147}Sm、^{148}Sm 和 ^{149}Sm，半衰期大于 $1.0×10^{11}$a）。

（7）铕（原子序数 63）。铕有两种同位素，^{151}Eu 原子质量为 150.919846u，^{153}Eu 原子质量为 152.921226u。同位素 ^{153}Eu 是稳定的，^{151}Eu 最近被发现是不稳定的，但半衰期极长（$4.62×10^{18}$a；Casali et al.，2014）。

（8）钆（原子序数 64）。天然钆由 6 种稳定同位素 ^{154}Gd、^{155}Gd、^{156}Gd、^{157}Gd、^{158}Gd 和 ^{160}Gd，1 种放射性同位素 ^{152}Gd 组成，^{152}Gd 半衰期为 10^{12}a。

（9）铽（原子序数 65）。天然存在的铽有一个稳定同位素 ^{159}Tb，原子质量为 158.925343u。对于铽，已经鉴定了 36 种放射性同位素，最稳定的是 ^{158}Tb，^{158}Tb 半衰期为 180a，^{157}Tb 半衰期为 71a，^{160}Tb 半衰期为 72.3d，其余的半衰期都少于 7d。

（10）镝（原子序数 66）。镝有 7 种稳定同位素，有 29 种放射性同位素，最稳定的是 ^{154}Dy，^{154}Dy 半衰期为 $3×10^6$a，^{159}Dy 半衰期为 144.4d，^{166}Dy 半衰期为 81.6h，其他放射性同位素的半衰期小于 10h。

（11）钬（原子序数 67）。天然存在的钬有一个稳定同位素 ^{165}Ho，原子质量为 164.930319u。有 36 种放射性同位素，其中最稳定的是 ^{163}Ho，^{163}Ho 半衰期为 4570a，其他放射性同位素的半衰期都小于 1.2d。

（12）铒（原子序数 68）。天然存在的铒有 6 种同位素，已知有 30 种放射性同位素，其中最稳定的是 ^{169}Er，^{169}Er 半衰期为 9.4d，其他放射性同位素的半衰期小于 50h，大多数放射性同位素的半衰期甚至短于 4min。

（13）铥（原子序数 69）。自然存在的铥有一个稳定同位素 ^{169}Tm，原子质量为 168.934211u。对于铥，已经鉴定出 34 种放射性同位素，其中最稳定的是 ^{171}Tm，^{171}Tm 半衰期为 1.92a，^{170}Tm 半衰期为 128.6d，^{168}Tm 半衰期为 93.1d，^{167}Tm 半衰期为 9.25d，其他放射性同位素的半衰期都小于 64h，大多数放射性同位素的半衰期甚至小于 2min。

（14）镱（原子序数 70）。镱有 7 种稳定同位素，已知有 27 种放射性同位素，最稳定的是 ^{169}Yb，^{169}Yb 半衰期为 32.026d，^{175}Yb 半衰期为 4.185d，^{166}Yb 半衰期为 56.7h，其他放射性同位素的半衰期都较短。

（15）镥（原子序数 71）。天然镥由两种同位素组成，即 ^{175}Lu 和 ^{176}Lu，后者实际上具有放射性，但半衰期极长，为 $3.78×10^{10}$a。共鉴定出 34 种放射性同位素，其中除 ^{176}Lu 外，最稳定的是 ^{174}Lu，^{174}Lu 半衰期为 3.31a，^{173}Lu 半衰期为 1.37a，其他放射性同位素的半衰期都不到 9d，许多同位素半衰期甚至不到半小时。

三、稀土元素的磁性

对于大多数稀土元素来说，它们的居里温度通常很低，这导致金属在室温下通常表现出顺磁性。一个例外是钆（Gd），其居里温度为 292K（18.9℃），是铁磁性的。唯一具有（相当）高居里温度的稀土元素是铽，其居里温度为 222K（-51.1℃）。其他大部分稀土元素的居里温度低于 87K（-186℃）。表 4-2 给出了稀土元素已知的居里温度。

表 4-2　稀土元素的居里温度

元素	T_c(居里点)/K	磁性类型
La	无法获得	顺磁性
Ce	无法获得	顺磁性
Pr	无法获得	顺磁性
Nd	无法获得	顺磁性
Pm	不详	不详
Sm	无法获得	顺磁性
Eu	无法获得	顺磁性
Gd	292K	铁磁性
Tb	222K	顺磁性
Dy	87K	顺磁性
Ho	20K	顺磁性
Er	20K	顺磁性
Tm	32K	顺磁性
Yb	无法获得	顺磁性
Lu	无法获得	顺磁性
Y	无法获得	顺磁性

注：据 Jensen 和 Mackintosh(1991)。

四、稀土元素的化学行为

在矿物学上，稀土元素形成氧化物、卤化物、碳酸盐、磷酸盐和硅酸盐、硼酸盐或砷酸盐，但不形成硫化物。

(1)空气和氧气。在室温下，并非所有稀土金属都受到空气的相同影响。轻稀土元素往往会很快失去光泽，尤其是 Eu，还有 La 和 Nd。当空气潮湿且温度升高时，氧化进行得更快，当相对湿度从 1%增加到 75%时，氧化增加 10 倍(Gupta and Krishnamurthy，2005)。稀土氧化物并非都具有相同的结构，因此，与水蒸气接触的新鲜金属表面上的一些氧化物涂层会剥落，露出新鲜表面，而另一些则形成持久的致密层，防止进一步氧化。稀土氧化物具有非常大的负生成自由能，在周期系统中是最稳定的。

(2)氮气。稀土元素也与氮有很强的亲和力。稀土的单氮化物非常稳定，其稳定性与 Ti 或 Zr 相当(Gupta and Krishnamurthy，2005)。然而，与氮的反应是缓慢的，在高温条件下，反应速度较快。氮化物也在表面形成稳定层，阻止任何进一步的氮化。

(3)氢气。稀土金属在 400～600℃的温度下容易形成氢化物，然而，其中一些相对容易分解和脱气(Gupta and Krishnamurthy，2005)。

(4)碳。所有稀土都容易形成二碳化物($REEC_2$)，其中一些(La-Sm 和 Gd-Ho)也形成倍半碳化物(REE_2C_3)。碳在稀土中的固溶性也很容易发生，稀土碳化物也与氮和氧形成固溶体(Gupta and Krishnamurthy，2005)。

（5）硅。硅（Si）与所有稀土元素形成硅化物和固溶体。硅化物通常为二硅化物、稀土元素（Gupta and Krishnamurthy，2005）。

（6）难溶金属。Nb、Mo、Ta 和 W 是难溶金属，即表现出抗液态稀土金属侵蚀的特征。在高温下，这些金属在液态稀土金属中的溶解度逐渐降低，W 的溶解度最低，然而与 Ta 相比，W 相当脆，机械性能较差，因此，在制备高纯度液态稀土金属时，Ta 是最好的容器材料（Gupta and Krishnamurthy，2005）。

（7）酸和碱。稀土金属易溶于酸，能溶解在稀盐酸、硫酸、硝酸中，生成相应的化合物，但在氢氟酸和磷酸中不易溶解，这是由于生成难溶的氟化物和磷酸盐膜，阻止了进一步的溶解。

（8）水。稀土与水的反应因金属而异，轻稀土元素在室温下与水反应缓慢，在高温下反应强烈，重稀土元素与水的反应非常缓慢（Gupta and Krishnamurthy，2005）。在水体系中，典型的三价稀土表现出强烈的离子特性。Ce（IV）是唯一在水溶液和固体中稳定的稀土种类。三价稀土与大量阴离子形成盐，这种盐的溶解度变化很大。含有热不稳定离子（如 OH^-、CO_3^{2-} 或 $C_2O_4^{2-}$）的稀土，首先在加热时转化为碱性衍生物，最后转化为氧化物。稀土的氯化物、溴化物、硝酸盐、溴酸盐和高氯酸盐都是水溶性的，当蒸发结晶时，它们都会形成水合结晶盐（Gupta and Krishnamurthy，2005）。

另外，稀土元素几乎能与所有金属元素发生作用，生成不同的金属间化合物。但需要注意的是，稀土元素与钙、钡等不生成互溶体系，与钨、钼也不能生成化合物。

第二节　稀土元素的分布

一、太阳系、太阳和地球中的稀土元素丰度

根据碳质球粒陨石和年轻恒星中元素的浓度，对太阳系的组成进行估计并提供了稀土元素相对丰度的数据。表 4-3 给出了 Cameron（1973）汇编的一部分，以及根据光谱分析确定的太阳大气中相对丰度（Si=10^6 原子）的估计值（Ross and Aller，1976）。稀土元素的相对丰度值遵循丰度随原子序数增加而降低的总趋势。

表 4-3　太阳和太阳系中稀土元素和其他选定元素的相对丰度（标准化为 Si=10^6 个原子）

原子序数	元素符号	丰度	
		太阳 [a]	太阳系 [b]
1	H	2.24×10^{10}	3.18×10^{10}
11	Na	4.27×10^4	6.0×10^4
12	Mg	8.91×10^5	1.016×10^6
20	Ca	5.01×10^4	7.21×10^4
21	Sc	24.5	35
26	Fe	7.08×10^5	8.3×10^5
39	Y	2.82	4.8

原子序数	元素符号	丰度	
		太阳 [a]	太阳系 [b]
40	Zr	12.6	28
50	Sn	2.2	3.6
57	La	0.302	0.445
58	Ce	0.794	1.18
59	Pr	0.102	0.149
60	Nd	0.380	0.78
62	Sm	0.12	0.226
63	Eu	0.01	0.085
64	Gd	0.295	0.297
65	Tb	n.a.	0.055
66	Dy	0.257	0.36
67	Ho	n.a.	0.079
68	Er	0.13	0.225
69	Tm	0.041	0.034
70	Yb	0.2	0.216
71	Lu	0.13	0.036
72	Hf	0.14	0.21
82	Pb	1.91	4
92	U	<0.09	0.0262

注：n.a.为不可用；a.据 Ross 和 Aller(1976)；b.据 Cameron(1973)。

　　Taylor(1964)使用花岗岩和玄武岩中显著不同的稀土元素丰度作为估算大陆地壳成分的基础，在 1∶1 镁铁质-硅质火成岩的混合物中观察到"平均沉积物"中 REE 分布模式。因此，这种火成岩混合物被认为代表了平均大陆地壳的组成。Taylor(1964)估算的 REE 含量和球粒陨石标准化图见表 4-4 和图 4-2。在岩石风化过程中，稀土元素有时会活化，这一事实对 Taylor(1964)方法的准确性提出了质疑，但除了 Dy 的明显异常丰度几乎肯定是错误的以外，丰度模式的一般性质可能是正确的。图 4-2 显示，相对于球粒陨石，LREE 在地壳中比 HREE 更丰富。

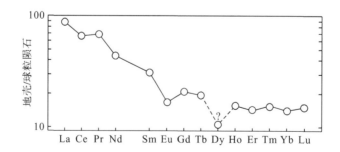

图 4-2　大陆地壳中稀土元素的球粒陨石标准化丰度(对数标度)

注：根据原子序数绘制。数据来自 Taylor(1964)。Dy 的值可能不正确。

表 4-4　Taylor(1964)估算的大陆地壳中的稀土元素丰度(×10⁻⁶)

元素	La	Ce	Pr	Nd	Sm	Eu	Gd	Tb	Dy	Ho	Er	Tm	Yb	Lu
丰度	30	60	8.2	28	6	1.2	5.4	0.9	3	1.2	2.8	0.48	3	0.5

二、地幔中的稀土元素

地幔约占地球质量的 2/3，目前，确定地幔成分唯一直接的方法是研究由地质作用而暴露于地壳的地幔岩石标本。这些岩石主要是几种不同类型的橄榄石，如阿尔卑斯型橄榄岩、组成蛇绿岩套基本构造单元的橄榄岩、出现在洋底的橄榄岩，以及产在碱性玄武岩和金伯利岩中的超镁铁岩包体等。

目前,有关上地幔岩石的 REE 丰度的研究证实了上地幔 REE 的含量是"不均匀"的，尤其是 LREE,其含量的变化范围在 1/1000 至 25 倍普通球粒陨石的 LREE 之间。而 HREE 含量的变化要小得多，在阿尔卑斯型橄榄岩、洋底橄榄岩和在碱性玄武岩及金伯利岩中呈包体产出的橄榄岩中，HREE 含量的变化范围在 1/10 至 5 倍普通球粒陨石之间。另外，出露在地壳的大多数地幔橄榄岩是部分熔融的残留体。在熔融事件之前，上地幔尖晶石二辉橄榄岩和石榴石二辉橄榄岩石具有 1.5 至 3 倍于普通球粒陨石的 HREE 含量(图 4-3，图 4-4)。

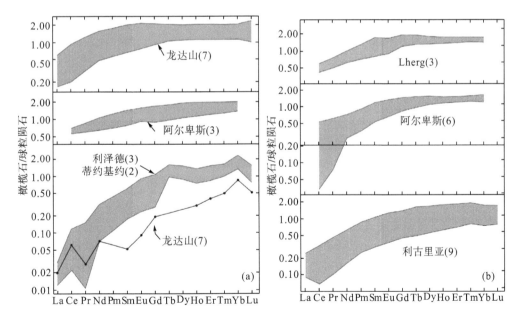

图 4-3　阿尔卑斯型橄榄岩的 REE 丰度

注：括号内的数字表示该丰度范围内的样品数。在本章中，REE 丰度都是用 Haskin 和 Haskin(1968)的球粒陨石平均值标准化了的。(a)下图为英国康沃尔的利泽德、委内瑞拉的蒂约基约(Tinaquillo)(Haskin and Haskin，1968)；中图为摩洛哥的阿尔卑斯；上图为西班牙的龙达山(Ronda)(Frey et al.，1983)。(b)下图为意大利的利古里亚(Liguria)；中图为阿尔卑斯(Alps)(Loubet et al.，1975)；上图为法国的 Lherg(Loubet et al.，1975)。

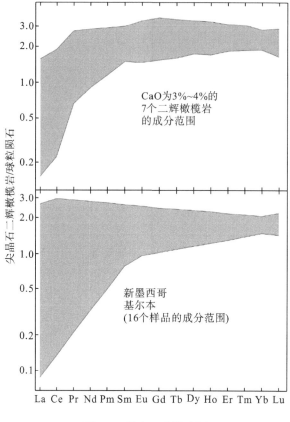

图 4-4　稀土配分模式图

注：下图为取自美国新墨西哥州基尔本的 16 个尖晶石二辉橄榄岩包体经球粒陨石标准化的 REE 丰度范围(Irving，1980)。CaO
含量为 2.70%～3.96%。上图为 7 个尖晶石二辉橄榄岩包体经球粒陨石标准化的 REE 丰度范围，每个包体都含 3%～4%CaO。

在上地幔岩石中所观测到的 REE 含量范围得出了有关上地幔作用的下列结论。

(1)假设地核含有地球中 REE 的很少部分，地幔＋地壳与整个地球相比富集了 1.5 倍的 REE。不同类型球粒陨石之间的 REE 丰度变化也大约为 2 倍。因此，推测的 1.5～3 倍于普通球粒陨石的上地幔 REE 丰度未使上地幔产生 REE 的强烈富集和分馏作用。

(2)几乎所有富 CaO 和 Al_2O_3(＞3%)的尖晶石二辉橄榄岩和石榴子二辉橄榄岩都是$(La/Yb)_{cn}$＜1，HREE 含量 1～3 倍于球粒陨石，Al_2O_3/CaO 与球粒陨石类似。假如有证据说明整个地球具有球粒陨石的 Sm/Nd，LREE 的相对亏损就能容易地解释为是由于损失了少部分(＜15%)相对富集 LREE 的流体造成的。因此，在阿尔卑斯型橄榄岩组合中产出的和以包体形式在碱性玄武岩及金伯利岩中出现的富 CaO 和 Al_2O_3 二辉橄榄岩具有适合于大洋中脊玄武岩源区的成分，但是如果形成洋中脊玄武岩是由于熔融程度达到足以形成CaO 和 Al_2O_3 含量很低(＜2%)的残留体的话，那么那些富 CaO 和 Al_2O_3 的二辉橄榄岩不可能是与洋中脊玄武岩形成有关的残留体。

(3) 与二辉橄榄岩相比，上地幔方辉橄榄岩和纯橄榄岩的 REE 含量变化范围很大，某些方辉橄榄岩和纯橄榄岩具有 $(LREE/HREE)_{cn}<1$，但大多数 $(LREE/HREE)_{cn}>1$ 的特征。来自阿尔卑斯型橄榄岩，包括来自蛇绿岩套底部单元的大多数方辉橄榄岩和纯橄榄岩，它们的球粒陨石标准化 REE 型式在 Sm-Gd 区域有一个明确的最低值，最大的 REE 含量仅是普通球粒陨石的 1/5～1/2。

可能有几种作用会产生具有 $(LREE/HREE)_{cn}>1$ 的上地幔方辉橄榄岩和纯橄榄岩。①阿尔卑斯型橄榄岩中，包括蛇绿岩套超镁铁岩底部单元中的强烈蛇纹石化方辉橄榄岩和纯橄榄岩以及一些洋底橄榄岩，其 LREE 相对富集可能是由于在蛇纹石和其他低压/低温矿物形成过程中 LREE 的进入形成的。这些岩石对这种混染作用特别敏感，因为它们的原始 REE 含量很低。不过，这种解释不能满足新鲜、无蛇纹石且 $(LREE/HREE)_{cn}>1$ 的岩石。②纯橄榄岩和方辉橄榄岩中 LREE 的相对富集可能反映了橄榄石一种高 LREE/HREE 的岩浆的分离作用。在这种情况下，纯橄榄岩和方辉橄榄岩 $(LREE/HREE)_{cn}>1$ 也是从岩浆中继承下来的。③LREE 的相对富集可能是因为 LREE 较 HREE 优先进入部分熔融所形成的残留的矿物中。方辉橄榄岩中的残留斜长石可能具有这种效应，但是，即使在含斜长石的洋底微榄岩中，也没有证据说明有足够的残留斜长石会使整个橄榄岩的 $(LREE/HREE)_{cn}>1$。另外，橄榄石也许还有斜方辉石，在某些条件下可能优先结合 LREE。虽然这种解释与基于原子半径的判别准则不一致，但是也许这些判别准则对某些矿物是无效的，这些矿物的 REE 含量可能不受 REE 在主要阳离子结构位置上的替代所控制。这种解释的正确与否需要对仔细分离和处理的橄榄石和斜方辉石晶体进行 REE 分析。

(4) 与阿尔卑斯型橄榄岩相反，碱性玄武岩和金伯利岩中包体组合的方辉橄榄岩和低 $CaO-Al_2O_3$（<2%）的二辉橄榄岩 LREE 含量大于球粒陨石，$(La/Yb)_{cn}$ 在 1～25。在这些上地幔橄榄岩中，LREE 相对富集，最合理的解释是这些橄榄岩是由至少两种在地球化学上有区别的组分混合形成的，组分 A 反映橄榄岩整体特征并控制了主要矿物、主要元素及相容微量元素含量；组分 B 仅占橄榄岩的一小部分，但控制了不相容微量元素（如 LREE）的丰度。这也可以解释阿尔卑斯型方辉橄榄岩和纯橄榄岩中 LREE 的相对富集。

(5) 辉石岩在上地幔中的作用一直存在争论。最近几个重要的观点是：①石榴石辉石岩构成了上地幔的过渡区域（220～670km），是洋中脊玄武岩的源岩；②辉石岩穿插在富橄榄石的橄榄岩中是地幔不均一性的一个重要表现形式，它造成玄武岩在一个地理区域内具有不同的微量元素丰度和同位素比值。地幔辉石岩的 REE 丰度证实了所研究的石榴石辉石岩不适合作为洋中脊玄武岩的源岩，地幔辉石岩在成分上不相当于完全结晶的玄武质岩浆。与此相反，所研究的辉石岩反映了包括它是玄武质岩浆的固态分离体和它可能作为部分熔融残留体等复杂的岩石成因。毫无疑问，阿尔卑斯型橄榄岩和橄榄岩包体中富辉石的层和脉反映了地幔中的岩浆作用。因此，它们提供了不易被对流作用所消除的、小规模地幔不均一性的形成机制，然而，这些辉石岩不代表地幔熔体，它们大多数不适合作为富集不相容元素岩浆的深岩。

三、洋壳中的稀土元素

洋壳中的稀土元素具有八个方面的特征。

(1)大洋盆地火成岩的喷发方式(洋脊或板块内部的海山和岛屿)和化学性质显示很大的差异。

(2)大洋中脊玄武岩的成分范围从显著亏损高度不相容元素、$^{87}Sr/^{86}Sr$ 低、$^{143}Nd/^{144}Nd$ 高的拉斑玄武岩(N 型洋中脊玄武岩),到富集的拉斑玄武岩和碱性玄武岩(E 型洋中脊玄武岩)。看起来尽管每个洋脊都喷发出有自身特点的玄武岩,但 N 型和 E 型洋中脊玄武岩为一成分类型完整的系列。

(3)虽然富 LREE 的类型占统治地位,但洋岛玄武岩成分也是变化的。尽管洋岛玄武岩的 LREE 及不相容元素的富集程度一般比较大,但在大多数方面,洋岛玄武岩类似于 E 型洋中脊玄武岩。

(4)所观测到的大多数 REE 在大洋火成岩中分配的差异[稀土元素总量,$(Ce/Yb)_{cn}$ 等]在理论上可以用分离结晶作用和部分熔融作用来解释,特别是当石榴子石为残余矿物相时。鉴于 REE 已成功地用于模拟这些作用,因此,很明显它们在提供源区不均一的确切证据方面的价值较低。不过,如果用了合理的岩石学模式(即拉斑玄武岩代表大于 20%的源区熔融),考虑高度不相容元素和同位素比值,那么,所有大洋玄武岩是由单一的成分上均一的源区产生的论点是站不住脚的。

(5)现在一般都接受大洋下面的地幔在化学上是不均一的看法。大多数模式都包括化学上"亏损的"和"富集的"组分。例如,热柱模式(Schilling,1973)设想异常中脊和某些洋岛地区[如亚速尔(Azores)群岛和冰岛]下面有热的富集的地幔橄榄岩的上升。富集的热柱物质和世界范围内亏损地幔之间的混合可以产生地球化学梯度,沿着过渡中脊部分(如雷恰内斯(Reykjanes)脊已被某些作者记录到。

(6)热柱模式不能完美地解释冰岛和 Reykjanes 脊玄武岩所有的地球化学变化,现在所得到的数据与简单的两端元混合模式不一致。

(7)最近提出的"富集的"大洋玄武岩源区内部产生小范围的交代作用的模式可以较好地解释所得到的痕量元素、同位素和岩石学资料。富 CO_2 和高度不相容元素(包括 LREE)的不饱和流体使以前亏损的地幔主体再富集,就可以产生所见到的痕量元素在 E 型洋中脊玄武岩和富集 LREE 的洋岛拉斑玄武岩中的分配,而不用求助于石榴子石的分离作用。更重要的是,如果再富集事件的时间相对较近,总源区还可以产生在玄武岩中所见到的 $^{143}Nd/^{144}Nd$,但结合时间因素,它是由亏损 LREE 的源区产生的。

(8)如果大洋下面地幔的交代作用是有差异的,那么玄武岩的母岩浆(或原生岩浆)的成分取决于交代作用组分的成分和比例,取决于总源区部分熔融的条件和范围。在理论上,这一模式可以解释在大洋玄武岩中所见到的同位素比值和不相容元素比值的许多变化。

四、地壳中的稀土元素

　　稀土元素的化学性是原生与次生作用之间复杂的相互作用。对于 REE 在不同变质作用级中的迁移方向没有简单的规律可循。在低温风化作用和所有变质级中，都有证明 REE 的活动性和不活动性的证据。根据涉及的流体来划分 REE 的迁移类型是不实际的，如在研究相似温度下岩石与海水相互作用时，已经观测到不同的 REE 趋势。

　　这些变化不仅取决于原先的岩石、流体和次生产物的 REE 化学性质的相对重要性，也取决于发生蚀变或风化作用时的物理化学条件。

　　环境在决定蚀变类型和决定蚀变程度中起着决定性作用。很明显，温度会影响所形成的次生矿物和反应进行的速度。压力除了影响较高变质级下次生矿物的形成外，还可以部分地控制蚀变流体中挥发分的浓度。体系的流体与岩石的比值以及岩石在成分相同的水中暴露的时间具有特殊的意义，这可以通过打捞和钻孔收集的海底玄武岩之间的差别来说明。这些因素决定了 REE 在岩石和流体之间的平衡程度，也决定了发生蚀变作用的程度。在流体流经体系的循环路线上，岩石的位置部分地决定了与岩石反应的流体的成分。因此，在一个流动单元内，流体的 REE 含量是可以改变的，所出现的蚀变反应可以不同。

　　因此，不能毫无选择地把风化和蚀变岩石的 REE 型式用来模拟岩石的成因。这并不是不能用 REE 型式，而是应该仔细地评价所遭受的次生作用以及它们对 REE 的可能影响。为此，对蚀变作用期间一般环境条件下原生矿物分解时 REE 的释放以及 REE 进入次生产物的能力，要能做一些预测。这就需要对样品进行详细的矿物学研究，以便确定所涉及的矿物相及其含量，同时还需要有关蚀变环境的信息。此外，还需要较好地了解次生矿物对 REE 的摄取。实验研究是有效的，但是由于目前一些动力学因素以及必要的简化(如流体成分、封闭体系等)限制了实验研究，对天然岩石的研究迄今多集中在全岩的 REE 型式上，而关于所涉及的矿物类型及其丰度方面的信息比较少，所以不能对出现的反应做出任何估计。对于 REE 在流体及次生矿物之间的分配情况，需要做进一步的研究，对单一体系中受到风化或蚀变作用的各相，也要做详细的研究。这些信息可以作为评价 REE 在特殊体系中可能的活动性以及用 REE 模拟岩石成因的基础。现在，可以利用蚀变和风化岩石的 REE 型式来模拟部分熔融和晶体分离作用以及把岩石划入特殊的构造环境，但使用时要格外小心。

五、海洋中的稀土元素

　　海洋中的稀土元素主要是结合在特定的物质中进入海洋的，其中只有少量被溶解。一般来说 LREE 相对要比 HREE 富集，并且单个 REE 没有明显的亏损或富集，这一特征表明，在风化和侵蚀过程中可能发生的 REE 分馏在迁移过程中被消除了，同时也说明碎屑物质一旦进入海洋环境，就在那里堆积形成沉积层，其 REE 含量并不发生明显的变化。

在进入海洋的被溶解的 REE 中，LREE 和 HREE 相对于 MREE 都略有富集(图 4-5b)。LREE 的富集反映了这些 REE 在陆壳中的丰度更高，而 HREE 的富集可能反映了这些元素可以形成可溶的络合物。被溶解的 REE 在通过河口进入海洋环境时的行为难以评价，Martin 等(1976)认为它们中约 50%可以从溶液里迁移出来，这可能是由浮游生物的吸附(Turekian et al.，1973)和氢氧化物的共沉淀(Aston and Chester，1973)作用造成的。LREE 一般在 HREE 之前离开溶液，可能因为后者螯合得更强，但没有单个 REE 会优先迁移出(Martin et al.，1976)。

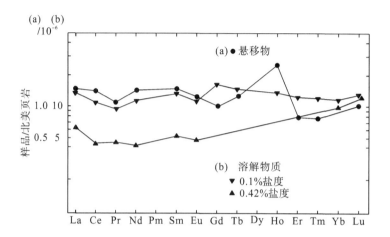

图 4-5 经北美平均页岩(Haskin et al.，1968)标准化的(a)河流悬浮物质中的 REE 平均丰度和(b)盐度为 0.1%的加龙河(Garonne)和多尔多涅河(Dordogne)河水以及盐度为 0.42%的吉伦特(Gironde)港湾河水中溶解的 REE 丰度

注：与河水不同，海水明显地亏损 Ce[图 4-5(b)]。Ce 相对于其他 REE 的分馏是由于 Ce 相对于其他 REE 从海洋中迁移出的速度较慢，正如 REE 停留时间表示的那样(表 4-5)。Ce^{3+}在大洋中被氧化为 Ce^{4+}，以 CeO_2 的形式从溶液中沉淀出来，其他的 REE 仍保持正三价态，并且在溶液丢失这些 REE 时，其他单个 REE 并没有发生明显的分馏。Carpenter 和 Grant (1967)的实验表明，在 pH 为 8 或更高时，Ce^{3+}在海水中迅速地形成胶状的氢氧化铈。

REE 是海水中的微量组分，浓度很低(表 4-5)，对稳定元素来说属于最低之列。较之原子序数居中的 REE 而言，海水富集 LREE 和 HREE(Goldberg et al.，1963)。在这一方面，海水与过滤过的河水相似，并且同河水一样，可能反映了 LREE 在陆壳中的丰度相对较高以及 HREE 有能力形成易溶的络合物。

表 4-5 海水中 REE 的浓度、停留时间(Goldberg et al.，1963)及结合种类

元素	浓度 μg/L	停留时间/a	三价 REE 在海水中与阴离子结合的种类					
			自由离子	OH^-	F^-	Cl^-	SO_4^{2-}	CO_3^{2-}
La	29	440	31	4	1	16	16	33
Ce	13	80	22	4		11	21	41
Pr	6.4	320						

续表

元素	浓度 μg/L	停留时间/a	三价 REE 在海水中与阴离子结合的种类					
			自由离子	OH^-	F^-	Cl^-	SO_4^{2-}	CO_3^{2-}
Nd	23	270						
Sm	4.2	180						
Eu	1.14	300	11	7	1	5	8	68
Gd	7.3	260	11	4	1	6	13	65
Dy	7.3	460						
Ho	2.2	530						
Er	6.1	690						
Tm	1.3	1800						
Yb	5.2	530						
Lu	1.2	450	7	7	1	1	3	81

Ce 从海水中的迁移可能发生在开阔的大洋中，而不是在海湾口或大陆架；Ce 是在开阔大洋的海水中亏损而不是在浅海海水中亏损。不同水体的 REE 含量不同，深水中 REE 的浓度大大高于表层水中的 REE 浓度（Goldberg et al.，1963）。Høgdahl 等（1968）的研究表明，REE 型式和水体之间有着很密切的关系。不同大洋的 REE 含量也存在一定的差异，太平洋深水中的 REE 含量高于大西洋深水中的 REE 含量。这一差异可能是因为 REE 从成岩物质中释放，或受到方解石/生物成因溶液的影响。

六、沉积物与沉积岩中的稀土元素

沉积物和沉积岩的 REE 含量一般反映了这些沉积物中的矿物含量，以及矿物形成并结合进入沉积物中的作用。"页岩"一般具有类似的 REE 绝对丰度，REE 相互间的分馏形式也类似（Haskin and Gehl，1962）。这对前寒武纪沉积物以及显生宙沉积物也是正确的，尽管前者似乎在太古代之后是富集 Eu 的，而在太古代，既不富集 Eu 也不亏损 Eu。通常用"页岩"的这种特性来表明在风化、侵蚀及搬运过程中细粒的沉积岩物质有效地混合，所以，可以用"页岩"的 REE 丰度来代表上部陆壳的 REE 含量。因此，前寒武纪和显生宙的沉积物中 REE 含量之间的差异反映了地壳中 REE 的组成随时间的变化。虽然对绝对值仍有争论，但这个概念已被广泛地接受了。

"页岩"的 REE 含量有时也可能发生变化。美国堪萨斯州和俄克拉何马州的下二叠统黑文斯维尔（Havensville）和埃斯克里奇（Eskridge）页岩的 REE 含量似乎是随源区不同而变化，而不是随黏土矿物含量的不同而变化。相反，取自不同源区的沉积物，可能具有类似的 REE 含量。局部的火山物质的混入，常常会使黏土具有特殊的 REE 含量。另外，远洋黏土可能具有异常的 REE 丰度，远洋黏土的 REE 含量经常高于"页岩"的。这是由于在远洋黏土中存在有大量含水组分，例如，由 Fe-Mn 氢氧化物微结核所构成的含水组分，这些组分本身富集 REE。

除了硅铝酸盐泥岩，沉积物和沉积岩像页岩一样，其中单个 REE 的含量彼此之间一般是分馏的。但是这些沉积物中 REE 的绝对丰度小于"页岩"，并以硬砂岩、其他砂岩和灰岩的顺序依次减少(图 4-6)。REE 含量减少可能反映了这些岩石中黏土矿物和岩石碎屑含量的减少以及石英和生物碳酸盐含量的增加，因为前者比后者的 REE 含量高。

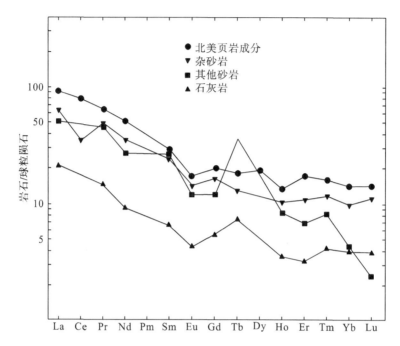

图 4-6 北美平均页岩(Haskin et al.，1968)、硬砂岩、砂岩和灰岩经球粒陨石(Wakita et al.，1971)标准化的 REE 平均丰度

第三节 沉积矿物学中的稀土元素

稀土元素在矿物和岩石中总是以伴生群的形式存在，在任何情况下都没有发现完全孤立的稀土元素。而镧系元素的重要特征是，由于核电荷和未填充的 4f 亚电子层之间的电子屏蔽不完善，随着原子序数的增加，离子半径发生规则收缩，称为镧系元素收缩。在大多数岩石形成过程中，稀土元素作为相的次要或微量成分分散，在这些相中，稀土元素不是主要成分。根据稀土元素的总含量，所有矿物可分为三类。

(1)稀土元素浓度通常很低的矿物。其中包括许多常见的造岩矿物，这些矿物中轻稀土元素和重稀土元素的分布模式显示出很大的差异。

(2)含有少量稀土元素但不作为基本成分的矿物。已知约 200 种矿物的稀土含量超过 0.01%，利用这些矿物，通常可以识别稀土元素分布的特征趋势。

(3)稀土元素含量高且作为这些矿物的基本组分。有超过 70 种矿物属于这一类别，包括所有稀土元素种类，以及一些富含镧系元素的低稀土元素矿物，如褐帘石和钇萤石。

　　矿物中稀土元素分布变化的原因存在广泛的争议。一些研究认为，矿物结构在接纳特定 REE 离子方面起主要作用。因此，稀土元素位置(10~12)配位数高的矿物具有 Ce-选择性；配位数为 6 的低配位数为 Y-选择性；中间(7~9)的稀土元素组成复杂，既有轻稀土元素，也有重稀土元素。另外一些研究则认为，偶数 REE(包括 Y)的最大和最小浓度之间的比率超过 50 时，REE 的分布具有选择性；低于 50 时，分布是复杂的。Neumann 等(1966)给出了控制矿物中 REE 分布的因素，如具有适当离子半径的元素的可用性，以及给定结构位置的适当键合力、电荷和最佳离子半径。因此，离子半径现在被认为是稀土元素分馏的主要贡献，但一些矿物在可接受的稀土元素范围内具有很强的结构性限制。

　　火成岩可含有百万分之几百的镧系元素，分布在主要矿物和辅助矿物中。在常见矿物中，单斜辉石和角闪石的系数最大。在某些情况下，前者给出的值接近或略大于 1，表明单斜辉石可能在一定程度上充当稀土元素的富集剂。通常，这两种矿物的值介于 0.1 和 1 之间。分布系数在 0.1 左右的其他矿物包括长石、易变辉石、云母和斜方辉石。橄榄石的值约为 0.01，是所分析矿物中发现的最低值。

　　长石总是表现出明显的正铕异常。Eu 元素似乎是自然界中唯一能还原为二价态的稀土元素，长石结构很容易接受 Eu^{2+}，导致矿物中 Eu 的含量相对大于相邻原子序数的 REE，从而破坏其所在火成岩中 REE 分馏模式。此外，Ce 可在氧化条件下以 Ce^{4+} 的形式出现，但其离子半径的变化相对较小，导致其 REE 分馏模式变化较小。

　　在花岗岩中，稀土元素主要集中在副矿物中，如闪石、磷灰石和独居石。这些矿物倾向于富集轻稀土元素，因此，这些岩石的全岩样品经常富集轻稀土元素。在主要的造岩矿物中，斜长石、钾长石和黑云母按丰度顺序作为剩余稀土元素的寄主。随着熔体变得更加硅化，观察到矿物/熔体分布系数大幅增加。

　　在碳酸盐岩和砂岩等沉积岩中，黏土矿物通常大量存在。层状硅酸盐矿物(黏土和云母组)不会在火成岩中富集稀土元素，而是通过风化过程中黏土形成时的表面吸附获得稀土元素。黏土矿物作为火成矿物风化的产物，倾向于继承和平均其来源的稀土元素分布。海洋沉积物，无论是生物成因的还是自生的，其稀土元素分布与海水中的稀土元素分布相似，显示海水的来源特征。

　　在变质矿物中，石榴子石是一种非常有效的稀土元素富集剂，可分馏较重的镧系元素。Schnetzler 和 Philpotts(1970)给出了日本英安岩石榴子石中 Ce 的分配系数为 0.35，Er 的分配系数为近 43。研究表明，较重的稀土元素集中在石榴子石中，较轻的镧系元素集中在辉石中。

　　因此，稀土元素主要出现在某些岩石的辅助矿物中，要么作为基本成分(如独居石)，要么集中在某些矿物中(如磷灰石)。含稀土矿物的另一种常见情况是伟晶岩，因为这些元素通常集中在形成这些岩石的残余岩浆流体中。在这里，发现其总稀土含量和分布模式存在很大差异，这是由于矿物倾向于反映最终(通常是高度分化的)岩浆流体中的稀土元素丰度。

第四节 稀土元素的应用

一、氧化还原条件

Ce 在稀土元素当中是一个比较特殊的元素，它有+3 和+4 两种价态。在氧化条件下，Ce^{3+} 易氧化成 Ce^{4+}，由于 Ce^{4+} 极易水解而被 Fe(III) 和 Mn(IV) 等氧化物胶体吸附而发生沉淀，从而造成海水中 Ce 强烈亏损和铁锰结核中 Ce 高度富集。在还原环境中，由于铁、锰氧化物溶解，Ce^{4+} 还原为 Ce^{3+} 而被释放出来，从而使水体中 Ce 的亏损消失，甚至会出现局部水体中 Ce 相对富集。因此，Ce 的异常程度直接反映了介质环境氧化还原条件的变化，但 Ce 的异常可能受到后期成岩作用的改造 (Shields and Stille，2001；Peckmann et al.，1999)，然而如果样品的 $La_N/Sm_N > 0.35$，且 La_N/Sm_N 与 Ce 异常之间没有关联，则后期成岩作用对稀土元素基本没有改造 (Shields and Stille，2001)。此外，后期成岩作用还会使 Ce/Ce^* 和 Dy_N/Sm_N 存在负相关，并与 ΣREE 呈正相关 (Shields and Stille，2001)，因而在具体使用时应优先考虑这一影响。因此，Ce 可以作为一个探讨古海洋氧化还原条件的化学示踪剂。关于 Ce 异常值 (δCe)，Elderfield 和 Greaves (1982) 提出下式计算：

$$\delta Ce = \lg[3Ce_N/(2La_N + Nd_N)] \tag{4-1}$$

式中，Ce_N 表示 Ce 的页岩标准化值，其余类同，其中 $\delta Ce < -0.10$ 时表示 Ce 亏损，$\delta Ce > -0.10$ 时表示 Ce 富集，它们分别指示了氧化条件和缺氧条件。具体分析时，可利用岩石中的生物碎屑或其他地质意义丰富的组分进行研究。例如，对灰岩样品中的瓣鳃类生物碎屑进行地化分析，可用来反映海水的氧化还原条件。同时，由于瓣鳃类基本生活在浅海或滨海环境，对海平面变化十分敏感，故又可以结合相关地质背景，对当时的海进海退现象加以推测。

二、成岩流体

1. 海水

海水中稀土元素的含量很低，且稀土元素在海水中停留的时间较短，主要是以络合离子的形式存在。一般而言，海水的 REE 配分模式具有明显特征，如轻稀土亏损，重稀土富集；并伴有 La 正异常、Ce 负异常的组成特征等。Ce 通常可用于反映海水的氧化还原条件，Ce 元素具有正三价和正四价两种存在形式，氧化条件下 Ce^{3+} 转变为 Ce^{4+}，以难溶氢氧化物的形式从海水中分离，因此，存在负 Ce 异常的特征流体往往是海源流体。其次，由于环境差异的存在，不同海域间的稀土特征也会存在一定区别，但总体趋势保持一致。此外，海水中的 REE 还会随水体深度的增加不断富集，在约 1000m 时达到极值，这是因为还原作用会导致 Mn-Fe 氧化物/氢氧化物溶解，并且 LREE 的富集速度明显高于 HREE。

2. 大气降水

大气降水属于淡水流体，其配分模式与海水相反，显示为轻稀土相对富集的特点。大气降水中 REE 浓度很低，要比岩石中 REE 含量低几个数量级。大气降水的淋滤作用，会造成白云岩等中的 REE 的显著亏损。同时，大气降水淋滤通常在氧化性的环境中进行，这就加大了岩石中 Ce 的可淋滤性，造成 Ce 含量显著降低，甚至出现负 Ce 异常。

3. 热液

研究表明，虽然不同的热液系统之间流体的 REE 浓度差别很大，但在全球范围内，不同热液流体具有非常类似的 REE 配分模式，即 LREE 富集和正 Eu 异常。在高温流体中，即使是在中等还原条件下，Eu 主要以 Eu^{2+} 的形式存在。当热液流体进行水-岩反应时，Eu^{2+} 会取代矿物中的 Ca^{2+}，从而导致岩石出现正 Eu 异常。因此，当富集 LREE 和正 Eu 异常的热液流体参与白云石化作用时，会阻碍原岩(如灰岩)LREE 和 Eu 的丢失。

4. 成岩-成烃流体

成岩-成烃流体往往处于相对封闭的环境，与围岩发生长期的水-岩作用，会使岩石中的 REE 持续迁移出来，并不断在流体中富集。但由于成岩环境相对局限，形成的流体有限，缺乏较高的流体-岩石比，成岩-成烃流体作用可能不会显著改变全岩 REE 的配分模式。

第五章　稳定同位素地球化学

传统的稳定同位素地球化学可以应用到几乎所有的地球科学研究领域，其范围分布从已灭绝生物的古生态延伸到地球和太阳系的起源，其所涉及的元素构成了岩石和矿物的主要成分。因此，这些元素的同位素比值变化能指示矿物形成过程和生物圈的演化。从概念上讲，同位素是具有相同质子数和不同中子数的一组核素，属于同一个元素，具有相同的核外电子排列结构和相似的化学性质，但质量数不同。顾名思义，同位素在元素周期表上占据相同的位置。同位素可分为稳定和不稳定(放射性)同位素。稳定同位素约有300种，其原子序数范围分布为0~80。但现代传统的稳定同位素地球化学研究主要涉及一些轻元素的同位素，如碳、氧、硫和氮等。这些轻元素的稳定同位素均具有以下特征：轻同位素丰度较高，重同位素丰度较低(表5-1)。其同位素之间相对质量差异较大，是由同位素分馏作用所造成的，其反应是可逆的。

表 5-1　部分稳定同位素丰度和同位素比值测定标准样

元素	同位素	相对丰度/%	标准样	备注
C	^{12}C	98.89	PDB	$(^{13}C/^{12}C)_{PDB}=1123.75\times10^{-5}$
	^{13}C	1.11		
O	^{16}O	99.763	V-SMOW；V-PDB	$(^{18}O/^{16}O)_{SMOW}=2005.2\times10^{-6}$
	^{17}O	0.0375		$(^{18}O/^{16}O)_{SMOW}=1.008\,(^{18}O/^{16}O)_{NBS-1}$
	^{18}O	0.1995		$(^{18}O/^{16}O)_{PDB}=2067.2\times10^{-6}$
S	^{32}S	95.02	CDT	$(^{34}S/^{32}S)_{CDT}=449.94\times10^{-4}$
	^{33}S	0.75		
	^{34}S	4.21		
	^{36}S	0.02		
N	^{14}N	99.63	大气中的氮	$(^{15}N/^{14}N)_{atm}=361.3\times10^{-5}$
	^{15}N	0.37		

注：标准平均大洋水(standard mean ocean water，SMOW)，美国南卡罗来纳州白垩纪皮狄组层位中的拟箭石化石(Pee Dee formation Belemnite，PDB)，维也纳标准海洋平均水(Vienna standard mean ocean water，V-SMOW)，维也纳南卡罗来纳州白垩纪皮狄组层位中的拟箭石化石(Vienna pee Dee Belemnite，V-PDB)，亚利桑那州迪亚布洛峡谷之陨硫铁(canyon diabol triolite，CDT)。SMOW 和 PDB 标准现已经耗尽，分别利用 V-SMOW 和 V-PDB 来代替。$\delta^{18}O_{V-SMOW} = 1.03091\delta^{18}O_{PDB} + 30.91$；$\delta^{18}O_{PBD}= 0.97002\delta^{18}O_{V-SMOW} - 29.98$。原始数据来自 O'Neil (1986)。

核素的稳定性有两种特征。一是对称性，也就是说低原子数的稳定核素内，质子数大约等于中子数，中子与质子的比值 $N/Z \geqslant 1$。质子或中子数大于 20 的稳定核素，其中子与

质子之比 N/Z 一般大于 1，最大值约为 1.5(Hoefs，2018)。随着质子数的增加，带正电质子的静电库仑斥力快速升高。为了维持核素的稳定性，原子核内需要增加比质子数更多的电中性中子(图 5-1)。二是奥多-哈金斯(Oddo-Harkins)法则，也就是说偶数原子数的核素比奇数原子数核素的数量更多。

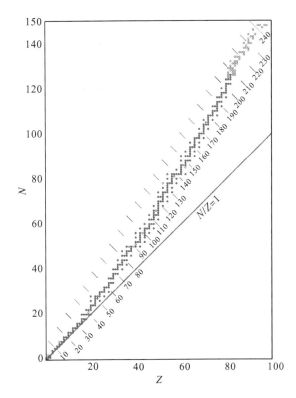

图 5-1　稳定核素(实心点)与不稳定核素(空心点)内质子数(Z)和中子数(N)的交会图

注：据 Hoefs(2018)。

第一节　稳定同位素分馏原理概述

同位素分馏是指在一系统中，某元素的同位素以不同的比值分配到两种物质或两种物相中的现象，是同位素效应的表现(郑永飞和陈江峰，2000)。同位素分馏分为热力学平衡分馏、动力学非平衡分馏和非质量相关分馏。热力学平衡分馏是指体系处于同位素平衡状态时，同位素在两种矿物或两种物相间的分馏(郑永飞和陈江峰，2000)。热力学研究同位素交换达到平衡后的状态，动力学研究同位素交换反应达到平衡的过程，动力学同位素效应则研究同位素原子或原子团反应速率不同所造成的同位素分馏。从定义上讲，动力学分馏是指偏离同位素平衡而与时间有关的分馏，即同位素在物相之间的分配随时间和反应进程而不断变化。一般来说，矿物形成时，形成的矿物与体系之间没有达到平衡，产生了动力学分馏。而矿物形成时达到了同位素平衡，但之后外界条件发生了变化，同样能产生动力学分馏。在开放体系中，常发生动力学的非平衡分馏，如海水蒸发、水汽冷凝、光合作用；在封闭体系中常发生平衡分馏。同位素分馏涉及非质量相关分馏以及质量相关分馏，本书着重简要介绍质量相关分馏。更详细的同位素效应和相关的同位素分馏参见 O'Nei（1986）、Criss（1999）及 Chacko 等（2001）。上述热力学平衡分馏和动力学非平衡分馏是最常见的质量相关分馏。

质量相关分馏是指同位素质量差越大，同位素分馏效应越明显，同位素交换反应服从质量相关法则。质量相关分馏意味着质量影响化学键的强度以及原子的振动、旋转和运动。这些量子力学机理效应准确地指出同位素化学性质的细小差异，产生同位素分馏的多种方式（White，2015）。一个元素所有同位素的电子结构都是相同的，并且，由于电子结构决定化学性质（原子核决定物理性质），同一元素不同同位素的化学性质也都基本上是相似的。然而，这些相似性并不是无限的，由于质量的差异，也会存在物理化学特征的不同。当化学行为取决于原子核分子运动的频率时，这些行为就会产生细小的差异。分子能量体现在以下几个部分：电子、核自旋、平移、旋转和振动。电子与核自旋在同位素分馏中无任何作用，可忽略不计。平移、旋转与振动是分子的运动方式，是同一元素不同同位素化学行为存在差异的原因。平移与旋转运动是经典的力学行为，但晶胞或分子中原子的振动运动涉及量子理论的应用。温度相关的同位素平衡分馏产生于振动的量子力学效应，但这些效应一般来说相对较小。如果化学键涉及一个元素的重同位素，那么其振动频率是低的，因而降低分子或晶体的振动量能。因此，涉及重同位素的化学键能一般是较强的。如果一个系统包含两种带不同化学键能的原子座，且元素的两种同位素能填充这些原子座，那么当重同位素占据强化学键位时候，系统的能量将是最低的。所以，达到平衡时，重同位素趋向于占据强化学键，这也就是产生同位素平衡分馏的原因。存在轻同位素的化学键其能量较弱，容易断裂，因此，元素的轻同位素比重同位素更容易参与化学反应。如果化学反应不完全（这种情况较为常见），此时将会产生同位素动力学分馏。

总之，产生同位素分馏的现象主要是同位素交换反应（即同位素平衡效应）以及同位素动力学过程。后者主要取决于同位素分子的反应速率的变化，即动力学分馏。

同位素平衡分馏涉及同位素交换过程，该过程没有发生有效的化学反应，但在不同化学物质、不同物相或不同单个分子之间产生了同位素分配的交换。同位素交换反应是化学平衡的特殊例子，可写为

$$aA_1+bB_2=aA_2+bB_1 \tag{5-1}$$

式中，A 和 B 的下标表示 A 和 B 含有轻或重同位素 1 和 2。该反应的平衡常数可表达为

$$K = \frac{\left(\dfrac{A_2}{A_1}\right)^a}{\left(\dfrac{B_2}{B_1}\right)^b} \tag{5-2}$$

式中，括弧内是某一元素的物质的量比。利用统计力学的方法，同位素平衡常数可表达为不同元素的配分函数 Q：

$$K = \left(\frac{Q_{A_2}}{Q_{A_1}}\right) \bigg/ \left(\frac{Q_{B_2}}{Q_{B_1}}\right) \tag{5-3}$$

因此，平衡常数简化为两个配分函数比的商。

从地质意义上来讲，平衡常数 K 与温度密切相关这一点最为重要。从原理上讲，同位素平衡分馏系数也与压力有一定的关联，因为同位素置换会对固态和液态摩尔体积产生细小变化（Clayton et al.，1975）。在极高温条件下，同位素平衡分馏趋向于零。然而，随着温度的升高，同位素分馏并不会单调地逐渐降为零，而是出现有拐点和上升的变化。同位素交换过程中较为特殊的是蒸发与冷凝过程。同位素化合物的蒸气压的差异能产生明显的同位素分馏。轻分子组分偏向于富集在蒸发相中，富集程度取决于温度。理论上，这些同位素分馏过程与平衡状态下分级蒸馏或冷凝有关，可用瑞利方程来描述。随着冷凝或蒸发的进行，残留的蒸气或液体将会逐渐亏损或富集重同位素。云朵水蒸气以及云朵释放的雨滴之间的氧同位素分馏就是这种典型的例子。

第二节　碳、氧、硫、氮同位素分馏及应用

一、碳同位素地球化学

地球上碳的形式多样，从生物圈的还原有机化合物到氧化态无机化合物，如二氧化碳和碳酸盐。碳同位素分馏可以评估地温和高温地质条件下含碳化合物的分布范围。碳有两种稳定同位素：^{12}C（98.93%）和 ^{13}C（1.11%）。自然界中重碳酸盐 $\delta^{13}C$ 可大于 +20‰，轻甲烷的 $\delta^{13}C$ 可低于 −100‰，碳同位素组成变化范围可以大于 120‰。碳同位素质谱实验所用的国际标样 PDB 已经耗尽，现今通常用美国国家标准局［National Bureau Standards，NBS，是美国国家标准技术研究所（National Institute of Standards and Technology，NIST）的前身］生产的 NBS-18（碳酸岩，$\delta^{13}C = -5.00$‰）、NBS-19（大理石，$\delta^{13}C = +1.95$‰）、NBS-20（石灰岩，$\delta^{13}C = -1.06$‰）、NBS-21（石墨，$\delta^{13}C = -28.10$‰）和 NBS-22（石油，$\delta^{13}C = -30.03$‰）。δ 值的表达形式通常是相对于这些 V-PDB 标准。

碳同位素分馏主要有两种机制。一种是无机碳系统大气二氧化碳—溶解重碳酸盐—固态碳酸盐中碳同位素平衡交换反应，其结果导致沉淀的碳酸盐中富集 ^{13}C；另一种是生物圈光合作用碳同位素动力学效应，其结果导致光合成有机物中富集 ^{12}C。

1. 碳同位素平衡交换反应

无机碳系统发生以下一系列平衡反应：

$$CO_{2(aq)} + H_2O \longleftrightarrow H_2CO_3 \tag{5-4}$$

$$H_2CO_3 \longleftrightarrow H^+ + HCO_3^- \tag{5-5}$$

$$HCO_3^- \longleftrightarrow H^+ + CO_3^{2-} \tag{5-6}$$

碳酸根离子 CO_3^{2-} 能结合二价阳离子形成固态矿物，如方解石、文石的沉淀。上述三个

平衡反应式都伴随着碳同位素的分馏。每一种化合物的相对丰度由水体 pH 决定，但化合物之间 ^{13}C 的差异仅仅取决于水体的温度。溶解无机碳相（溶液相 $CO_{2(aq)}$、HCO_3^- 和 CO_3^{2-}）在数秒时间范围内就能达到平衡。沉淀的碳酸钙与溶解的重碳酸根之间的碳同位素平衡值决定了同位素分馏系数。在 20℃ 条件下，溶解的重碳酸根与大气二氧化碳之间测定的碳同位素分馏值分布为 8‰～12‰，重碳酸根相对大气中二氧化碳更加富集 ^{13}C。总的来说，^{13}C 趋向于富集在碳的高价态化合物之中。此外，文石的沉淀要比方解石的沉淀更加富集 ^{13}C，常温条件下其差值大约为 1.8‰。除了低温的碳同位素平衡交换反应，在高温（如火山气体、热泉、热变质）条件下也会发生交换反应。

2. 光合作用碳同位素动力学效应

生物圈主要是碳的世界，生物过程能引起极大的碳同位素分馏。最大的碳同位素分馏一般发生在有机质最初的产物上，即所谓的初级生产者，或者自养生物，这些生物包括植物和多种类型的细菌。形成有机质最重要的机制当属光合作用，虽然部分有机质同样可以通过化合作用（如洋中脊热液喷口的生态系统）形成。光合作用能产生最大的碳同位素分馏，其后的化学反应及其食物链异养生物的消耗形成较小的碳同位素分馏。

光合作用碳同位素分馏分为几个步骤。对于植物来说，光合作用的第一步是大气二氧化碳通过气孔扩散进入叶片的边界层，最终进入叶片内部。扩散过程中，$^{12}CO_2$ 扩散速率更快，更容易进入叶片参与光合作用。因此，扩散过程中产生同位素分馏，理论上其分馏值为 -4.4‰（White，2015）。海洋藻类和水生植物则利用溶解 CO_2 或 HCO_3^- 来进行光合作用，其反应式为

$$CO_{2(g)} \longrightarrow CO_{2(aq)} + H_2O \longrightarrow H_2CO_3 \longrightarrow H^+ + HCO_3^- \qquad (5\text{-}7)$$

在二氧化碳气体溶解在水体的过程中，由于 $^{13}CO_2$ 更容易溶解，溶解过程形成平衡分馏为 +0.9‰。此外在水体溶解态的二氧化碳的水解和水合作用则能产生 7‰～12‰ 的同位素平衡分馏。因此，水体中重碳酸根富集 ^{13}C，与大气中二氧化碳的碳同位素比值差值为 8‰～12‰。

光合作用由多个化学反应组成。大部分植物利用核酮糖生物磷酸盐羧化加氧酶来催化二磷酸核酮糖与二氧化碳的反应，生成含 3 个碳原子的磷酸甘油酸，该过程称为羧化作用（图 5-2）。该反应的能量是由磷酸化反应提供的，磷酸化反应过程中所释放的能量用来分裂水分子，产生氧，并将碳进行还原，形成碳水化合物和二磷酸核酮糖，这个过程称为卡尔文循环。海洋藻类和自养细菌同样能生成三碳链的初始产物。陆地高等植物二磷酸核酮糖的羧化作用过程中碳同位素动力学分馏形成 -29.4‰ 的分馏值。细菌的羧化作用有着不同的反应机制，产生的碳同位素动力学分馏仅为 -20‰。因此陆地高等植物光合作用总的分馏值理论上应为 -34‰，但实际观察到的总分馏值分布在 -20‰～30‰（White，2015）。这个差异可能与二氧化碳的浓度有关，当从气孔进入细胞内部的二氧化碳浓度很高，反应不受限制的时候，碳同位素分馏能达到理论值，但内部的二氧化碳浓度很低，羧化反应受到限制时候，碳同位素分馏就会较小。上述讨论均是针对 C_3 植物作为对象分析的，C_4 植物（包括热带地区的草地和相关农作物如玉米和甘蔗）的光合作用时利用磷酸烯酮内酮酸羧化作用来初始合成碳，形成丁酮二酸酯，后者是一个四碳化合物。这个化学反应步骤产

生的碳同位素分馏很小，仅为-2.5‰～-2.0‰。C_4 植物总的光合作用碳同位素分馏值平均为-13‰。部分植物既有 C_4 植物光合作用特点，也可以利用 C_3 植物光合作用路径，产生的碳同位素分馏值范围处在 C_3 和 C_4 植物之间。这类植物一般适应干旱的环境，包括菠萝和多种仙人掌。

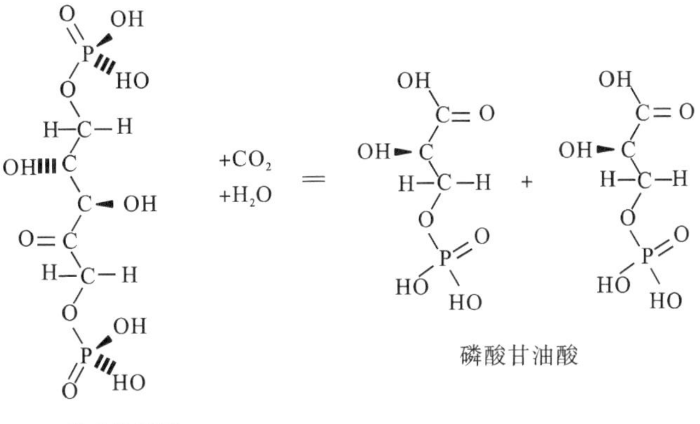

O＝C—H 二磷酸核酮糖 +CO₂ +H₂O 磷酸甘油酸

图 5-2 C_3 植物光合作用化学反应过程

　　陆地高等植物由于可以直接利用大气中的二氧化碳，其二氧化碳来源丰富，光合作用产生的碳同位素分馏往往大于海洋和水体中自养生物的光合作用，因为海洋和水体中的光合作用利用的是溶解态的二氧化碳和重碳酸根，即溶解无机碳。由于大气二氧化碳溶解在水体中达到水汽平衡过程中，产生的同位素平衡分馏高达 8‰，重碳酸根数量是溶解态二氧化碳的两个数量级。因此，海洋藻类利用重碳酸根 HCO_3^- 进行光合作用，产生的同位素分馏相对陆地高等植物要小。反应物在水体中扩散的速率要比在空气中的扩散速率小，所以，在水体中的扩散往往是光合作用反应速率的限制因素。当溶解无机碳浓度高的时候，海洋藻类和水体植物光合作用产生的同位素分馏与陆地植物的同位素分馏值相似。但当溶解无机碳浓度低的时候，水体和海洋藻类碳同位素分馏值就小，最小能达到-5‰。陆地高等植物碳同位素分馏平均值为-27‰。但在地质历史时期，如白垩纪以及白垩纪以前的地层中，陆地有机质碳同位素比值要比海洋有机质碳同位素比值更重。比如，二叠系地层中陆相砂岩有机质碳同位素比值约为-25‰(Zhang et al.，2021)，而同时期海洋环境中有机质碳同位素比值约为-27.5‰(Wei et al.，2015)，其原因尚不完全清楚，可能与沉积埋藏保存下来的陆源有机质多数经过搬运，保存的有机组分碳同位素较重有关。在植物组分中，根系和树干比树叶更容易保存，且前者更富集 ^{13}C。当然，新生代陆地植物碳同位素值比海洋有机质同位素值更低的原因也有可能与植物的演化有关。例如，新生代时开花植物生长茂盛，而在新生代以前几乎没有开花植物，主要是裸子植物和被子植物。可能开花植物光合作用碳同位素分馏与非开花植物有所不同，但这还需要更多研究来验证。

　　在海洋酸化过程中，水体溶解态的 CO_2 数量比 HCO_3^- 数量要多，海洋藻类更多利用溶解态 CO_2 进行光合作用，形成的碳同位素分馏值更大。因此，水体中溶解二氧化碳浓度与海洋藻类和水生植物碳同位素分馏值呈正相关关系(图5-3)。在古气候研究过程中，古大气二氧化碳浓度的恢复研究也有一些是基于这个原理进行估算的，但争议较大。

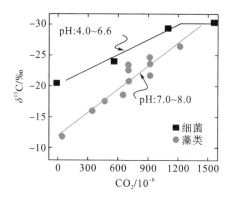

图5-3　美国黄石国家地质公园藻类和细菌的碳同位素比值与水体中二氧化碳浓度的关系

注: 修改自 Fogel 和 Cifuentes(1993)。

温度也是影响光合作用碳同位素分馏的重要因素。在寒冷条件下，更多的二氧化碳溶解在水体中，低温导致的低分子运动导致了更大的同位素分馏；在温暖条件下，碳同位素分馏较小。每降低 1℃，同位素分馏就增加 0.2‰~0.4‰。

在有机组分的分布上，植物的脂类(如脂肪、蜡等)碳同位素比值一般比其他组分如纤维的碳同位素更轻，差值约为千分之几。此外，C—H 化学键比 C—O 化学键更富 ^{12}C，同时也更容易被呼吸作用所分解，所以残留的有机质碳同位素偏向于富集 ^{13}C。

总之，自然界高等植物有机质最终的碳同位素组成取决于：①碳源的碳同位素比值；②碳吸收扩散的同位素效应；③碳光合作用和新陈代谢的同位素效应；④细胞内二氧化碳的浓度。水生植物和海洋藻类最终碳同位素组成的影响因素还包括温度、溶解态二氧化碳的量、光强度、营养物质量、pH 以及单细胞藻类生长速率。

3. 碳酸盐碳同位素与有机碳同位素的关系

地球上最重要的两个碳库是碳酸盐的碳和生物有机质的碳(图5-4)。碳酸盐的碳同位素较重，δ^{13}C 平均值为 0‰左右，而有机碳同位素比值相对较轻，δ^{13}C 平均值为−25‰左右。对于这两个碳库，进入大气圈和水圈的总碳(或者 ^{13}C)等于沉积物中埋藏的总碳(或者 ^{13}C)，同位素质量平衡存在以下关系(Hayes et al., 1999)：

$$\delta^{13}C_{输入} = f_{有机} \times \delta^{13}C_{有机} + (1-f_{有机}) \times \delta^{13}C_{碳酸盐} \tag{5-8}$$

上述方程式可转换为

$$f_{有机} = (\delta^{13}C_{输入} - \delta^{13}C_{碳酸盐})/(\delta^{13}C_{有机} - \delta^{13}C_{碳酸盐}) \tag{5-9}$$

式中，$f_{有机}$ 代表有机质的埋藏相对速率。

如果在某一地质时期，输入的碳同位素比值 $\delta^{13}C_{输入}$、有机质碳同位素比值 $\delta^{13}C_{有机}$、碳酸盐碳同位素比值 $\delta^{13}C_{碳酸盐}$ 都是能测定出来的，那么就可以计算出碳埋藏相对速率。也就是说，碳埋藏系数可能指示高的初级生产力、有机质保存条件一般，或者指示低的初级生产力以及很好的保存条件。碳埋藏系数越高，说明全球碳库埋藏效率较高。当大规模的火山喷发向大气注入大规模温室气体时，碳埋藏系数则代表了地球应对全球变暖的效率，当碳埋藏系数很低时，说明当时地球碳中和能力降低，指示水体的生物碳泵失效或低效，碳循环处于不健康状态；当碳埋藏系数正常或较高时，说明当时地球碳中和能力较强，指示水体的生物碳泵高效，碳循环处于健康状态。因此，可以通过式(5-9)，采用数学建模方法，重建地质历史时期的碳埋藏相对速率。

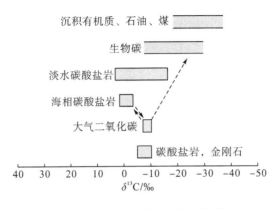

图 5-4　主要碳库的碳同位素组成

注：改自 Hoefs(2018)。

输入碳的 $\delta^{13}C$ 值虽然不能精准测量，但可以进行高质量估算。地幔的碳同位素组成为-5‰，如果以这个来计算，那么现代有机碳埋藏系数为 0.2。由于一分子的碳被埋藏，就有一分子的氧进入大气圈，所以碳埋藏系数能指示大气氧浓度变化。利用输入碳的 $\delta^{13}C$ 为-5‰，式(5-9)可变为

$$f_{\text{有机}}= (\delta^{13}C_{\text{碳酸盐}}+ 5)/(\delta^{13}C_{\text{碳酸盐}} - \delta^{13}C_{\text{有机}}) \tag{5-10}$$

那么有机质的埋藏系数或效率是无机碳和有机碳同位素组成的函数。在全球或区域性尺度，有机碳或无机碳同位素组成应该是平均值。可以通过大量的数据进行局部加权回归散点平滑法(locally weighted scatterplot smoothing, LOWESS)拟合得出有机碳或无机碳同位素比值以及标准偏差，利用 LOWESS 拟合的值来计算[通过式(5-10)]有机碳埋藏系数的变化。

值得注意的是，LOWESS 是利用反间距平方加权函数为不等间距时间分布的数据进行最佳拟合。其公式为

$$X_t = \sum \left(1/\left\{1+\left[(t-t_i)/\lambda\right]^2\right\}\times X_i\right)/\sum \left(1/\left\{1+\left[(t-t_i)/\lambda\right]^2\right\}\right) \tag{5-11}$$

式中，X_t 是指各规定时间 t_i 的碳同位素组成的平滑平均值；t_i 是样品对应的地质时间；i 是样品数，i 为 1～n，n 是样品总数；λ 值根据反间距平方加权函数的时间范围来确定。较大的 λ 值适合数据密度小的时间范围，同时可以拟合较光滑的曲线。给定时间 t 的 X_t 的标准偏差(σ)利用下列公式计算，这样可以得到时间 t 时 X_t 的最大值($X_t+\sigma$)和最小值($X_t-\sigma$)：

$$\sigma(X_t) = \left(\sum\left[(X_t - X_i)^2\times\left(1/\left\{1+\left[(t-t_i)/\lambda\right]^2\right\}\right)\times\varepsilon\right]/\sum\left\{1+\left[(t-t_i)/\lambda\right]^2\right\}\right)^{0.5} \tag{5-12}$$

式中，ε 是标准偏差范围分数，如 1σ 取值 0.68，2σ 取值 0.95。

根据上述方法计算出来的有机碳埋藏相对速率如图 5-5 所示。有机碳埋藏相对速率 f_0 在二叠纪和石炭纪达到高峰，与当时陆地煤的形成和大量埋藏有关。f_0 的高峰值能与晚古生代末冰期的成因有关，有机碳的高速埋藏能快速消耗大气中的二氧化碳，导致气候逐渐变冷。寒武纪早期有机碳埋藏相对速率 f_0 较低，大量的有机碳溶解在海洋中，导致当时的海洋溶解无机碳库、溶解有机碳库扩张，形成多期高幅度的碳同位素负向偏移事件，如德鲁米碳同位素偏移（Drumian carbon isotope excursion，DICE）（Li et al.，2020）。总体上，在泥盆纪出现陆地植物以前，f_0 曲线变化很大，而之后的变化较小，这或许说明有机碳埋藏速率与大气氧气浓度之间存在一种控制与反馈的关系。

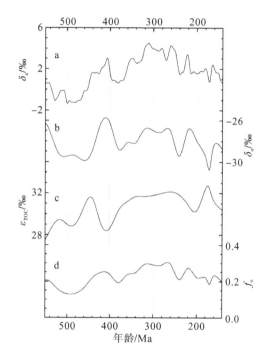

图 5-5　显生宙有机质埋藏系数 f_0，无机碳与有机碳同位素比值差值 ε_{TOC}，有机碳同位素比值 δ_0，无机碳同位素比值 δ_a 变化曲线

注：据 Hayes 等（1999）。

二、氧同位素地球化学

氧同位素研究应用较多的是同位素温度计。通过测量地质历史时期碳酸盐矿物的氧同位素来计算古水体的温度。该理论主要是建立在碳酸钙矿物与周围海水之间存在氧同位素分馏的基础上。这种利用氧同位素计算古水体温度的方式在新近纪的中新世以前的碳酸盐岩沉积物中是不适合的。这是因为在中新世之前的地质历史时期形成的沉积岩中碳酸盐矿物的氧同位素组成除了受到当时沉积水体温度的影响以外，各个时期海洋的 pH 变化、沉积后同位素的成岩改变以及生物壳体形成过程中氧的生物化学分馏也会改变氧

同位素组成。岩浆岩和变质岩中硅酸盐和氧化物矿物形成于相对高温的平衡状态,与沉积岩典型的低温平衡产生的动力学同位素效应不匹配。矿物与水的氧同位素分馏时温度的公式为

$$f = 1000 \times \ln\alpha = Ax - Bx^2 + Cx^3 \tag{5-13}$$

式中,α 是矿物与水的氧同位素分馏系数;A、B、C 为常数,不同矿物具有不同的值(表 5-2),$x = 10^6/T^2$(T 的单位为 K)。这个公式是基于实验室试验和热力学计算统计基础上得出的。该公式更适合温度大于 400K 的条件。

表 5-2　矿物与水的氧同位素分馏函数的地质温度计参数表

矿物	A	B	C
方解石	11.781	0.420	0.0158
石英	12.116	0.370	0.0123
钠长石	11.134	0.326	0.0104
钙长石	9.993	0.271	0.0082

1. 蒸发与冷凝过程

海水的蒸发与水蒸气的冷凝过程中,氧同位素发生了明显分馏。氧有三种同位素,分别为 ^{16}O、^{17}O 和 ^{18}O。相对而言,$H_2{}^{16}O$ 的水分子具有更高的振动频率和较弱的化学键。因此,海水的蒸发形成的水蒸气富集 ^{16}O,而水蒸气冷凝形成的雨滴富集 ^{18}O。

开放海水混合较为充分,其氧同位素组成变化不大,分布为 0.5‰~1.0‰,平均值接近于 SMOW 标准的氧同位素比值(0‰)。而封闭海水或者干旱地区海水氧同位素比值变化较大。常温条件下(25℃)水蒸发达到平衡时产生的氧同位素分馏系数为 1.0092。此时,假定海水的氧同位素比值为 0‰,那么水蒸气的氧同位素比值为−9.12‰。开放海洋中氧同位素组成偏离这些数值均是由于同位素的动力学效应。

2. 水蒸气冷凝过程

与上述过程相反,大气中的水蒸气氧同位素比值变化较大。从水蒸气中产生的第一滴雨滴与海水的氧同位素组成很接近。而随着雨滴从水蒸气中不断产生,^{18}O 不断地被雨滴带走,后期的雨滴氧同位素比值逐渐地亏损 ^{18}O。该系统的氧同位素分馏适用于瑞利分馏方程。

3. 沉积岩的氧同位素

沉积岩中碳酸盐岩、硅质岩和磷酸盐中的氧同位素随着地质年代的增加而不断降低(Veizer and Hoefs,1976;Knauth and Lowe,1978)。区分沉积岩氧同位素变化是原始沉积环境的成因还是沉积后成岩的次生成因是很重要的,但至少有部分成因是原生的。所以,挑选受成岩作用影响小的样品至关重要,如低镁方解石壳体,腕足壳体骨骼的第二层结构方解石、富磷酸盐的牙形刺骨骼。

海洋碳酸钙矿物沉淀过程中周围海水温度的变化能引起碳酸钙 $^{18}O/^{16}O$ 的变化,产生

氧同位素系统的热动力学效应。从理论上讲，通过测定化石方解石壳体的氧同位素组成可以计算古海洋的温度，其计算公式为(Erez and Luz，1983)

$$T = 17.0 - 4.52\,(\delta^{18}O_c - \delta^{18}O_w) + 0.03\,(\delta^{18}O_c - \delta^{18}O_w)^2 \tag{5-14}$$

式中，T 的单位为℃；$\delta^{18}O_c$ 是碳酸盐的氧同位素组成；$\delta^{18}O_w$ 是与水体达到平衡状态的 CO_2 的氧同位素组成。氧同位素比值每升高 0.26‰，代表温度下降 1℃，但不同的计算公式能产生高达 2℃ 的差异(Bemis et al.，1998)。

该计算公式是基于几个假设。①碳酸盐壳体的同位素组成没有发生改变。在浅水环境中，碳酸盐壳体的氧同位素比值抗成岩作用蚀变能力强，但生物骨骼中空的结构容易产生成岩碳酸盐胶结物的充填。地质年代越老，成岩充填的碳酸盐胶结物越多，氧同位素的成岩蚀变越大。②相对于碳同位素，氧同位素的成岩蚀变是很强烈的。对于热带海洋环境中形成的碳酸盐岩，由于成岩流体的温度远低于表层海水的温度，较大的温差能形成较强的氧同位素蚀变。而温带海洋形成的碳酸盐岩，由于成岩流体温度与当时表层海水温度差别小，氧同位素蚀变较小。这个情况同样适用于冷水碳酸盐岩。③生物分泌壳体形成骨骼过程中需要与周围海水达到平衡才能用于温度计的计算。大部分的生物壳体在分泌时是与周围海水氧同位素达到平衡的。当时海水的氧同位素组成是温度计算公式需要考虑的一个重要因素。④不同时期海水的盐度是不一样的。由于蒸发过程中 ^{18}O 偏向于富集在残留海水中，地质历史时期盐度低于 3.5% 的海水氧同位素比值更低，即随着盐度的变化而变化。⑤陆地冰川的体积也会影响当时古海水氧同位素组成。在冰川盛行时期，古海洋大量的水体转移到大陆冰川，冰川富集 ^{16}O，导致古海水氧同位素比值升高。⑥只要冰盖存在，海洋深部水体的温度变化一般很小。所以底栖动物骨骼的氧同位素组成能反映水体的氧同位素组成，而浮游动物骨骼的氧同位素组成反映温度以及不同同位素比值的水体组成。为解决冰川的输入对海水氧同位素组成的影响，研究生物骨骼氧同位素组成需要挑选那些来自恒温水体的环境，如古赤道地区。海水 pH 升高，从溶解态 CO_2 中水解出来的 CO_3^{2-} 浓度更高，有更多的 ^{16}O 参与到骨骼形成当中，导致氧同位素比值的下降。pH 每升高 0.2～0.3，氧同位素比值就下降 0.2‰～0.3‰。团簇氧同位素技术能区分温度效应以及当时古海洋的氧同位素组成。

4. 成岩蚀变

碳酸盐岩沉积之后的成岩蚀变会引起碳酸盐生物壳体氧同位素的变化。主要有两种作用，一是胶结作用，二是溶解和重结晶作用。胶结作用形成的胶结物是周围孔隙流体沉淀结晶的结果，其氧同位素组成与原始氧同位素存在差异，会改变全岩氧同位素比值。值得注意的是，早期成岩胶结一般与古海水达到平衡，其同位素组成与古海洋大体相同；而晚期胶结的氧同位素组成完全取决于孔隙流体氧同位素组成与成岩温度。溶解和重结晶作用的出现意味着孔隙流体重碳酸根的出现以及碳酸盐不稳定矿物的溶解和稳定矿物的沉淀。氧同位素的成岩蚀变一般出现在埋藏成岩或者大气淡水成岩作用之中。

成岩作用过程中，成岩流体一般来自上覆海水并存在于碳酸盐沉积物孔隙之中。随着埋深增加，温度和压力的升高，孔隙水被挤出来并向上层沉积物方向流动。理论上讲，由于孔隙流体来自海水，孔隙流体氧同位素在成岩埋藏过程中应该不会发生明显的变化。然而，孔隙水中氧同位素比值往往比原始海水偏负，幅度达到千分之几。这可能与有机质的氧化分解释放出碳同位素较负的碳酸氢根有关（部分有机质氧化分解释放的碳酸氢根偏重，如发酵作用）。

大气淡水的成岩作用同样影响碳酸盐岩氧同位素组成。浅海环境形成的碳酸盐岩沉积物由于海平面的变化经常暴露在大气环境之下。大气淡水的氧同位素比海水的氧同位素比值低，其大气淡水成岩作用会降低碳酸盐岩氧同位素比值。碳酸盐岩中含较多的方解石结核也会引起全岩氧同位素的改变。因为此类方解石结核是有机质分解过程中，局部有机质分解速率过快，释放出来的碳酸氢根来不及扩散到沉积物中，造成局部的碳酸根富集，促使形成方解石结核。其结核的氧同位素继承有机质碳酸根中氧同位素组成，形成的氧同位素比值一般较负。

5. 地史时期氧同位素组成重建

地史时期古海洋的氧同位素比值是一个演化的过程，从太古宙的-13.3‰升高到现代海水的-0.3‰(Jaffrés et al.，2007)，相应的海水表层温度下降了10～33℃。早期地球的古海水氧同位素比值较低可能与当时广泛的洋中脊深度变化有关(Kasting et al.，2006)。

三、硫同位素地球化学

硫有四种稳定同位素，分别为 ^{32}S(95.02%)、^{33}S(0.75%)、^{34}S(4.21%)、^{36}S(0.02%)。硫同位素的组成通常用

$$\delta^{34}S\,(‰)=\{[\,(^{34}S/^{32}S)_{样品}/(^{34}S/^{32}S)_{标样}]-1\}\times1000 \tag{5-15}$$

采用美国代阿布洛大峡谷铁陨石中的陨硫铁(canyon diablo troilite，CDT)或维也纳峡谷的陨硫铁(Vienna canyon diablo troilite，V-CDT)为国际标准。由于不同物质之间的硫同位素交换和生物及其他过程造成的硫同位素动力学分馏，自然界中各种物质具有不同的硫同位素组成分布(图5-6)。两组分之间的硫同位素分馏通常用它们的 $\delta^{34}S$ 值的差来表示，即 $\Delta^{34}S_{A-B}=\delta^{34}S_A-\delta^{34}S_B$。

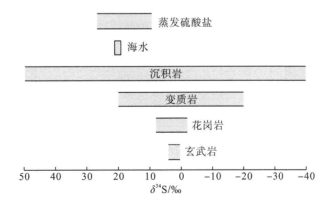

图 5-6　自然界不同硫库硫同位素组成

在大陆地表，硫主要以黄铁矿(FeS_2)和石膏($CaSO_4 \cdot 2H_2O$)形式存在，还有少量的硫以有机硫形式出现。风化作用使地表存在的各种硫都会氧化，以 SO_4^{2-} 形式流入海洋。海洋中，硫酸盐还原细菌的作用将硫酸盐还原为硫化氢，并以黄铁矿的形式沉积下来。在较为封闭的盆地中，海水的强烈蒸发使硫酸盐以石膏的形式沉积下来。经过一定的地质时间，含有黄铁矿和石膏的沉积岩抬升至地表，经过剥蚀和风化可能以 SO_4^{2-} 形式重新进入海洋。

硫同位素分馏主要与细菌硫酸盐还原反应有关。在细菌硫酸盐还原(bacterial sulfate reduction，BSR)过程中动力学同位素效应表现得最为强烈。通常是厌氧细菌倾向于吸收较轻的硫同位素，因此在反应后的产物 H_2S 中轻的硫同位素相对富集。影响细菌硫酸盐还原过程的同位素分馏因素的实验室研究和天然系统研究均表明，BSR 导致的硫酸盐和硫化物之间的分馏为2‰～46‰。分馏的大小与海水的硫酸盐浓度相关，如硫酸盐浓度为50～200μmol/L(远小于现代海水的28mmol/L)，分馏值$\Delta^{34}S$ 小于6‰(Habicht et al.，2002)。硫酸盐还原细菌在厌氧条件下分解沉积物中的有机质，发生硫酸盐还原反应(BSR)，生成硫化氢，硫化氢与孔隙水中的铁反应生成黄铁矿(Jørgensen，1977)。黄铁矿中硫的同位素分析能提供：①细菌硫酸盐还原反应中同位素分馏的程度；②有机碳和硫在硫酸盐还原过程中的供应；③黄铁矿形成的时间等信息。换言之，黄铁矿硫同位素组成能反映早期成岩环境，是重构古环境的有用参数(McKay and Longstaffe，2003)。

在解释现代和古代沉积物中硫化物硫同位素时，细菌硫酸盐还原反应过程中的同位素分馏就显得尤为重要。研究表明，纯细菌硫酸盐还原反应造成的硫同位素分馏为 5‰～46‰。这种纯硫酸盐还原反应过程中形成的硫同位素分馏主要受硫酸盐还原速率的影响。此外，别的因素(如硫酸盐浓度、有机质类型、反应温度、pH、细菌的种类以及生长条件)同样影响细菌硫酸盐还原过程中的硫同位素分馏。与同时期海水硫酸盐相比，现代海洋沉积物和 1000Ma 以来的古代页岩中常常见到大于 48‰甚至高达 70‰的硫同位素分馏。纯细菌硫酸盐还原反应形成的硫同位素分馏不足以解释大于 48‰的硫同位素分馏，硫的中间价态化合物如单质硫的歧化反应(disproportionation)造成额外的硫同位素分馏可以解释这一现象。

细菌硫酸盐还原反应生成的硫化氢，其82%～99%被重新氧化为硫酸盐，该氧化过程中造成的硫同位素分馏很小。相反，在硫化物的氧化过程中形成各种硫的中间价态化合物 S^0、$S_2O_3^{2-}$ 以及 SO_3^{2-}，这些化合物的细菌歧化反应能形成较大的硫同位素分馏：

$$4S^0 + 4H_2O \longrightarrow 3HS^- + SO_4^{2-} + 5H^+$$
$$(\delta^{34}S^0 - \delta^{34}S^{2-} = 7‰) \tag{5-16}$$

$$S_2O_3^{2-} + H_2O \longrightarrow HS^- + SO_4^{2-} + H^+$$
$$(\delta^{34}S_2O_3^{2-} - \delta^{34}S^{2-} = 3‰～15‰) \tag{5-17}$$

$$4SO_3^{2-} + 2H^+ \longrightarrow H_2S + 3SO_4^{2-}$$
$$(\delta^{34}SO_3^{2-} - \delta^{34}S^{2-} = 28‰) \tag{5-18}$$

因此，沉积物中硫化物的硫同位素组成记录了初始的细菌硫酸盐还原反应过程中硫同位素分馏，再加上随后硫化物氧化为硫的中间价态化合物以及这些化合物的歧化反应循环反复过程中造成的额外硫同位素分馏。需要注意的是，同位素分馏仅仅发生在歧化反应过程中，在硫化物氧化为硫的中间价态化合物过程中没有发生硫的同位素分馏。

　　如果细菌硫酸盐还原反应过程中硫同位素分馏大于 22‰，那么说明硫酸盐的供应不受到限制，其反应体系为开放体系，如果小于 22‰，则说明硫酸盐的供应受到限制，其反应体系为封闭体系。然而，部分学者(Schwarcz and Burnie，1973)研究认为，细菌硫酸盐还原反应过程中的硫同位素分馏小于 25‰时，其反应体系为封闭体系。Zaback 等(1993)则认为细菌硫酸盐还原反应过程中同位素分馏大于 20‰时，其反应体系为开放体系。

四、氮同位素地球化学

　　地球上99%以上的氮是以气态N_2的形式出现在大气中或者以溶解态N_2的形式出现在海洋中。只有很小一部分是与 C、O、H 结合的形式出现。N 有两种稳定同位素 ^{14}N 和 ^{15}N，其含量分别为 99.63%和 0.37%。氮同位素比值 $\delta^{15}N$ 的分布范围为−50‰～50‰，然而大部分 $\delta^{15}N$ 的分布范围仅为−10‰～20‰。

　　自然界中氮同位素比值变化范围较大。大气中氮气的 $\delta^{15}N$ 为 0‰，火成岩的 $\delta^{15}N$ 为 −16‰～31‰，植物中 $\delta^{15}N$ 为−10‰～22‰，石油和煤的 $\delta^{15}N$ 为 0‰～15‰。水圈中的氮以大洋水中的氮为代表，$\delta^{15}N$ 为−8‰～10‰。

　　大气中的氮气被细菌和藻类转变为固氮；反过来固氮被生物用来进行分解形成简单的硝酸盐和 NH_4^+。生物氮循环过程中，微生物在主要的氮转变中起着重要的作用。氮循环主要分为固氮、硝化作用和反硝化作用。固氮是一个将大气没有活性的氮气转变为具有活性的氮，如铵，这个过程中往往有细菌的参与。固氮作用形成的有机物质 $\delta^{15}N$ 略小于 0‰，分布范围为−3‰～1‰(Fogel and Cifuentes，1993)。多种细菌均可以在植物根系中发生固氮作用。固氮过程需要大量的能量来断裂 N_2 分子键，因此固氮作用是一个非常低效的过程，产生的氮同位素分馏较小。固氮作用形成 NH_3，能产生小于 2‰的同位素分馏，但 NH_3 转化为 NH_4^+ 过程中能产生 19‰～33‰氮同位素分馏。

　　硝化作用是一个由几个不同自养生物介导的多级氧化过程。硝酸盐并不是硝化作用的唯一产物，硝化过程中不同反应产生不同的含氮氧化物的中间产物。硝化作用分为两个独立的部分氧化反应：亚硝酸菌属将 NH_4^+ 氧化为 NO_2^-，随后硝酸菌属将 NO_2^- 氧化为 NO_3^-。由于亚硝酸盐氧化为硝酸盐过程是很迅速的，所以大部分的氮同位素分馏发生在亚硝酸菌属对 NH_4^+ 的缓慢氧化过程。实际上，亚硝酸盐氧化为硝酸盐是一个反向同位素动力学的反向分馏过程，其亚硝酸盐残留物亏损 ^{15}N，而产物富集 ^{15}N。该过程能产生−35‰～−15‰的同位素分馏。

　　反硝化作用是一个生物诱导硝酸盐还原的多级过程。该作用发生在透气性差的土壤或者弱氧化水体之中，特别是发生在海洋最小氧化带中。反硝化作用能够很好地平衡固氮作用，如果没有反硝化作用，大气中的氮气会很快(小于 100 百万年)消耗完。反硝化作用残留的硝酸盐氮同位素比值随着硝酸盐浓度的减少而逐渐呈指数级地升高。实验表明该过程中氮同位素分馏为 10‰～30‰，还原反应速率越慢，同位素分馏值越大。海洋中反硝化作用氮同位素分馏值比在沉积物中的要更大。表 5-3 展示了 N 同位素分馏值，反硝化作用能产生−30‰～−5‰的同位素分馏。

表 5-3 不同微生物作用形成的氮同位素分馏值

固氮作用	化学过程	同位素分馏值
N_2 固定	$N_2 \rightarrow N_{org}$	$-2‰ \sim 2‰$
NH_4^+ 同化	$NH_4^+ \rightarrow N_{org}$	$14‰ \sim 27‰$
NH_4^+ 氧化(硝化)	$NH_4^+ \rightarrow NO_2^-$	$14‰ \sim 38‰$
亚硝酸盐氧化(硝化)	$NO_2^- \rightarrow NO_3^-$	$-12.8‰$
硝酸盐还原(反硝化)	$NO_3^- \rightarrow NO_2^-$	$13‰ \sim 30‰$
亚硝酸盐还原(反硝化)	$NO_2^- \rightarrow NO$	$5‰ \sim 10‰$
氧化亚氮还原(反硝化)	$N_2O \rightarrow N_2$	$4‰ \sim 13‰$
硝酸盐还原(硝酸盐同化)	$NO_3^- \rightarrow NO_2^-$	$5‰ \sim 10‰$

注：据 Casciotti(2009)。

海洋最小氧化带中也发现了一个很重要的氮循环过程，即 NH_4^+ 的厌氨氧化，称为厌氧氨氧化，是 NH_4^+ 与亚硝酸的异化反应过程：

$$NH_4^+ + NO_2^- \rightarrow N_2 + 2H_2O \tag{5-19}$$

这个过程最先由 Thamdrup 和 Dalsgaard(2002)在沉积物孵化器中发现。它是最小氧化带氮流失的主要过程。

异养生物的硝化过程中也能产生 $1‰ \sim 2‰$ 的氮同位素分馏。例如，动物的氮与所吃食物的植物氮产生了同位素的差异。植物和藻类不能直接利用氮气，而是通过利用某种固氮。这个固氮过程就是前面所述的细菌(包括光合作用细菌)将氮气转化为氨。

自养生物利用还原态的氮化合物(如 NH_4^+)进行光合作用形成氨基—NH_2。这个过程能产生高达 $-20‰$ 的同位素分馏，^{14}N 优先被利用。分馏程度取决于氨的浓度，如果浓度足够，氮同位素分馏一般较大，如果浓度不够，氨全部被利用，则氮同位素分馏很小。大部分的植物包括许多海洋藻类既能利用氧化态的氮化合物，又能利用还原态的氮化合物。利用硝酸盐 NO_3^- 来进行生物吸收能产生 $-24‰ \sim 0‰$ 的氮同位素分馏。

五、水体中的沉积有机氮

氮在海水中以不同的氧化还原价态出现，如硝酸盐 NO_3^-、亚硝酸盐 NO_2^-、氨 NH_4^+。生物的过程就是将这些不同形态的氮化合物转化为另外一种，该过程就能产生氮的同位素分馏。固氮作用是海洋初级生产者生产生物能的主要过程，产生的氮同位素分馏较小。所以，海水中初级生产者的固氮过程形成的氮 $\delta^{15}N$ 接近 $0‰$，即接近大气中氮气的氮同位素比值。但是海水中硝酸盐的 $\delta^{15}N$ 却高达 $5‰$。这种氮同位素的富集是反硝化作用的结果。在海洋环境中，缺氧带发生反硝化作用，优先还原 ^{14}N，残留的硝酸盐逐渐富集 ^{15}N。由于沉积物水界面发生较强的有机质分解作用，其上的底部水体含量水平一般较低，经常形成还原环境，包括贫氧、缺氧甚至硫化条件。这些还原水体的反硝化作用形成富含 ^{15}N 的水体环境。洋流上涌将这些富含 ^{15}N 的底部冷水体带到海洋表层水体，其相应的初级生产力光合作用能形成更加富 ^{15}N 的生物遗体沉落到海底沉积下来。从这个意义上来讲，沉积有机质的氮同位素组成是水体氮化合物反应和营养动力学的指示者。氮同位素的研究可以评估海水氮化合物的来源和循环过程。

有机氮同位素组成主要受控于溶解硝酸盐的氮同位素组成以及浮游植物吸收氮过程中发生的氮同位素分馏。由于同位素动力学效应，透光带的浮游植物优先吸收 ^{14}N 形成有机体，残留的硝酸盐则富集 ^{15}N（Mariotti et al.，1981）。有机体死亡后沉落海底，其有机氮同位素比值取决于浮游植物在表层水体对氮的利用程度（Francois et al.，1992；Karsh et al.，2003；De Pol-Holtz et al.，2009），有机质 δ^{15}N 值较低指示相对较低的利用程度，δ^{15}N 值较高指示相对较高的利用程度。因此，沉积有机质的 δ^{15}N 值可用于评估古海洋浮游植物光合作用过程中硝酸盐可用程度（Francois et al.，1997；Brunelle et al.，2007；Robinson and Sigman，2008）。考虑到氮元素是海洋生命过程中必不可少的营养物质，氮同位素组成可以指示古海洋表层水体的初级生产力水平。在海洋的许多地区，氮是海洋初级生产力和碳的光合作用合成的基本控制因素，也是限制性营养物质。固氮作用与反硝化作用之间的平衡控制了水体氮库的大小（DeVries et al.，2012）。固氮作用能将大气圈的氮气合成形成可利用的氮。反硝化作用过程中，在接近缺氧的条件下细菌对硝酸盐进行还原反应。注意，湖泊环境中氮同位素比值能否指示古代氮的可用率还存在不确定性，在应用时候需要谨慎（Nara et al.，2014）。

利用全岩有机质测定的氮同位素组成受到多个因素的控制，包括深层底部水体的反硝化作用、早成岩作用（Lehmann et al.，2002）、固氮作用、有机质来源的变化以及浮游植物对氮利用的变化（Francois et al.，1992）。氮含量与氮同位素的关系可以大致判断氮同位素组成的控制因素是多因素还是单因素，后者一般展示氮含量与氮同位素之间良好的相关性，而前者则展示随机性。底部水体为氧化条件时，反硝化作用很弱，可以忽略不计；底部水体为还原条件时，一般反硝化作用强烈，反硝化作用的强度与水体含量水平呈反相关关系。

在最小氧化带水体缺氧环境下的反硝化作用发生了强烈的氮同位素分馏（产生的同位素效应高达 10‰～30‰，Barford et al.，1999；Granger et al.，2008；De Pol-Holz et al.，2009；Kritee et al.，2012），导致残留的硝酸盐氮同位素比值大于海洋的氮同位素比值的平均值（5‰，Sigman et al.，1999）。这些富 ^{15}N 的硝酸盐随之被浮游植物利用，其有机质则记录了反硝化作用氮同位素信号，氮同位素比值一般较重。在冰期和寒冷时期，海洋水体分层程度低，最小氧化带还原程度较低，其反硝化作用较弱；而在炎热时期，海洋最小氧化带明显，反硝化作用较强，其形成海底有机质氮同位素比值一般较重（De Pol-Holz et al.，2007）。而在底部水体和沉积物中的反硝化作用形成的富 ^{15}N 的硝酸盐，如果重新循环到表层水体中，浮游有机质同样能记录反硝化作用的氮同位素信号；如果在沉积物和底部水体中形成无机氮化合物（如与黏土结合的氨），则这些化合物记录了反硝化作用的氮同位素组成信号。

沉积物早期成岩作用也可能影响有机质的氮同位素组成。由于有机质的分解作用，在透光带浮游植物光合作用合成的有机质只有 1%～35%能沉降到沉积物表面。在沉积物表面的细菌分解导致只有 0.1%的浮游植物有机体能最终埋藏下来。在经历多个微生物分解过程之后，有机质的同位素组成可能已经被改变，导致沉积有机质的氮同位素信号与初始生物体的氮同位素信号存在差别(Lehmann et al., 2002)。由于新陈代谢和微生物分解过程优先释放贫 ^{15}N 的溶解氮,其残留有机质氮同位素比值比原始有机质较高(可升高 6‰)。现代大西洋东部热带海域下的沉积物剖面中能明显看到氮同位素比值随沉积物深度逐渐升高的趋势,但沉积物在水体沉降过程中发生的氮同位素变化并不大。与之相反的是,实验结果表明微生物分解过程的氮同位素组成并没有产生大的变化。部分研究甚至认为尽管有机质遭受成岩改变,但沉积有机质的氮同位素组成确实记录了原始有机质氮同位素信号。Lehmann 等(2002)的研究表明,沉积物中氮同位素组成并不总是代表原始有机质的氮同位素组成特征。在有机质的微生物分解过程中,微生物是在分解出来的贫 ^{15}N 的有机质上生长起来的,微生物有机体加入残留有机质之中,造成缺氧环境沉积物的有机质氮同位素比值比原始有机质偏低。总之,氧化条件下,微生物分解能引起残留有机质氮同位素比值逐渐升高,而缺氧条件下,微生物成岩分解能引起残留有机质氮同位素比值偏负。

固氮作用利用的是大气的氮气(δ^{15}N=0‰),固氮作用产生的氮同位素分馏很小,因而固氮作用产物的氮同位素比值与大气氮同位素比较接近,为-3‰~0‰(Arnaboldi and Meyers, 2006)。假定浮游植物摄取硝酸盐和 NH_4^+ 的过程能引起氮同位素分馏约为 5‰,形成的腐泥氮同位素比值可降低至-5‰左右,残留在海洋中的硝酸盐则富集 ^{15}N(大洋深部海水 δ^{15}N 约为 5‰)。浮游植物生长过程中的固氮作用增强,则引起有机质氮同位素比值的下降。在这种情况下,氮同位素比值的快速下降一般对应着沉积有机质含量的升高,即初级生产力的升高(Nara et al., 2014)。

氮的来源也能影响氮同位素组成的变化。陆地高等植物的氮同位素比值一般较低,为-7‰~2‰,比水生浮游植物的氮同位素(现代海洋为3‰左右,Needoba et al., 2003;贝加尔湖浮游植物为 4.2‰左右,Yoshii et al., 1999)偏轻。大气中硝酸根氮同位素比值为-46.9‰~14.1‰,比海水中硝酸根氮同位素比值要偏轻。因此,大气以及河流氮元素的输入能引起海水氮酸根氮同位素比值的下降。由于陆地植物富含木质素和纤维素,其所含有机碳远高于有机氮。而浮游植物含氨基酸,因而含有丰富的有机氮。因此可以通过有机质的 TOC 与总氮(total nitrogen, TN)原子比来识别有机质来源(Meyers et al., 2006)。尽管有机组分通常受到成岩作用的改造,但 TOC/TN(原子比)信号能较好地保存在沉积物之中。海洋藻类的 TOC/TN 一般为 4~10,而高等植物的 TOC/TN 则大于20。然而,在强还原条件下,有机质微生物分解的反硝化作用能形成较高的 TOC/TN(Van Mooy et al., 2002)。高的初级生产力能形成富脂类贫氮的有机质,可引起 TOC/TN 的升高。海洋浮游藻类的 TOC/TN 也能高达 14(Meyers et al., 2006)。在利用 TOC/TN 来进行判断沉积有机质来源,特别是古老沉积物的有机质时,需要特别谨慎和使用多因素解释。

固氮作用形成的硝酸盐可被浮游植物利用以进行光合作用。一般来讲,浮游有机质优先吸收硝酸盐的 ^{14}N,引起同位素分馏效应,产生的同位素分馏系数 ε 为 1.0‰~9.0‰(Waser et al., 1998)。多数情况下浮游植物吸收硝酸盐过程的同位素分馏遵循瑞利同位素分馏。硝酸盐和浮游植物有机氮的氮同位素值以瑞利分馏方程来表达(Mariotti et al., 1981; Waser et al., 1998):

$$\delta^{15}N_p = \delta^{15}N_n + F/(1-F) \times \varepsilon \times \ln F \qquad (5\text{-}20)$$

式中，$\delta^{15}N_p$ 和 $\delta^{15}N_n$ 分别是形成有机质产物以及初始硝酸盐的氮同位素比值。F 是水体中浮游植物利用的硝酸盐占原始总的硝酸盐的比例；ε 是氮同位素分馏系数。

当所有的初始硝酸盐都被全部利用（即 $F=1$）时，所产生的有机质氮同位素比值等于初始硝酸盐的氮同位素比值。这个方程同样反映了浮游有机质氮同位素比值随着硝酸盐利用率的升高而升高。硝酸盐的利用率（F 越大利用率越高）受控于硝酸盐库的大小，即水体中浮游植物可以利用的硝酸盐浓度。假设氮同位素分馏系数 ε 是固定的，当可利用的硝酸盐库极小时，沉积有机质的氮同位素比值会随着硝酸盐被浮游植物完全利用而升高（Brunelle et al.，2007）。这种情况下，高的有机质氮同位素比值一般伴随着低的沉积有机质含量一起出现。

第三节 稳定同位素地球化学分析方法

一、样品分离和制备

稳定同位素地球化学分析方法包括样品的制备和质谱的测定。同位素分析样品包括矿物、岩石、土壤、生物组织、气体和液体。多数情况下，同位素分析的元素在质谱分析之前需要进行分离和提纯，以避免谱峰干扰，增强电离效率。样品的纯化方法有色谱柱分析法、试剂化学反应产生气体法、真空加热/熔断释放气体法以及真空压裂包体释放惰性气体法（White，2015）。在样品量要求方面，根据质谱仪的灵敏度送入足够量的纯化气体样品，样品太少将影响精度或不能分析，太多则降低真空度，并使得空间电荷增大，也影响精度。样品制备过程中不能引入外来物质，不能产生任何同位素分馏。

1. 氧同位素样品制备

在氧同位素样品的制备过程中，氧同位素质谱分析主要通过测定 CO_2 气体的氧，其过程要减少 H_2O 的影响，因为这两种物质会发生同位素交换，影响实验测定结果。沉积岩用于氧同位素测定的样品主要包括碳酸盐岩、硅质岩、磷质岩和硫酸盐。碳酸盐岩样品主要是测定方解石、白云石中的氧同位素，其常规方法为磷酸法（郑永飞和陈江峰，2000）。利用碳酸盐粉末样品与 100%正磷酸 H_3PO_4 在真空封闭环境下发生反应，生成的 CO_2 供质谱仪测定。磷酸根与碳酸根之间不会发生氧同位素交换。由于磷酸法反应析出的二氧化碳只是从碳酸根的三个氧原子中分离两个氧原子，析出的二氧化碳与碳酸根之间存在氧同位素分馏，该分馏系数称为酸分馏系数。因此实验过程中需要进行校正。在利用硅质岩进行氧同位素实验时，是将硅质岩的二氧化硅矿物的氧进行分离，其样品制备常采用五氟化溴法（Clayton and Mayeda，1963）。即利用约 20mg 的纯二氧化硅粉末样与强氧化剂 BrF_5 在高温下反应生成 O_2，后者与碳棒反应转化为 CO_2 用于质谱测定。在利用磷质岩进行氧同位素实验时，是将磷酸盐矿物溶解转化为磷钼酸盐和镁磷酸盐沉淀，再转化为铋磷酸盐。后者在 100℃的低温条件下与强氧化剂 BrF_5 反应生成氧气，进行氧同位素质谱的测定。在利用硫酸盐样品进行氧同位素实验时，先将硫酸盐转化为硫酸钡，在 1000℃高温条件下与碳棒发生还原反应，形成二氧化碳和一氧化碳，后者利用铂电极放电转化为二氧化碳，这些二氧化碳用于质谱仪测定。

2. 碳同位素样品制备

碳同位素质谱仪测定对象同样是 CO_2，所以在碳同位素地球化学实验过程中，样品的制备是 CO_2 的生成与提纯。制备过程中要尽量消除一氧化碳的影响，因为它会与目标气体二氧化碳产生同位素交换，影响质谱测定结果(郑永飞和陈江峰，2000)。碳同位素样品主要包括有机化合物以及无机碳酸盐。沉积岩的有机化合物主要有土地有机物、石油、煤或石墨，利用 2～3mg 样品在 850～1000℃高温条件下在氧气气流中燃烧或与 CuO 反应生成二氧化碳，利用高氯酸镁和冷阱除去同时生成的 H_2O。对于无机碳酸盐样品，则利用正磷酸法生成 CO_2，其方法与氧同位素样品的制备过程一样。

3. 硫同位素样品制备

硫同位素实验是通过质谱测定 SO_2 或 SF_6 气体，制备过程中要消除三氧化硫的影响。因为后者与目标气体之间会产生同位素的交换，影响质谱测定结果。硫同位素实验样品主要包括硫化物、自然硫和硫酸盐。对于硫化物，硫同位素测定实验可以通过直接氧化法或 SF_6 法来生成二氧化硫。直接氧化法是在真空条件下，将硫化物与 CuO、Cu_2O 或 V_2O_5 氧化剂(多数采用 V_2O_5)以 1：6 混合发生高温反应，生成二氧化硫，反应时间约为 10min(郑永飞和陈江峰，2000)。对于硫化物来说，硫化银与氧化剂反应时转化率是最高的，沉积岩中多数的硫化物一般先提取生成硫化银，后再用直接燃烧法生成二氧化硫。直接生成二氧化硫过程中也会生成三氧化硫，但三氧化硫是在低温阶段生成的，实验过程中只要达到快速升温的条件，三氧化硫的影响就会很低。SF_6 法进行硫化物硫同位素实验是指将硫化物与强氧化剂 BrF_5 反应生成 SF_6(Puchelt et al.，1971)。该方法所需要的样品仅为 30mg，制备过程中没有三氧化硫的生成，质谱测定结果精度达到±0.07‰。对于自然硫和硫酸盐样品，可采用三酸还原法、碳还原法与热分解法来制备二氧化硫(郑永飞和陈江峰，2000)。三酸还原法是指将样品与三酸(HI、H_3PO_4、HCl)混合物还原剂混合后长时间加热，就可以将自然硫和硫酸盐还原为硫化氢，再将硫化氢转化为硫化银，最后用直接氧化法得到二氧化硫，用于质谱仪测定。碳还原法是指将硫酸盐与石墨粉混合，真空加热形成硫化物和二氧化碳，利用硝酸银将硫化物置换为硫化银，然后用直接燃烧法获得二氧化硫。热分解法是指将样品与光谱纯石英粉末混合，用氢氧焰加热到 1600℃，生成二氧化硫，用热铜炉吸收剩余的氧气，提取二氧化硫。

4. 氮同位素样品制备

$^{15}N/^{14}N$ 的测定利用 N_2 气，其标准为大气的 N_2。不同含氮化合物的样品有不同的制备方法。早期的制备方法是通过化学处理，具有引入同位素分馏的缺点。近期主要通过简单的燃烧技术来制备 N_2 气，其精度能达到 0.1‰～0.2‰。该技术是在元素分析仪中燃烧有

机氮化合物，生成二氧化碳、水蒸气和氮气，通过分子筛对氮气进行低温纯化，制得可用于同位素测定的 N_2 气体。另外一个改进的方法是通过制备 N_2O 来进行同位素比值测定（McIlvin and Altabet，2005）。利用 Cd 催化剂将硝酸盐还原为亚硝酸盐，然后利用叠氮化钠将亚硝酸盐还原为 N_2O。该方法是硝酸盐和亚硝酸盐的程序分析法，且叠氮化物具有毒性，实验过程中需要十分小心。

古代古老沉积岩中进行氮同位素比值测定一般是进行全岩氮同位素分析，测量的氮包括有机氮和与矿物结合的氮，如黏土和硅酸盐矿物中结合的 NH_4^+。氮同位素比值测定也可以通过分离方法利用干酪根、石墨、含 NH_4^+ 矿物或流体包裹体进行实验。目前，气相同位素比值质谱（isotopes rafto mass spectrometry，IRMS）对氮同位素的测定都是利用气态的 N_2。样品的制备是将沉积岩中有机氮或者含 NH_4^+ 硅酸盐矿物氧化成 N_2 用于测定。

全岩样品氮同位素测定的经典方法如下：采集新鲜样品，碎成小于 0.5cm 的小块，利用己烷、甲醇、超纯水（去离子水）程序地进行超声处理，以除去现代有机的污染。之后，将小碎块岩石放入密闭的烤炉中在 60℃下烘干，然后在氧化铝陶瓷研钵（或玛瑙研钵）中粉碎至 200 目以下。研钵需要用乙醇清洗。粉末样品放置于闪烁管中，在 500℃下过夜烘干。称取 0.5g 粉末样品放入烘烤（500℃）过的离心管中，利用玻璃棒将约 10mL 6N 盐酸（试剂纯）引入离心管中，超声 10min，拿出后在 60℃下水浴过夜，以消除碳酸盐。该消解过程重复进行三次以确保那些难溶的碳酸盐相被全部溶解。之后离心倒出上层清液，并用去离子水清洗 3 遍，以去除过量盐酸，以免腐蚀仪器。

对于干酪根样品氮同位素测定的样品制备过程如下：称取大于 5g 粉末样品放进 250mL 南森瓶中，加入 100mL 6N 盐酸，在 50℃震荡水浴中过夜，以去除碳酸盐。离心并倒出上层清液，利用去离子水清洗 3 遍。往装有酸不溶残余物的南森瓶中加入 100mL 去离子水-浓 HF 酸（试剂纯）混合液，在 50℃震荡水浴中反应过夜，以去除硅酸盐中的 NH_4^+。离心并倒出上层清液。加入 200mL 的 BF_3（利用 62.5g 硼酸粉末、100mL HF 和 100mL 去离子水配制）在 50℃震荡水浴中反应过夜，以去除氟化物的沉淀。离心并倒出上层清液，利用去离子水超声清洗 3 或 4 遍。得出的干酪根残余物与 10mL 去离子水一起放入烘烤过的闪烁管中，在冷冻干燥机上干燥 2 天，直到干酪根全部变干。

对于富 N 样品，即 N 含量大于 100×10^{-6} 的样品，采用传统的分析技术，利用动态燃烧元素分析仪连接连续流同位素比值质谱（CF-EA-IRMS 法）进行测定。对于贫 N（$<100 \times 10^{-6}$）的样品，如部分前寒武纪地层样品的 N 只有百万分之几的含量，则采用静态真空同位素比值质谱技术，这项技术只有少数实验室掌握。目前大部分 N 同位素样品都是采用适合于 N 含量较高的 CF-EA-IRMS 技术。称取 $20 \sim 100$mg 制备好的去碳酸盐粉末，包入小型（9mm×5mm）锡杯，将锡杯开口密封，压成小方块，送入 EA 进样盘，在 1000℃下快速燃烧。氦气作为载气，将产生的 N_2 带走，经过纯化和地温聚焦后，送入质谱仪进行同位素比值测定。燃烧过程中产生的少量二氧化碳和水蒸气可以用 CaO 来吸收。每一次分析都分析一次空白样，以检测氧气中氮气的本底，以校正样品数据。对于干酪根样品，还需要与 V_2O_5 以 1∶1 的比例进行混合，之后才能包入锡杯之中。常用的国际参考标准是 USGS41（谷氨基酸，$\delta^{15}N=47.57‰$）。利用内部标准来进行长期的重复

率检测，如果标准偏差小于 0.3‰，则精度较高。数据结果以标准 δ 形式来表示，其标准为

$$\delta^{15}N\,(‰) = (^{15}N/^{14}N)_{sample}/(^{15}N/^{14}N)_{air} - 1 \tag{5-21}$$

氮同位素样品测试可以通过真空热解法和次溴酸钠法进行 N_2 的制备(郑永飞和陈江峰，2000)。真空热解法是指将岩石中的 NH_3 经过热分解直接形成 N_2；或岩石中浓的硝酸盐和亚硝酸盐经过热分解为 N_2 和 NO。不过热分解的转化率不稳定，会影响测试结果。次溴酸钠法是指岩石样品中含氮化合物在硫酸作用下生成硫酸铵 $(NH_4)_2SO_4$，再利用次溴酸钠氧化为 N_2，同时利用氧化铜炉高温除去有机物、低温吸收氧气，纯化 N_2，用于质谱仪测定。目前随着技术的发展，可将酸解后样品有机物燃烧生成二氧化碳、水和 N_2，用色谱柱冷阱将 N_2 分离出来，纯化后用于质谱仪测定。

二、同位素质谱分析

多数情况下，质谱仪测定同位素丰度或同位素比值。质谱仪根据原子或分子的质量将其分离。基于不同的原理，质谱仪具有不同的种类。质谱仪多具有相似的设计，也即具有扇形磁场(图 5-7)。它包括四个主要部分：进样系统、离子源、质量分析器和离子检测器。

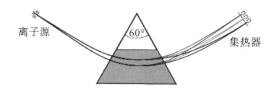

图 5-7　扇形磁场示意图

(1)进样系统是把待测气体导入质谱仪的系统。作为稳定同位素分析用的质谱仪都有双进样系统(也称为自动化气体进样系统)，由两个平行的进样器组成，交替输入标样气体和待测气体，以确保标样和待测样在相似条件下进行测定，用于仪器质量分馏和其他效应的校正。离子源通过热电离(对于固体源质谱)或电子轰击(对于气体源质谱)或激发载入气体成为等离子体(对于电感耦合等离子体质谱)提供高能离子流。热电离适用于金属 Sr、Nd、Pb 固体同位素测定。C、O、S、N 等稳定同位素一般是通过气体源质谱来测定，其分析对象为气体，适用于电子轰击方法产生离子源。通过节流孔，将待测气体缓慢引入真空室。Re 灯丝发射电子束，碰撞分析物分子，撞落其中一个电子，使其电离化，其离子一般为多原子离子。

(2)离子源产生的离子，通过高压(5~20kV)静电加速，在通过平行荷电板间隙时被聚焦成束，形成单能离子束，便于通过质量分析器后重新聚焦。质谱分析对离子源的要求是电离效率高、单色性好。

(3)质量分析器主体为一个扇形磁铁。其主要功能是根据其质量(质荷比)来分离离子。质量分析器同样起到类似透镜的作用，将离子束聚焦到检测器上(图 5-9)。离子束沿垂直磁力线的方向进入磁场，受到一个垂直于磁场方向和运动方向的力。力的大小由磁场强度、

离子电荷和离子的速度决定。离子受力做弧形运动，弧的半径取决于离子的质量和能量，重离子的半径大于轻离子的半径。对于热电离质谱来说，弧的半径一般为 27cm，而对于气源质谱仪来说，弧的直径要小一些，因为其测定元素比较轻，如 C、O，但对于二次离子质谱则需要更大的弧半径才能有效分离谱峰干扰。质量分析器通过磁场的变化挑选所需要的同位素来进行分析。在质谱分析器的设计上，如果改变离子进入磁场的角度，如从 90° 变为 26.5°，此时形成的弧半径就会加倍，进而提高分辨率，更好地在接收器上分离质量。这种扩大几何构造的设计还有一个好处，那就是离子束不仅仅只是聚焦到 X-Y 轴，还聚焦到 Z 轴（上下方向）。由此而产生的重要结果就是：它允许所有的离子束进入检测器，这样就能利用多接收检测器。离子与周围气体的碰撞会引起速率和能量的改变，导致离子束发散，抽真空至 $10^{-9} \sim 10^{-6}$ 能够最大地减少这些碰撞。当需要高精度或者离子束初始时不是单能量（如 SIMS 或 ICP-MS 仪器），就需要运用能量过滤器。根据离子能量，来改变其方向。应用质量和能量过滤器的仪器有时候称为双聚焦质谱仪（图 5-8）。

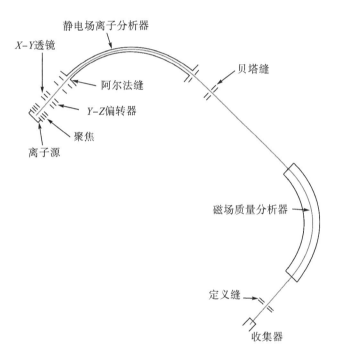

图 5-8　双聚焦质谱仪构造图

（4）离子检测器是用来接收来自质量分析器具有不同质荷比的离子束，并加以放大和记录。离子一般是在质谱仪焦平面上被接收的。高精度质谱仪一般用法拉第杯来接收。离子通过窄缝之后，撞击到法拉第杯中，被从下面而来的电子中和。通过以高阻将微弱的电流信号转化为电压信号，通过放大装置将电压转化为数字信号，发送到数据采集计算机，进行记录和测量。现代大多数质谱仪采用多个法拉第杯，将其排列在焦平面上，这样可以同时接收多个同位素。法拉第杯之间的间距根据不同元素而有所不同。法拉第杯的移动可以通过使用计算机控制的步进电机。

在自然界,同位素的变化一般很小。要想获得精确的测量值往往需要付出较大的努力。常用于减少分析误差的技术就是进行大量的测定。前文提到的多接收和同时测量多个同位素极大地减少了因离子束密度波动而带来的误差。同位素质谱一个最重要的误差来源就是轻同位素比重同位素更容易蒸发,也就是说离子束比灯丝上的剩余样品更加富集轻同位素。随着测试的进行,固体样品会逐渐亏损轻同位素,那么轻同位素与重同位素的比值就会逐渐降低。这种效应在一个单元质量上能产生高达 1%的变化。这对于固体同位素来说误差太大,但可以通过测量两个非放射性同位素(自然界这个同位素比值是不变的)来校正这个误差。通过质谱仪测定的这个非放射性同位素比值与自然界该同位素比值的固定值进行对比,就能得出仪器产生的同位素分馏,而气源质谱仪就不存在这种情况。用于测量轻稳定同位素的气源质谱仪能将仪器同位素分馏降到最低,且能在标样和待测样之间来回切换。对于仪器质量分馏的校正能通过对比标样的测量值和真实值的差别来进行。这个方法不能用于 TIMS 和 ICP-MS 仪器。

测量绝对同位素丰度的精度比测量两个样品同位素丰度相对偏差的精度要差得多。测定绝对同位素比值是计算相对偏差 δ 值的基础。这个过程需要用国际上认可的标样来对比不同实验室测定的同位素数据。同位素比值测量的单位是 δ 值,定义为

$$\delta(\permil) = \frac{R_{样品} - R_{标样}}{R_{标样}} \times 1000 \tag{5-22}$$

式中,R 代表质谱仪测量的同位素比值。该公式表示样品的同位素比值相对于某一个标准的同位素比值的千分差。当 $\delta > 0$ 时,说明样品比标准重,反之比标准轻。为了方便,不同实验采用自己内部工作标样,但利用工作标样得出的测量值,给出报告的数据时,需要转换为相对国际认可的标样的数值,转换公式为

$$\delta_{\text{X-S}} = \left[\left(\frac{\delta_{\text{WS-S}}}{1000} + 1 \right) \times \left(\frac{\delta_{\text{X-WS}}}{1000} + 1 \right) - 1 \right] \times 1000 \tag{5-23}$$

式中,$\delta_{\text{X-S}}$ 代表样品相对于普遍认可的国际标准的 δ 值;$\delta_{\text{X-WS}}$ 代表样品相对于工作标样的 δ 值;$\delta_{\text{WS-S}}$ 代表工作标样相对于国际标样的 δ 值。

第四节　稳定同位素地球化学的发展与展望

稳定同位素地球化学的发展一般取决于技术的进步,同位素地质学的进步与测试方法的改进和更新基本同步。20 世纪中期双接收同位素质谱技术的发展使得研究碳酸盐岩、水和生物体内的微弱氧、氢、碳和硫同位素分馏效应成为可能。从那以后,技术的进步分三个方向,一是敏感度,二是分析精度,三是分析程序的自动化。敏感度的发展使得分析微量物质的同位素分馏成为现实。在分析精度方面,20 世纪 50 年代,同位素比值仅能精确到 0.5‰,现在已经能精确到 0.005‰,这样的精度能有效地测量沉积物或沉积岩中的同位素组成,以识别米兰科维奇旋回。也正是这种精度的提高,才能打开研究非质量相关分馏的新领域。在分析程序的自动化方面,这种技术的提高能实现大规模沉积碳酸盐岩和冰芯样品碳、氧和氢同位素的测定,气候的研究得到了巨大的推进。

　　现如今稳定同位素出现两种新技术：一是多接收电感耦合等离子质谱，二是原位探针、离子探针或电感耦合等离子质谱激光剥蚀。此外，计算机技术和电子设备的进步能为传统技术、热电离质谱或双接收气相色谱的精度、敏感度和测量时间带来较大的改进。这些技术的进步可能会带来壮观的场面，非典型元素的同位素分馏可能得到前所未有的重视和研究。这些同位素包括部分主量元素（如 Si、Mg、Fe 和 Ca）、部分微量轻元素（如 B、Li）和微量重元素（如 Cr、Cu、Zn、Cd、Se、Mo、Tl）。不可否认的是，这些主量元素 Mg、Fe、Ca、Si 的同位素以及微量元素 B、Li、Cu、Mo、Tl 和 Cl 的同位素将会得出一些有趣的结果。

第六章　放射性同位素地球化学

　　放射性同位素地球化学在地球科学领域主要指同位素年代学，在解决岩石形成年代的科学研究方面扮演着重要的作用。年代学是地球演化历史研究的支柱，地质年代时间标杆逐步建立起地球 45 亿年时间段。对于沉积岩来讲，地层的逐层堆积展示出基本的地质年代，但这种年代只是相对年龄。计算地层的绝对年龄还需要借助放射性同位素地球化学。放射性同位素年代学方法有 U-Pb 法、Rb-Sr 法、Sm-Nd 法、K-Ar 法、Ar-Ar 法和 ^{14}C 法。最后一种方法主要适用于第四纪研究。通常用于前第四纪沉积岩的年代地层方法为 U-Pb 法和 K-Ar 法或 Ar-Ar 法。其中目前应用得最好的当属于 U-Pb 法，这也是本章重点介绍的沉积岩地层年代研究方法。本章内容介绍放射性同位素地球化学分析的原理、分析方法，并介绍 U-Pb 同位素体系在地质定年中的应用，提出了 U-Pb 同位素体系在地质定年中存在的问题和对最新的碳酸盐矿物 ^{234}U 定年技术的展望。

第一节　放射性同位素地球化学分析原理

一、放射性同位素的基本性质

　　同位素地质涉及核素和同位素两个基本概念。核素是由原子核中特定的质子数（原子序数 Z）和中子数（N）来构成。质子数和中子数之和称为质量数（A）。将核素的中子数 N 与质子数 Z 做一个交汇图，得出核素图。核素图中具有相同质子数，但具有不同中子数的一组核素称为同位素。同位素具有相同的质子数，属于同一种元素，但具有不同中子数，总质量数不同。

　　同位素分为稳定同位素和放射性同位素。放射性同位素的原子核不稳定，能自发地发生放射性衰变，变为稳定的核素，释放出粒子与能量。高能量不稳定核素通常释放出重粒子（即 α 粒子），降低核素的质量数。这就是放射性衰变过程。铀具有 6 个天然同位素，全部为放射性同位素。自然界中与地质年代学相关的为 ^{238}U（99.2739%）、^{235}U（0.7204%）和 ^{234}U（0.0057%），可用于计算地质绝对年龄的是 ^{238}U 和 ^{235}U，它们的半衰期分别是 4468.3Ma 和 703.81Ma（Weyer et al.，2008）。^{238}U 和 ^{235}U 经过一系列 α 和 β 衰变分别最终衰变为稳定的子体 ^{206}Pb 和 ^{207}Pb（图 6-1）。其中，α 衰变是指重核通过放射出两个质子和两个中子组成的 α 质点而转变为稳定核。衰变反应式为 $^A_Z X \longrightarrow ^{A-4}_{Z-2}Y + ^4_2He + E$，其中 A 为原子量，E 为能量，X 代表母核，Y 代表子核，新核同位素原子序数减 2，质量数减 4。β 衰变是指原子核中一个中子分裂为一个质子和一个电子，β 被射出核外，放出中微子 v。β 衰变反

应通式为 $_{Z}^{A}X \longrightarrow _{Z+1}^{A}Y + \beta + v + E$，衰变后核内减少一个中子，增加一个质子，新核质量数不变，核电荷数加 1。

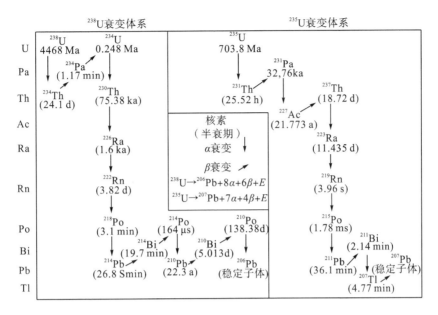

图 6-1 ^{238}U 和 ^{235}U 衰变体系

注：据 Porcelli 和 Baskaran(2011)。

二、放射性同位素年代学基本原理

核衰变发生的速率服从放射性衰变规律。首先，放射性衰变速率仅仅取决于特定核素的能量状态和性质，与核历史特别是温度、压力等外部影响因素无关。正是这种特性才使得放射性衰变被称为重要的地质计时方法。其次，完全不可能做到预测特定原子核何时发生衰变。在某个极小时间范围内的衰变概率 dt 实际上是 λdt。因此，放射性母体核素衰变成稳定子体的速率与任一时间 t 时的原子数 N 成正比：

$$-\frac{\mathrm{d}N}{\mathrm{d}t} = \lambda N \tag{6-1}$$

式中，λ 是比例常数，它是每一个放射性核素的特征值，也即衰变常数(单位为时间的倒数)。衰变常数表示特定放射性原子在规定的时间范围内衰变的概率，即发生衰变原子数与物质的量的比例。dN/dt 是母体原子数的变化率，负数是指其变化随时间而减小。式(6-1)是一级速率定律，称为放射性衰变的基本方程式。所有放射性同位素地球化学和地质年代学重要公式均可以从这个简单的表达式中演变而来。

式(6-1)可转变为

$$\frac{\mathrm{d}N}{\mathrm{d}t} = -\lambda N \tag{6-2}$$

再整理为

$$\frac{\mathrm{d}N}{N} = -\lambda \mathrm{d}t \tag{6-3}$$

将该式从时间 $t=0$ 至 t 进行积分，假定 $t=0$ 时的原子数为 N_0，公式变为

$$\int_{N_0}^{N} \frac{\mathrm{d}N}{N} = \int_{0}^{t} -\lambda \mathrm{d}t \tag{6-4}$$

式(6-4)进行积分计算之后得到

$$\ln \frac{N}{N_0} = -\lambda t \tag{6-5}$$

两边取指数 e 函数，式(6-5)可改写为

$$N = N_0 \mathrm{e}^{-\lambda t} \tag{6-6}$$

或者

$$N_0 = N \mathrm{e}^{\lambda t} \tag{6-7}$$

式(6-6)和式(6-7)就是放射性同位素衰变的基本公式，是指原子数为 N_0 的放射性同位素，与经过时间 t 之后残余的母体原子数 N 之间的关系，是一个 N 与 t 的函数关系，N 与 t 之间为指数函数。对于任何放射性同位素体系来说，放射性衰变消耗初始原子数的一半所需要的时间为半衰期($T_{1/2}$)。也即当 $t = T_{1/2}$ 时，$N = 1/2 N_0$，代入式(6-7)并整理得到 $T_{1/2} = \frac{\ln 2}{\lambda}$。可知，半衰期与衰变常数呈反比关系，衰变常数值越小，半衰期越长，原子核的寿命越长。

放射性成因子体原子数 D^* 等于消耗的母体原子数：

$$D^* = N_0 - N \tag{6-8}$$

将式(6-7)代入式(6-8)，得到

$$D^* = N \mathrm{e}^{\lambda t} - N \tag{6-9}$$

即

$$D^* = N(\mathrm{e}^{\lambda t} - 1) \tag{6-10}$$

这个方程是地质年代学定年工具的根本。由式(6-10)可知，产生的子体原子数是母体原子数和时间的函数。由于开始时一般存在部分子体核素的原子数，也就是说当 $t = 0$ 时，子体原子数 D 为

$$D = D_0 + N(\mathrm{e}^{\lambda t} - 1) \tag{6-11}$$

式中，D 是子体原子数的总数；D_0 是子体原子数初始值。

由于质谱分析只能测定同一元素的同位素比值，不能直接测定单个同位素原子数。因而在同位素年代学方法中，必须选取子体元素的其他同位素作为参照来进行同位素比值的测定(韩吟文和马振东，2003)。假设参照的同位素为 D_s，将式(6-11)两边同时除以 D_s，得到

$$\frac{D}{D_s} = \frac{D_0}{D_s} + \frac{N}{D_s}(\mathrm{e}^{\lambda t} - 1) \tag{6-12}$$

习惯上，将式中的 $\frac{D_0}{D_s}$ 写作 $\left(\frac{D}{D_s}\right)_0$，则上述公式可改为

$$\frac{D}{D_s} = \left(\frac{D}{D_s}\right)_0 + \frac{N}{D_s}(e^{\lambda t} - 1) \qquad (6\text{-}13)$$

式(6-13)是同位素地质年代学方法的基本公式，其中 D/D_s 代表样品现今的同位素原子比值，用质谱仪测定，$(D/D_s)_0$ 是样品初始同位素原子数比值，N/D_s 是母体同位素与参照同位素原子数比值，一般用同位素稀释法计算获得。根据这些参数可以求得放射性衰变经历的时间 t 为

$$t = \frac{1}{\lambda} \ln\left(\frac{\dfrac{D}{D_s} - \left(\dfrac{D}{D_s}\right)_0}{\dfrac{N}{D_s}} + 1\right) \qquad (6\text{-}14)$$

为测定矿物或岩石的绝对年龄，还需要满足一定的条件：放射性同位素的半衰期应该足够长，待测样品中应该能积累起显著数量的子体，同时母核也未衰变完毕；放射性同位素应具有较高的丰度，能以足够的精度测定母体和衰变子体的含量；保存放射性元素的矿物或岩石自形成之后一直保持封闭体系，未添加或丢失放射性同位素及其衰变产品；矿物形成时只含某种放射性同位素，而不含与之有衰变关系的子体，或虽含一部分子体但其数量可以估计。

三、U-Pb 同位素年龄计算过程

对于 U-Th-Pb 系统来说，它涉及三种复杂放射性 U 和 Th 的复衰变链(图 6-1)，产生最终产物 Pb 同位素。最高原子质量母体 ^{238}U 最终衰变为最低原子质量子体 ^{206}Pb，母体 ^{235}U 最终衰变为子体 ^{207}Pb。^{238}U 的半衰期相当于地球的年龄，而 ^{235}U 的半衰期则短得多，仅为 7.03 亿年，所以几乎所有 ^{235}U 母体都已经衰变成了 ^{207}Pb。由于 ^{204}Pb 是 Pb 仅有的非放射性同位素，利用 ^{204}Pb 作为地质年代学方法基本公式的分母易于获得同位素比值。因此，^{204}Pb 是较为理想的参照同位素 D_s。由于 ^{238}U 和 ^{235}U 衰变分别产生两个稳定子体 ^{206}Pb 和 ^{207}Pb，将这些参数代入式(6-13)得

$$\frac{^{206}\text{Pb}}{^{204}\text{Pb}} = \left(\frac{^{206}\text{Pb}}{^{204}\text{Pb}}\right)_0 + \frac{^{238}\text{U}}{^{204}\text{Pb}}(e^{\lambda_{238}t} - 1) \qquad (6\text{-}15)$$

$$\frac{^{207}\text{Pb}}{^{204}\text{Pb}} = \left(\frac{^{207}\text{Pb}}{^{204}\text{Pb}}\right)_0 + \frac{^{235}\text{U}}{^{204}\text{Pb}}(e^{\lambda_{235}t} - 1) \qquad (6\text{-}16)$$

将上述两个公式联立，可得

$$\frac{\dfrac{^{206}\text{Pb}}{^{204}\text{Pb}} - \left(\dfrac{^{206}\text{Pb}}{^{204}\text{Pb}}\right)_0}{\dfrac{^{207}\text{Pb}}{^{204}\text{Pb}} - \left(\dfrac{^{207}\text{Pb}}{^{204}\text{Pb}}\right)_0} = \frac{\dfrac{^{238}\text{U}}{^{204}\text{Pb}}(e^{\lambda_{238}t} - 1)}{\dfrac{^{235}\text{U}}{^{204}\text{Pb}}(e^{\lambda_{235}t} - 1)} = 137.82\frac{(e^{\lambda_{238}t} - 1)}{(e^{\lambda_{235}t} - 1)} \qquad (6\text{-}17)$$

式中，137.82 是 ^{238}U/^{235}U 常数，这个公式不需要获得 ^{235}U 和 ^{238}U 的原子数，也不需要知道母体-子体比率，只需要根据样品的子体 Pb 同位素比值就可以知道年龄系统。式(6-17)的最左边实际上为 ^{207}Pb/^{204}Pb 与 ^{206}Pb/^{204}Pb 交会图的斜率，然而，这个公式

无法算出时间 t。但是，可以先估计一个 t 值，将其代入式(6-17)中，计算斜率，并将之与式(6-17)所观察到的斜率进行比较，从而不断地改进 t 的估计值，进而逐渐接近真实值。这个过程耗费人力，但通过人机结合，这个过程就很容易实施。利用简单的最小算法进行迭代，可以得到高精度值。这个公式实际上是 ^{207}Pb-^{206}Pb 定年法，是单阶段模式年龄计算公式，也称为 ^{207}Pb-^{206}Pb 年龄等时线方程。由于矿物或岩石样品难免受到后期地质作用(如氧化态下的风化)造成 Pb 的丢失，导致 U-Pb 法测得的各个年龄值不一致。Pb-Pb 法年龄式(6-17)由于不考虑母体与子体的比值，其测得的年龄可以消除因 Pb 丢失所产生的误差。

将 ^{238}U-^{206}Pb，^{235}U-^{207}Pb 与 ^{207}Pb-^{206}Pb 法相结合会实现 U-Pb 系统定年的巨大优势。在理想情况下，样品在系统被测定时总保持 Th、U、Pb 封闭，假定没有 ^{235}U 裂变链反应的干扰，且初始结晶时同位素是均一的，那么 ^{238}U/^{206}Pb、^{235}U/^{207}Pb 与 ^{207}Pb/^{206}Pb 系统将给出一致的年龄，此时称为"和谐的"。即使这三个年龄不一致，仍然可以通过分析开放系统的行为进而获得一个初始结晶年龄。Tera 和 Wasserburg(1972)开发了一种计算机绘图方法来评估 ^{238}U-^{206}Pb 与 ^{235}U-^{207}Pb 年龄的和谐程度。这就是所谓的 U-Pb 谐和曲线法，用于选取非理想样品中精确的年龄。

早期的工作认为 ^{235}U-^{207}Pb 和 ^{238}U-^{206}Pb 年龄虽然常常低于真实年龄，但这些年龄可能都集中分布于真实年龄附近。为此，通过去掉 Pb 初始值这一项，简化式(6-15)。这种简化方程式对于富含 U 矿物(如沥青油矿)来讲是合理的，将 ^{238}U-^{206}Pb 衰变代入简化公式得到

$$\frac{^{206}\text{Pb}}{^{204}\text{Pb}} = \frac{^{238}\text{U}}{^{204}\text{Pb}}(e^{\lambda_{238}t} - 1) \tag{6-18}$$

简化后得到

$$\frac{^{206}\text{Pb}}{^{238}\text{U}} = (e^{\lambda_{238}t} - 1) \tag{6-19}$$

采用相似的方式，得到 ^{235}U-^{207}P 年龄公式为

$$\frac{^{207}\text{Pb}}{^{235}\text{U}} = (e^{\lambda_{235}t} - 1) \tag{6-20}$$

将 ^{207}Pb/^{235}U[式(6-20)等式左边]作为横坐标，^{206}Pb/^{238}U[式(6-19)等式左边]作为纵坐标作图，得到 U-Pb 年龄谐和曲线图(图 6-2)。谐和曲线轨迹上的点的 ^{238}U-^{206}Pb 年龄等于 ^{235}U-^{207}Pb 年龄，这种年龄被称为"和谐的"。如果数据点结果展现出良好的线性关系，与指数性质的谐和曲线不一致。这是因为大部分锆石存在不同程度的 Pb 丢失。例如 ^{206}Pb 和 ^{207}Pb 同比例丢失，会引起数据点落在谐和曲线的左下方。将线性线条双向外推，与谐和曲线相交于两点，即得到理想样品的年龄值。上交点理想值 t_1 就是样品真正的结晶年龄值。下交点年龄 t_2 代表引起矿物 Pb 丢失的热事件年龄，这些 Pb 丢失的热事件周期性发生于 t_1 和 t_2 时间段，然而是否如此还需要地质事件的证据支持。但也有人认为 Pb 丢失可能是矿物形成后发生的持续扩散过程，可能通过微裂缝或放射性损伤形成的微细管系统。未蚀变的锆石晶胞很少或没有形成 Pb 的丢失，而蚀变的锆石(如变质作用)会持续稳定地丢失 Pb。因此，需要在挑选锆石过程中剔除存在裂缝和其他缺陷的颗粒。谐和曲线可以

通过代入衰变常数和一系列的 t 值进入式(6-19)和式(6-20)等式右边方程中进行曲线的绘制，即得到谐和图。

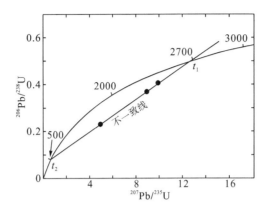

图 6-2　U-Pb 谐和曲线图

谐和曲线已经校正为 Ma，不谐和的线性线条是由于富 U 矿物中不同程度的 Pb 丢失而产生。年龄 t_1 和 t_2 分别表示上交点和下交点年龄，也即 Pb 丢失事件年龄和矿物结晶年龄。不谐和线条位于谐和曲线之上的数据点表示存在 U 的丢失。

U-Pb 谐和图仅利用放射性成因 Pb 来绘制，然而天然矿物中存在非放射性成因 ^{204}Pb。沥青油矿和独居石富含 U 而极贫初始非放射成因 Pb，即 ^{204}Pb，但是这两个矿物分布有限，不适合作为样品开展大量研究。分布较广的副矿物锆石在结晶生长过程中包含初始普通 Pb，即 ^{204}Pb，适合作为实验样品。因此，需要测定锆石中初始普通 ^{204}Pb 的含量，并利用全岩 $^{206}Pb/^{204}Pb$ 和 $^{207}Pb/^{204}Pb$ 的值来评估矿物中 ^{206}Pb 和 ^{207}Pb 的初始值。现今的 ^{206}Pb 和 ^{207}Pb 值减去它们对应的初始值才是衰变放射成因的部分。通过这种方式来校正 U-Pb 谐和图。

四、U-Pb 同位素谐和年龄

U-Pb 谐和图上的数据点一般用椭圆来表示，较少用简单点来表示。椭圆代表分析误差，$^{207}Pb/^{235}U$ 和 $^{206}Pb/^{238}U$ 的数据分析误差具有高度相关性，因此数据点误差分析绘制出椭圆的形状。放射性衰变常数存在不确定性，鉴于此，Ludwig(1998)认为在谐和曲线上衰变常数的不确定性不能被忽略。并建议谐和曲线不是一条线，而是一个谐和带(图 6-3)，带的宽度指示衰变常数的不确定性。采用谐和带绘制之后，样品的分析误差椭圆的谐和程度提高了差不多 6 倍(图 6-3)。注意图 6-3 中的两条相对较直的曲线组成谐和带，数据点分析误差椭圆越靠近谐和带，表明 U-Pb 年龄谐和程度越高，锆石样品反应体系中 Pb 的丢失越少。不同的 U-Pb 定年实验方法对减少 Pb 丢失的效应有不同的效果(图 6-4)。在图 6-4 中，虽然样品不谐和直线(由样品分析误差椭圆的中心点连线)与谐和曲线的上交点都在 252Ma 附近，但不同方法得出的不谐和直线偏离谐和曲线的程度不同，即 Pb 丢失的程度不同(Mundil et al., 2004)。方法越先进, 数据点分析误差椭圆越靠近谐和曲线(谐和带), 越接近锆石矿物结晶年龄。相反, 如果大部分数据点均分布在下交点年龄附近, 而个别数据点分布在上交点年龄附近, 说明下交点附近的年龄可能接近于矿物形成年龄, 而上交点附近的数据点年龄可能是继承性锆石(岩浆捕获的古老锆石)年龄。例如图 6-5(a)中, 大部分岩浆锆石年龄数据点分布在下交点附近, 而个别较大年龄数据点分布在上交点附近, 为继承性锆石年龄数据点(Rogers et al., 1989)。U-Pb 谐和年龄图中部分较老年龄的离群点数据也可能是继承性锆石, 如图 6-5(b)的离群点数据大于基底年龄, 是一个捕获晶锆石年龄数据(张世红等, 2008)。

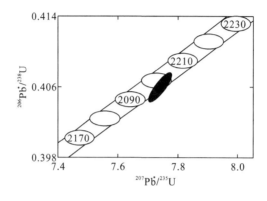

图 6-3 U-Pb 谐和图

注: 数据点(黑色充填椭圆)表明近乎谐和数据, 几乎全部落在谐和带上。谐和带代表放射衰变的不确定性。据 Ludwig(1998)。

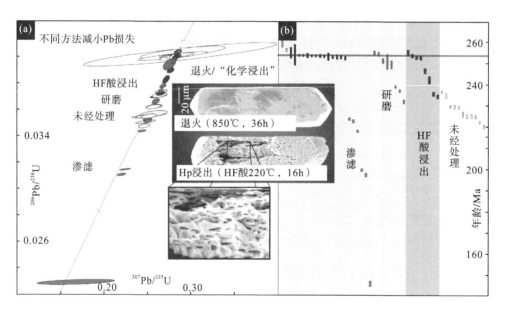

图 6-4 锆石 U-Pb 谐和图

注: 不同改进的方法样品分析误差椭圆逐渐靠近上交点年龄。据 Mundil 等(2004)。

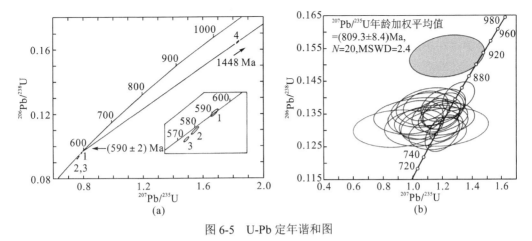

图 6-5　U-Pb 定年谐和图

注：(a) 样品 1～3 为岩浆锆石数据点，位于下交点年龄附近，样品 4 是继承性锆石数据点，位于上交点附近。据 Rogers 等(1989)。

(b) 充填深灰色椭圆为离群点，是捕获晶继承性锆石年龄。据张世红等(2008)。

第二节　放射性同位素地球化学分析方法

　　样品的制备经过岩石的破碎以分离所需要的矿物。从矿物的表面，利用高能离子或激光，通过加热、溶解或化学分离挑选出所需要的元素进行质谱分析。具体的过程为：常规重液分选及磁选富集钾质斑脱岩样品的锆石，在双目镜下分别挑选出岩中锆石。随机将部分锆石样品用环氧树脂制成样品靶，对其抛光直至锆石内部暴露。对锆石进行反射光、透射光显微照相及阴极发光(CL)照。对锆石晶形、包裹体、裂纹进行观察以选择适合进行 U-Pb 定年的锆石。

　　一般而言，要获得高精度的数据需要大颗粒的样品。目前有多种方法用于测定 U、Th 和 Pb 的同位素比值，包括热电离质谱(TIMS)、二次离子质谱(SIMS)和激光剥蚀电感耦合等离子质谱(LA-ICPMS)。

　　热电离质谱法是基于经分离纯化的试样在高熔点的金属带表面上经过高温加热产生热致电离的一门质谱技术。具体的实验过程如下：在双目镜下挑选锆石颗粒，置入马弗炉中 900℃高温淬火 60h，对锆石进行放射性损伤愈合；淬火完成后将锆石颗粒转入溶样器中，采用 HF180℃溶样 12h 进行化学溶蚀，溶解遭受铅丢失部分；将经过化学溶蚀的锆石通过 3.5mol/L 的 HNO_3 120℃回流、6mol/L 的 HCl 120℃回流、超声清洗等方式进行洗涤，洗净后转入溶样杯中并加入 4 滴 22mol/L HF 和适量 ^{205}Pb-^{235}U 稀释剂，220℃恒温溶解 48h，使锆石完全溶解；在 80℃电热板上蒸干溶解的样品，加入 4 滴 6mol/L HCl，置入溶样器中 180℃溶样 12h，将样品转化为氯化物；采用 50μL 阴离子交换柱进行 U-Pb 化学分离，将 Pb 和 U 承接于同一特氟龙(Teflon)样品杯中，向样品溶液中加入 10μL 0.0375mol/L 的 H_3PO_4，蒸干样品，待质谱测试(储著银等，2016)。

　　热电离质谱用于 U-Th-Pb 地质年代学涉及同位素稀释，在酸消解之前进行样品的稀释，利用 ^{202}Pb 和 ^{205}Pb 进行稀释。采用双稀释同位素的好处在于它能在质谱分析过程中进行质量法分馏的计算,这可以通过计算测定样品的 Pb 同位素比值与已知值的偏差来进行。

多数学者利用酸滤技术来移除锆石不谐和部分,这种技术在最初会产生分馏副作用。但 Mattinson(2005)通过在 HF 酸滤之前的热处理可以有效地去除这种副作用。这种改进技术被称为化学剥蚀热电离质谱(CA-TIMS)。同位素稀释热电离(ID-TIMS)采用化学剥蚀技术,并将其应用在单矿物年代分析中(Mundil et al.,2004),即所谓的 CA-ID-TIMS 铀铅地质年代测定技术。

早期二次离子质谱特别是 20 世纪 80 年代高灵敏高分辨率离子探针(SHRIMP)应用到 U-Pb 地质年代学当中,极大地改变了 U-Pb 定年技术(Compston and Meyer,1984)。相对于其他定年技术,二次离子质谱具有更强的空间分辨率,有助于分析单矿物或深度域年龄的不均一性,能分析不同变质事件的时代、岩浆捕掳晶的年龄以及大型样品群的不同时代。SIMS U-Pb 地质年代技术的精度多受控于离子束轰击样品过程中产生的质量相关和元素相关分馏。二次离子质谱年龄可用样品和标样的同位素$(^{207}Pb/^{206}Pb)$ 和 $(^{206}Pb/^{238}U)$的值测定来限定。其内在的假定是在实验过程中样品和标样均经历了相同的同位素分馏。二次离子质谱精度的局限性在于轰击过程中元素和同位素分离的不确定性和变化、氧化和氢氧化物的形成、其他仪器零点漂移。

另外一个微区原位 U-Pb 定年方法是激光剥蚀电感耦合等离子质谱。首次应用这项技术是在 20 世纪 90 年代中期(Fryer et al.,1993),是二次离子质谱技术的替代品,价格更加便宜,时间更快。除了锆石,这项技术同样可以应用到独居石、榍石、磷灰石、钍石和其他矿物。不同激光剥蚀电感耦合等离子质谱实验室在以下三方面存在差异性:①分析过程中材料的消耗量;②数据归约算法以及精度与准确度;③仪器和分析程序。分析方法与数据归约算法的标准化,以及实验室内标校正,共同推动了这项技术迈向更高精度和准确度。与二次离子质谱技术类似,这项技术测定标样和样品的 U-Th-Pb,标样的测量值与已知值之间的差异应用到样品当中。与二次离子质谱和热电离质谱技术一样,这项技术用到低铀含量以及年轻样品中的精度比较有限。激光剥蚀电感耦合等离子质谱的精度和准确度的提高取决于对激光剥蚀过程中元素分馏的最小化与对其理解程度。这项技术的优点在于可以快速采集数据,适用于需要大量数据来解决问题的应用中,如碎屑锆石定年适合采用这项技术。

第三节　放射性同位素地球化学的应用

地球历史时期各个地质事件发生的顺序可以用地质年代框架来表示。理解地质年代表中的宙、代、纪含义需要了解绝对地质年代标定方法以及不确定性。沉积岩较好地记录了过去海洋、大气圈和生物圈中地质事件和地质过程,蕴含沉积盆地构造事件的重要信息。沉积分析的一个重要任务就是分析各地层界线可靠的绝对年龄,形成年代地层框架,以便更好地研究各地质事件的关系。

U-Pb 地质年代学在标定地质绝对年代过程中扮演着重要的角色,在白垩纪之前的各个时期的界线都是由 U-Pb 定年技术来限定的。假定各个期或者更高级别的界线都是由地层地质事件来定义的,如生物灭绝或生物辐射定义界线,而 U-Pb 年龄一般都是用到变质岩或者火山岩矿物。那么就存在问题：U-Pb 定年技术如何应用到沉积地层记录之中？这个方法的假设和不确定性是什么？

　　回答这些问题要靠火山灰层。火山灰的沉积代表地质时间的某一瞬间，同时这些沉积含有富铀的矿物，如锆石，它们来自岩浆系统，后来形成火山灰。设定锆石在火山喷发之前正好发生了结晶，对这些矿物进行定年就可以给出火山灰沉积的时间。然而，锆石能在岩浆系统中结晶并在喷发之前数千年至数万年甚至数百万年的尺度保留年龄信息。火山灰层经常含有不同成因的锆石，包括那些在喷发之前很短时间内结晶的锆石。锆石矿物是否在喷发之前就已经在岩浆房中结晶或者是喷发系列岩石中挟带的矿物？这一点对于理解侵入或喷出过程尤为重要。用于火山灰层的年龄约束最好的矿物是那些最晚封闭体系的锆石。

　　火山灰中这些最年轻的 U-Pb 数据一般与喷发年龄的误差存在重叠，很难将其区分出来。Ar-Ar 法定年是一个解决的办法。高温环境 Ar 从岩浆矿物中扩散出来，在喷发的时间变成封闭体系。Ar-Ar 定年的缺点在于继承性的含钾矿物可能含有过量火山喷气 Ar。与之类似，磷灰石或榍石的 U-Pb 热年代学是测定火山喷发时磷灰石年龄的较好方法，因为这种矿物记录低于岩浆形成温度的冷却过程。然而，磷灰石是一种贫 U 矿物，且比锆石含有较高的初始 Pb，导致精度和准确度降低。微区原位定年技术能分析大量的锆石样品，用于测定锆石颗粒边缘最年轻的年龄。

　　因此，利用 U-Pb 定年来限定地层时间要靠 ID-TIMS 铀铅定年方法，需要一个或多个能准确记录火山灰喷发的锆石矿物。在火山灰锆石中挑选那些最年轻的年龄是火山喷发的合理年龄。这种方法是火山灰锆石年龄解释的主流，但可能会存挑选性而带来的偏差。最近的研究表明，通过分析锆石地球化学来指导这些挑选性能得出更合理的年龄：相同年龄的锆石具有相同的地球化学特征。不管采用哪种方法，在不牺牲准确性的前提下，提高年龄解释的精度是一个永久不变的挑战。

　　地球历史过程中生物灭绝的原因和结果一直困扰着地质学家。要更好地理解这些生物灭绝事件在一定程度上依赖于为时间敏感性的地质过程提供可靠的时间轴，如碳循环的启动和变化发生的时间，能更好地理解气候变化和生物灭绝的时间关系。例如，Shen 等（2011）利用 CA-ID-TIMS 测年技术来分析印度阶金钉子眉山剖面二叠纪—三叠纪界线的绝对年龄，能够更好地理解显生宙最大的生物灭绝事件及灭绝过程（图 6-6）。他们采集的样品均为火山灰层沉积的斑脱岩，里面含有大量的锆石。这个金钉子剖面前期已经做了大量的生物地层、同位素和地球化学研究，描述了生物灭绝过程中环境和生物剧变过程的蓝图。多数学者均认为生物灭绝的起因是西伯利亚大火成岩省喷发释放大量的挥发性气体如二氧化碳、二氧化硫、氯气、氟气，造成了全球环境的扰动。ID-TIMS 同位素测年发现 2/3 的火山喷发均发生在约 300ka 之内，导致了地球上绝大部分的生物在数千年的时间范围内快速灭绝（Burges et al.，2014；Burges and Bowring，2015）。灭绝之后的 600ka 时间范围内火山岩的持续喷发，导致了早三叠世碳循环的剧烈扰动，并延迟了生物复苏过程。需要指出的是，研究大火成岩省喷发过程的地质年代存在一个挑战：玄武岩中缺乏锆石或其他富铀矿物导致很难约束基性岩浆形成的过程。西伯利亚大火成岩省的研究实例中，丰富的锆石一般来自更为缓慢冷却的辉长岩岩基，或者富铀的钙钛矿来自熔岩流。玄武岩中的斜锆石也是铀铅定年的一个方法。但更多是从玄武岩喷发间隙沉积的高硅火山灰层中挑选锆石进行 U-Pb 年龄测定。

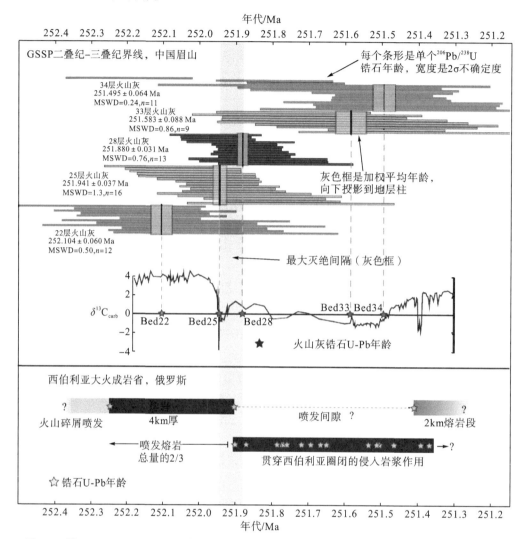

图6-6   锆石 U-Pb ID-TIMS 地质年龄将二叠纪末生物灭绝与西伯利亚大火成岩省喷发联系起来

注：据 Burgess 等（2014）、Burgess 和 Bowring（2015）。

第四节   U-Pb 放射性同位素地球化学问题与展望

地质年代学面临的主要问题就是测定的地质年龄的可靠性如何？影响地质年龄计算的不确定性程度如何？是什么促使我们相信这些年龄具有地质意义？假如不确定性用 Δ 表示，获得的年龄用 T 来表示，那么书写的地质时间为 $T\pm\Delta$，这个表达式就说明了测量的年龄存在很多问题。它会存在数据统计的误差、系统误差以及合成的不确定性。这些误差从哪里来？

地质年代测年的过程经历：①采集岩石、矿物；②在实验室中分析样品的同位素和化学比值；③利用测量值来计算年龄；④将这些年龄放到地质框架中。每一个过程都会产生误差。在样品采集过程中会产生不确定性。如果采集山丘的花岗岩，随意地采集样品可能会把风化的样品包括进来，也可能把其他不同成因的样品采集进来，这样就会产生系统的不确定性。在实际应用中，样品一般采集那些同类和有代表性的岩石，并在同类岩石中随机采集多个样品并达到统计学意义。如果只采集一个样品，那很难评估样品的不确定性。在每一个样品的测量过程中也会产生物理的不确定性。

根据 ^{238}U-^{206}Pb 和 ^{235}U-^{207}Pb 两个独立的放射性衰变体系，U-Pb 定年方法可以同时获得三组年龄(即 $^{206}Pb/^{238}U$、$^{207}Pb/^{235}U$ 和 $^{207}Pb/^{206}Pb$ 年龄)，因此可以进行年龄一致性的内部检验(李献华，2016)。锆石富集 U、基本不含普通 Pb，是 U-Pb 定年的首选矿物。离子探针技术可以对锆石进行微区(5～30μm 直径、1～2μm 深度)精确定年，$^{206}Pb/^{238}U$ 年龄分析误差一般为 1%。然而，由于显生宙年轻样品的放射成因 ^{207}Pb 很低，使得 $^{207}Pb/^{235}U$ 和 $^{207}Pb/^{206}Pb$ 的技术统计误差大，很难判断 U-Pb 和 Pb/Pb 年龄的一致性。Li 等(2009)采用多接收器二次离子质谱技术，将 $^{207}Pb/^{206}Pb$ 分析精度提高到 0.2%，实现了中生代锆石 $^{207}Pb/^{206}Pb$ 年龄的精确测定。但是这种多接收器二次离子质谱技术不能同时分析 Pb 和 U 同位素，因此，仍然不能精确测定 $^{207}Pb/^{235}U$ 年龄。最近 Liu 等(2015)将多接收器 Pb/Pb 静态分析和单接收器 Pb/U 跳峰分析有机地结合起来，成功研发了动态多接收器二次离子质谱新技术，既可以用多接收器实现 $^{207}Pb/^{206}Pb$ 高精度分析，同时不损失单接收器 Pb/U 分析精度，使 $^{207}Pb/^{235}U$ 年龄的分析精度与 $^{206}Pb/^{238}U$ 相当，因此能够判断 U-Pb 和 Pb/Pb 年龄是否一致。

不仅古老和高 U 锆石易发生放射成因 Pb 丢失，一些 U 含量不高、阴极图像结晶环带清晰的年轻锆石也可能发生不同程度的 Pb 丢失，其原因不明(李献华，2016)。消除放射成因 Pb 丢失影响是锆石准确定年的关键。对锆石加热进行放射性损伤愈合和用酸侵蚀消除放射成因 Pb 丢失的影响，已经成为同位素稀释-热电离质谱锆石准确定年的标准流程，即 CA-ID-TIMS 方法(Mundil et al.，2004；Mattinson，2005)。最近，已有研究人员将 CA 方法引入二次离子质谱微区锆石定年(Kryza et al.，2012；Watts et al.，2016)。经过对比分析发现，经过 CA 处理的锆石，用二次离子质谱分析可以显著提高定年的准确性(Watts et al.，2016)，具有潜在的推广价值。

碳酸盐矿物中 ^{234}U 定年技术是最近发展起来的沉积岩新测年技术。这种铀系不平衡定年适用于不经历重结晶作用的碳酸钙，因为重结晶作用会影响铀的含量。^{238}U 衰变通过两种短生命周期的中间产物 $^{234}Th(24d)$ 和 $^{234}Pa(1.2min)$ 形成 $^{234}U(248ka)$。由于 ^{234}U 和 ^{238}U 具有相同的化学特性，在地质过程中它们应该不会产生分馏。但研究发现它们确实产生了分馏，这种分馏可能与晶胞的辐射损伤有关，如 α 粒子的发射和母体核素的反冲力。此外，放射性衰变导致 ^{234}U 比它的母体更加可溶。这个过程称为热原子效应，能将那两个非常短暂的中间产物 ^{234}Th 和 ^{234}Pa 以及长生命周期的 ^{234}U 核素淋滤进入地下水中。那两个短暂的核素在进入本底之前很容易衰变称为 ^{234}U。后者在表层水中以 UO_2^{2+} 离子稳定存在，这要归功于水圈氧化状态的普遍性。

陆地环境的风化条件变化导致淡水系统中多变的 $^{234}U/^{238}U$。但在海水中，U 元素具有很长的居留时间（大于 300ka），将海水中 $^{234}U/^{238}U$ 的值维持在很窄的范围，比值约为 1.14，在广海环境中这个比值为 1.147（Stirling and Andersen，2009）。然而，在局限盆地中，海水的铀活化比率有小幅度的变化，这主要是由于淡水输入的影响。

海洋中铀的沉淀主要是通过碳酸钙共同沉淀下来，这种沉积一般发生在浅海生物骨骼碳酸盐沉积以及深水沉积物自身矿物中（即直接化学沉淀）。在沉积时，沉淀物呈现海水富子体的 $^{234}U/^{238}U$ 活化率比值，但一旦形成后与母体分离，过量子体衰变直至与母体达到长期的平衡。假设一个初始的 $^{234}U/^{238}U$ 分馏值，且反应体系封闭，那么这个铀体系就能用作定年工具。当 $^{234}U/^{238}U$ 的值达到长期的平衡值 1 的时候，就不再适合作为测年工具（图 6-7）。

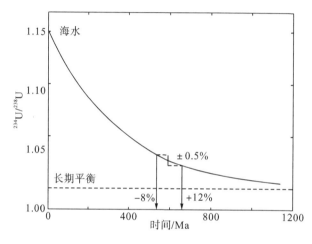

图 6-7　$^{234}U/^{238}U$ 活性与时间的交会图

注：指示 $^{234}U/^{238}U$ 的值在与海水分离经历长时间平衡后趋向于接近平衡值 1。箭头指示系统趋向平衡过程中分析误差逐渐扩大。

在实际应用这项技术时还存在很多问题。例如，远洋沉积物的碳酸盐岩不能用这项技术进行测年，主要是由于沉积之后铀的开放体系特性，同样地软体动物的骨骼也因其对铀的吸收特性而不能用来进行测年（Kaufman et al.，1971）。但是，这项技术可以应用于珊瑚的测年（Thurber et al.，1965）。

第七章 非传统同位素地球化学

非传统稳定同位素体系是相对传统稳定同位素体系(即 H、C、N、O 和 S 体系)而言的, 主要包含金属元素(如 Li、Mg、Ca、Ti、Fe、Cr、Ni、Cu、Zn、Ba、V 等)、类金属元素(如 B、Si、Ge、Sb 等)和一些非金属元素(如 Cl、Se、Br 等)的同位素体系。相比于传统稳定同位素, 非传统稳定同位素具有几个明显不同的地球化学特征: ①大多为微量元素(如 Zn、Cu、Ni 等), 也有主量元素(如 Mg、Ca、Fe 等), 其中微量元素在不同的地质储库中含量差异较大; ②类型从强挥发性元素(如 K、Zn 等)到难熔性元素(如 Ti、Ba 等)均有; ③一些元素具有氧化还原敏感性(如 Mo、U、V、Cr 等); ④有些元素是生物地球化学循环的示踪剂(如 Cu、Hg、Mg 等); ⑤金属元素具有与传统稳定同位素显著不同的化学键环境; ⑥许多元素都具有较大的原子序数和两个以上的稳定同位素。随着同位素质谱技术的飞跃式发展, 尤其是多接收电感耦合等离子体质谱仪(MC-ICP-MS)和热电离质谱仪(TIMS)的广泛应用, 使得大量的非传统稳定同位素体系能够被精确地测定, 在此基础上, 非传统稳定同位素地球化学这一分支学科应运而生, 并得到了飞速的发展。

第一节 非传统同位素地球化学分析原理与方法

非传统同位素地球化学分析原理就是将样品中的目标元素进行分离纯化后, 利用 MC-ICP-MS 或 TIMS 测定其同位素组成。非传统稳定同位素的分析方法包括原位法和溶液法。原位法具有效率高、空间分辨率高以及无化学分离等优点, 但不足之处就是干扰多、标样-样品匹配较难、测试精度不高。因此, 溶液法是目前用得较多的非传统稳定同位素分析方法。非传统稳定同位素的分析步骤包括样品处理和质谱测试两个部分。样品处理就是将样品转变成质谱可以测试的对象, 即对样品进行消解并对目标元素进行提取、纯化和浓缩, 使样品的目标组分转变成 MC-ICP-MS 或 TIMS 可以测定的形式。如果样品处理方法不当, 会使样品目标元素损失、基质去除不彻底, 甚至引入新的杂质, 使测试结果偏离真值。因此, 样品处理是非传统稳定同位素分析中的重要环节。

一、样品处理的基本原则

非传统稳定同位素分析的样品处理主要包括样品的消解和样品中目标元素的分离纯化两个方面。样品处理过程是获取可靠实验数据的重要基础, 因此样品处理过程中必须遵守两个基本原则: ①不引入目标元素以及可能会对目标元素同位素分析产生干扰的元素,样品处理流程必须在超净实验室进行；②目标元素不发生损失。地质样品必须彻底溶解，并且在分离纯化过程中要求回收率尽可能达到 100%以减少化学处理过程中的分馏，或者分馏可精确校正。

二、样品消解

常用的地质样品消解方法有五种：①微波消解法；②高压闷罐法；③酸溶解法；④熔融法；⑤烧结法(半熔法)。微波消解法和高压闷罐法本质上都是一种酸溶解法。熔融法和烧结法(半熔法)需要借助助熔剂，助熔剂提纯较难，其本身所含的杂质和金属元素都可能对测试数据造成影响，故这两种消解方法对于非传统稳定同位素样品并不适用。相反，利用酸溶解法消解样品有一个很大的优点，即在样品处理过程中只使用超纯酸，从而不引入阳离子。因此，酸溶解法是目前非传统稳定同位素分析中样品消解常用的方法。样品消解需要注意五个问题。①溶样是否彻底是样品消解过程中最常见的问题。溶样不彻底可能会造成目标元素丢失，从而导致同位素比值"失真"。但是，如果未溶矿物中不含目标元素，溶解不彻底对同位素的影响可忽略不计，在多数情况下，溶样彻底是分离纯化的必要条件，其判断标准是溶液澄清透亮，且静置几天没有出现溶液分层或难溶物。②有机质会影响之后的分离纯化过程，因此样品消解过程必须去除所有的有机质。当使用微波消解有机质含量高的样品后，消化液看似清澈，其实含有很多胶质，需要进一步去除有机质才能进行分离纯化。③在满足质谱测试要求的情况下，消解的样品量要尽可能少，这样可以减少试剂用量并缩短消解时间，从而提高工作效率。但是当消解的样品量太少时，来自样品处理过程中所用试剂、离子交换树脂等杂质引起的基质效应相对更显著，导致同位素分析结果不能反映真值。④消解样品时还需要考虑样品的代表性，如果样品不够均匀，消解的样品量太少，可能导致测试结果不能反映样品的真值。⑤如果消解样品时使用了 $HClO_4$，必须将 $HClO_4$ 在高温下彻底去除，因为残余的 $HClO_4$ 具有强氧化性，会导致化学分离使用的离子交换树脂失效，影响其分离效果(Malinovsky et al.，2005；李津等，2021)。样品消解方法与样品岩性密切相关，常见的沉积岩(或沉积物)样品消解方法如下。

1. 含有机质样品

对于有机质含量较高的地质样品(如泥岩、页岩等)，首先在 $100\sim105℃$ 的温度下烘干，去除样品中的挥发分，然后通过干灰化法去除样品中的有机质，最后再用 HF、HNO_3、HCl 等溶解剩余的灰分。如果灰化温度低、时间短，会导致灰化不完全，残存的小碳颗粒易吸附某些金属元素，很难用常用酸溶解；如果灰化温度高、时间长，虽然可以完全去除有机质，但容易造成易挥发的目标元素损失，也会导致目标元素发生同位素分馏。因此在使用干灰化法前，需要通过实验确定灰化的时间和温度等条件，确保在此条件下灰化不会导致目标元素发生同位素分馏。消解有机质含量低的样品时，可以在样品中加入强氧化剂(王水、$HClO_4$、H_2O_2、浓 HNO_3 和逆王水)并加热，将样品中的有机物转化为无机物。

2. 硫酸盐类岩石

硫酸盐类岩石的消解过程较为简单，可以使用稀 HCl 进行溶解。

3. 磷酸盐类岩石

对于磷酸盐类岩石的消解，首先需要使用 $C_2H_4O_2$ 除去岩石中富含 Sr 的方解石，然后再溶于 HCl 中。

4. 碳酸盐样品

碳酸盐矿物(如白云石、方解石、菱镁矿等)和较纯的碳酸盐岩，可以利用稀 HNO_3、稀 HCl 或 $C_2H_4O_2$ 溶解。如果样品中含有机质，采用 H_2O_2 与 HNO_3 的混合酸或者去离子水与 H_2O_2 进行超声溶解。

5. 水体中的颗粒物、悬浮物和沉积物

对水体中的颗粒物、悬浮物和沉积物的消解，首先需要用 0.20 μm 的微孔滤膜进行过滤，将颗粒物、悬浮物、沉积物与水体分离。过滤后的固体样品需要先烘干，再按照含有机质的样品的消解方法进行处理。海水中含量高的元素(如 Ca 和 Mg)可以直接蒸干，使用常规酸消解；海水中含量低的元素需要进行脱盐和富集。不同的元素使用不同的脱盐、富集方法，如 Cr 元素使用与 Fe 共沉淀的方法。淡水样品通常在蒸干后使用盐酸进行消解。

三、样品目标元素的分离纯化

在样品消解之后和使用质谱仪分析同位素之前，需要对样品中的目标元素进行分离纯化。分离纯化就是将消解后样品的目标元素与基质分离，同时富集目标元素的过程，该过程对于获得高质量数据至关重要，因为基体元素的存在会干扰目标元素的测试，从而影响实验数据的精度和准度。比较常用的分离纯化方法主要包括：①沉淀和共沉淀；②溶剂萃取；③离子交换；④色谱；⑤电化学分离。目前，绝大多数非传统稳定同位素(除 Hg 和 Se 等)分析的分离纯化都采用的是离子交换分离法。离子交换法的原理是根据酸淋洗过程中元素在离子交换树脂中吸附能力不同达到元素分离的目的。通过建立淋洗曲线，收集淋洗曲线中目标元素对应的淋洗液部分即可达到分离富集的目的。该方法的优点有：①操作方便，交换容量可变；②大多数树脂可重复使用；③使用的容器容易清洗；④试剂易于提纯且用量少，流程的空白相对于其他方法较低(燕娜等，2015)。

分离纯化的理想状况是将所有基体元素完全除去，接收液中只含有目标元素，并且目标元素有近 100% 的回收率，但在实际情况下，离子交换分离法很难有这样的分离效果。因此，首先考虑的就是完全除去其中会对目标元素同位素分析产生同质异位素干扰和基质效应的元素。例如，分析 Cd 同位素时，必须把 Mo 在离子交换分离中充分去除，这是由于 $^{98}Mo^{16}O^+$ 会对 ^{114}Cd 产生同质异位素干扰。如果某种元素在离子交换分离中可以回收大多数目标元素但达不到全回收，且该元素有 4 个或 4 个以上同位素时，可以采用双稀释剂

法校正离子交换过程中发生的同位素分馏(Millet and Dauphas，2014)。

1. 离子交换树脂的类型和主要参数

离子交换树脂是具有网状结构的有机高分子聚合物,在网格各处分布着许多可以与溶液中的离子起交换作用的活性基团,根据吸附离子类型可进一步划分为阳离子和阴离子交换树脂。此外,还有特效树脂和螯合树脂。

离子交换树脂的参数主要包括四个。①粒度,指树脂颗粒的大小,通常用筛的网目或直径表示,如 200 目(75μm)和 100 目(150μm)。树脂颗粒小,交换速度快,但是如果颗粒太小,淋洗液的流速会变慢。②交联度,指树脂中所含交联剂的质量分数,可指示网状结构的紧密程度和孔径大小。树脂的交联度大,网眼小,交换的选择性高,对水的溶胀性小,交换速度慢。树脂的交联度用符号"X-"表示,通常为 X-4～X-12,即表示树脂的交联度为 4%～12%。③亲和力,指离子在交换树脂上的交换能力。亲和力与水合离子的半径、电荷和离子的极化程度有关,水合离子的半径越小,电荷越高,离子的极化程度越大,亲和力就越大。④交换容量,指每克干树脂所能交换离子物质的量(mmol),由树脂网状结构中所含活性基团的数目决定,可通过实验方法利用酸碱滴定原理测得。树脂的交换容量一般为 3～6mmol/g。

2. 离子交换分离法工作流程

离子交换分离法是利用离子交换剂与溶液中离子发生交换反应从而使元素分离的方法。样品溶液流经交换柱中的树脂层时,由上至下一层一层地发生交换,由于树脂与溶液中不同离子的亲和力不同,形成不完全重叠的吸附带。选择适当的淋洗液,通过反复解吸和吸附过程,随着淋洗液不断流过,元素的吸附带被逐渐分开,不同元素依次洗脱,此过程称为淋洗过程。这种方法既能用于带相反电荷离子间的分离,也可用于带相同电荷离子间的分离,甚至可以用于某些性质相近的离子之间的分离(如 Ti、Zr、Hf 之间的分离,稀土元素之间的分离)(李津等,2021)。淋洗液的种类与浓度和离子交换树脂均可能对分离效果产生重要影响。应用于非传统稳定同位素分析的离子交换分离一般以无机酸作为淋洗液,也可使用两种酸的混合酸。

3. 非传统稳定同位素分析常用的离子交换方法

表 7-1 列举了部分非传统稳定同位素分析中常用的离子交换树脂及用量。概括来说,离子交换树脂的选择是由目标元素决定的,如电荷多、半径小的过渡元素在 HCl 溶液中更多以络合物(如 $FeCl_4^-$)形式存在,因此可选用阴离子树脂(如 AG1-X8)进行分离纯化;电荷少、半径大的碱金属元素通常以离子形式(如 Ca^{2+})存在,因此可选用阳离子树脂(如 AG 50W-X12)进行分离纯化。相同的树脂可以对不同元素进行化学分离。如 AG1-X8 树脂可以用于 Cd、Mo 和 Fe 的离子交换分离。同种元素可以利用多种树脂进行化学分离,如 AG MP-1 树脂和 AG1-X8 树脂均可用于对 Fe 的分离纯化。AG MP-1 与 AG1-X8 的区别是 AG MP-1 的孔径大。当只需要分离样品中的 Fe 时,可以使用树脂柱(长 2.0cm,内径 0.8cm)中装入 1mL AG1-X8 树脂。当需要同时分离纯化样品中的 Cu 和 Fe 时,需要在

很长的树脂柱(长 10.5cm，内径 0.62cm)中装入 3mL AG1-X8 树脂。当需要同时分离纯化样品中的 Fe、Cu 和 Zn 时，只需在树脂柱(长 0.68cm，内径 4.3cm)中装入 1.6mL AG MP-1 树脂。针对某些特定的元素优先考虑特效树脂，如分离 Sr 优先选择 Sr 特效树脂进行分离纯化。即使是同一类型的树脂，因交联度和离子亲和力的不同，分离效果也有所差异。应综合考虑元素的化学性质、树脂特性和淋洗液等各个因素来确定合适的树脂。

表 7-1　部分非传统稳定同位素分析中常用的离子交换树脂及用量

分析元素	方法	分离步骤	树脂(粒径)，类型	树脂量(内径×高)
Cu，Fe，Zn	方法一	一步	AG MP-1(74～147μm)，Cl$^-$型	0.68cm×4.0cm
Cu，Fe	方法一	一步	AG1-X8(38～74μm)，Cl$^-$型	0.62cm×10.5cm
Fe	方法一	一步	AG1-X8(38～74μm)，Cl$^-$型	0.8cm×2.0cm
	方法二	一步	AG1-X4(38～74μm)，Cl$^-$型	0.35cm×2cm
Mg	方法一	第一步	AG 50W-X12(38～74μm)，H$^+$型	0.3cm×18cm
		第二步	AG 50W-X12(38～74μm)，H$^+$型	0.3cm×3.5cm
	方法二	第一步	AG 50W-X12(38～74μm)，H$^+$型	0.39cm×10cm
		第二步	AG 50W-X12(38～74μm)，H$^+$型	0.39cm×2cm
	方法三	第一步	AG MP-1M(74～150μm)，Cl$^-$型	0.6cm×4cm
		第二步	AG 50W-X12(38～74μm)，H$^+$型	0.6cm×8.4cm
Ca	方法一	第一步	Dowex 50W-X8(38～74μm)	1.0cm×30cm
		第二步	Dowex 50W-X4(38～74μm)	少量
	方法二	一步	Temex 50W-X8(38～74μm)	0.6cm×3.5cm
	方法三	两步	AG 50W-X12(38～74μm)	0.3cm×11cm
Mo	方法一	第一步	AG1-X8(74～147μm)，Cl$^-$型	0.6cm×34cm
		第二步	AG 50W-X8(38～74μm)，H$^+$型	0.6cm×12.5cm
	方法二	一步	AG1-X8(74～147μm)，Cl$^-$型	0.68cm×4.3cm
Cd	方法一	第一步	AG 1-X8(74～147μm)，Cl$^-$型	1.5mL
		第二步	AG 1-X8(74～147μm)，Cl$^-$型	100μL
		第三步	TRU	100μL
	方法二	一步	AG MP-1(74～147μm)，Cl$^-$型	0.68cm×4.1cm
Cr	方法一	一步	AG1-X8(74～147μm)，Cl$^-$型	2mL
	方法二	一步	AG 50W-X8(38～74μm)，Cl$^-$型	0.64cm×9.0cm
	方法三	第一步	AG1-X4(38～74μm)，Cl$^-$型	2mL
		第二步	AG 50W-X8(38～74μm)，Cl$^-$型	2mL
		第三、四步	TODGA	0.75mL
	方法四	第一步	Ln Spec resins	2mL
		第二步	AG1-X8(74～147μm)，Cl$^-$型	1.5mL
Ti	方法一	第一步	AG1-X8(74～147μm)，Cl$^-$型	0.68cm×2.0cm
		第二步	U/TEVA	0.3cm×2.5cm
		第三步	AG1-X8(74～147μm)，Cl$^-$型	0.68cm×2.0cm
	方法二	第一步	TODGA	0.8cm×4.0cm
		第二步	AG1-X8(38～74μm)，Cl$^-$型	0.32cm×10cm
	方法三	第一步	Ln-spec(50～100μm)	0.7cm×6cm
		第二步	AG 50W-X12(38～74μm)	0.7cm×3.5cm

注：分离步骤是指同一个交换柱、同一树脂，使用相同或不同淋洗剂为一步。

不同类型样品的基质差异较大,需要不同的流程对目标元素进行分离。在交换柱规格、树脂填充量和淋洗剂相同的情况下,基质相对单一的样品(如碳酸盐、单矿物)分离时,目标元素洗脱比较靠前、集中;当样品基质元素含量过高、目标元素含量很低时,有可能导致目标元素直接被洗脱。当不确定被分析样品的基质对目标元素分离的影响时,将目标元素接收液及其前后 1mL 的淋洗液分别收集,进行检测,计算回收率,从而判断哪一种分离方法适用于所研究的对象。当不适用于所研究的对象时,可以通过改变分离流程来满足不同样品的分离要求。例如,分离一般岩石样品中的 Ti,需两步分离;而对于高 Mg/Ti 的橄榄岩样品,就需要三步分离(唐索寒等,2018)。分离一般岩石样品中的 Cd,只需要一步分离;而分离海水样品中的 Cd,则需要三步分离(Ripperger and Rehkämper,2007)。

4. 离子交换分离中需注意的问题

(1)树脂装填。装填树脂柱时,需要在溶液自然流动的情况下加入树脂,同一批树脂柱中树脂的疏密程度尽量保持一致。

(2)树脂用量。同一体积的树脂放入不同内径的交换柱中,树脂床高度是不同的,淋洗流程也不一样。树脂柱越细长,淋洗液流速越慢、洗脱时间越长,并且目标元素洗脱出来滞后。

(3)树脂柱的再生。部分元素分离使用的树脂是可以重复使用的,使用过的树脂恢复到初始状态的过程所使用的溶液和体积需要经过实验确定。

(4)树脂柱的淋洗。进行离子交换分离时,在总淋洗液体积一定时,每次加入的试剂体积越小,淋洗出来的元素越集中,分离效果越好。

四、质谱测量

质谱测量是获得高质量数据的关键环节,主要包括仪器干扰评估和质量歧视效应的校正两个方面。非传统稳定同位素组成基本上都是在固体源的同位素质谱仪(MC-ICP-MS 和 TIMS)上测定的。这两种分析仪器各有优势,相互补充。MC-ICP-MS 的优点包括:①电离温度高,故离子化效率高,能实现所有同位素体系的分析;②温度稳定可控制;③分馏恒定,可进行外部分馏校正。缺点就是非真空激发,信号干扰比较严重。TIMS 的主要优点是真空激发,信号干扰较小。缺点主要有:①电离温度低(<2000℃),故离子化效率低,仅能对电离能低的同位素进行分析;②温度不可控制;③分馏不恒定,无法进行外部分馏矫正。

(一)MC-ICP-MS

1. 仪器干扰评估

干扰 MC-ICP-MS 稳定性的因素包括外部环境和仪器特性。外部环境是仪器稳定运行的基础,涉及仪器的安放位置、风压、洁净度、温度和湿度等。

在仪器上引起的干扰可划分为光谱干扰和非光谱干扰。光谱干扰又分为多原子离子干扰(如 $^{14}N_2^{16}O^+$ 和 $^{12}C^{16}O_2^+$ 对 $^{44}Ca^{2+}$)、双电荷离子干扰(如 $^{88}Sr^{2+}$ 对 $^{44}Ca^{2+}$)和同质异位素干扰(如 ^{40}K 对 ^{44}Ca 和 ^{48}Ti 对 ^{48}Ca)。其中,多原子离子干扰是最复杂的,受仪器参数显著影响。非光谱干扰是已经分辨开的信号因杂质的存在而对测试结果产生的干扰,包含样品标样之间的成分、浓度和酸度等。与光谱干扰相比,非光谱干扰机理更加复杂,不同的仪器型号、参数设置,干扰因素的影响有所不同。

2. 质量歧视效应的校正

为确保自然样品稳定同位素组成数据的准度和精度,在质谱测量过程中需要监测基准标样,校正基质效应和仪器测定过程中的质量歧视,严格控制数据质量。质量歧视效应的校正方法主要有标准-样品间插(standard-sample bracketing,SSB)法、外标元素加入法、样品标准间插、内标校正结合(combined standard sample bracketing and internal normalization,C-SSBIN)法和双稀释剂(double spike,DS)法四种。

SSB 是指标样与样品的交替测试,其理论基础是在仪器参数(气流和矩管的位置等)不变的情况下,样品可以稳定地进入质量分析器,并且 MC-ICP-MS 的漂移随时间的变化很小,因此可认为测试过程中标样和样品具有相同的质量分馏效应,这样,就可以用已知比值标准的同位素分馏系数来校正未知样品的分馏。SSB 适用于所有的同位素体系。如果某一元素的稳定同位素数量不达 4 个,SSB 几乎是唯一的校正方法。SSB 的不足之处在于只能校正仪器上的同位素分馏,这就要求分离纯化过程中目标元素近 100% 的回收率。另外,SSB 可能导致样品与标样的交叉污染,一般采用 2% HNO_3 冲洗进样系统使强度值降低至背景值以下。

外标元素加入法是向目标样品中加入质量数相近,但又没有质量干扰的至少有两个同位素的元素作为外标来校正仪器的质量歧视,其基本原理是假定添加的元素与目标元素具有相同的分馏行为,再利用两者间关系求得仪器分馏系数进而获得未知样品的同位素数据,如用 $^{65}Cu/^{63}Cu$ 校正 Zn 同位素,$^{203}Tl/^{205}Tl$ 校正 Pb 同位素。

C-SSBIN 是将外标元素加入法与 SSB 联用,在样品和标样中均加入合适的外标元素,然后使用 SSB 进行测试。单次测量中用外标元素的同位素比值做内标进行校正以消除仪器短期波动的影响,而外标元素的同位素比值则利用标样品中已知的目标元素的同位素比值进行即时校正,可同时保证目标同位素组成测试结果的精度和准度,在非传统稳定同位素的测量中已得到越来越广泛的应用。

(二)SIMS

1. 仪器干扰评估

MC-ICP-MS 上对同位素测量的干扰也适用于 TIMS,但又存在区别。需要重点评估同质异位素干扰和双电荷离子干扰。TIMS 上同质异位素的扣除方式与 MC-ICP-MS 相同,包括化学分离阶段将其彻底剔除和设置监控信号两个方面。

2. 质量歧视效应的校正

DS 是质谱测量过程中校正同位素分馏的常用方法，适用于稳定同位素数量达到 4 个及以上的同位素体系。该技术的原理就是定量加入同位素组成已知且与样品不同的目标元素，然后对混合样品进行化学分离和质谱测定，最后利用数学算法反复迭代至剥离出样品真实同位素比值。DS 已经被广泛用于非传统稳定同位素的测定（如 Fe 和 Ca 等）。如果化学分离和质谱测定过程中同位素分馏特征一致，则 DS 可同时对仪器测量和化学提纯过程中产生的质量分馏进行校正。在质谱分析时或在化学流程前，在样品中混入合适比例、已知同位素组成的双稀释剂，该方法可以一定程度上降低对回收率的要求。DS 的显著优势就是在获得含量和同位素结果的同时，也能保证同位素结果精度和准度。

五、数据质量监测与数据表达方式

国际参考物质是开展同位素分析工作的基准，也是保证数据可信性的重要依据。要增加数据的可信度，除准确测定参考物质外，还需要对与样品相同类型的、已知同位素组成的国际地质标样（表 7-2）进行相同的实验步骤。在标准物质测量结果准确的前提下，样品的测量结果才可能具有可信度。除此以外，按照实验室数据质量的控制规范，还需要通过空白样监测化学全流程的本底，通过重复样监控分析结果的精度。通过测量已知成分的合成标样（即可以用单一元素标样和不同基质元素的混合得到），可以检查本实验室数据的准确性和精确性。

表 7-2　沉积地球化学中常用国际通用非传统稳定同位素标准

元素	稳定同位素	相对丰度/%	表达式	国际标样
Li	^{6}Li	7.5	δ^7Li	L-SVEC；IRMM-016
	^{7}Li	92.5		
K	^{39}K	93.258	δ^{41}K	NIST SRM 3141a
	^{41}K	6.730		
Mg	^{24}Mg	78.95	δ^{25}Mg 或 δ^{26}Mg	DSM-3
	^{25}Mg	10.02		
	^{26}Mg	11.03		
B	^{10}B	19.82	δ^{11}B	NIST SRM 951
	^{11}B	80.18		
Ca	^{40}Ca	96.941	$\delta^{44/40}$Ca 或 $\delta^{44/42}$Ca	NIST SRM 915a
	^{42}Ca	0.647		
	^{43}Ca	0.135		
	^{44}Ca	2.086		
	^{46}Ca	0.004		
	^{48}Ca	0.187		

续表

元素	稳定同位素	相对丰度/%	表达式	国际标样
Ba	^{130}Ba	0.106		
	^{132}Ba	0.101		
	^{134}Ba	2.417		
	^{135}Ba	6.592	$\delta^{137/134}Ba$ 或 $\delta^{138/134}Ba$	NIST SRM 3104a
	^{136}Ba	7.854		
	^{137}Ba	11.23		
	^{138}Ba	71.7		
Tl	^{203}Tl	29.5	$\varepsilon^{205}Tl$	NIST SRM 997
	^{205}Tl	70.5		
Si	^{28}Si	92.23		
	^{29}Si	4.67	$\delta^{29}Si$ 或 $\delta^{30}Si$	NBS-28
	^{30}Si	3.10		
Se	^{74}Se	0.89		
	^{76}Se	9.37		
	^{77}Se	7.64	$\delta^{x/76}Se$（x 为 78、82 或 82）	NIST SRM 3149
	^{78}Se	23.77		
	^{80}Se	49.61		
	^{82}Se	8.73		
Cu	^{63}Cu	69.17	$\delta^{65}Cu$	NIST SRM 976
	^{65}Cu	30.83		
Zn	^{64}Zn	48.63		
	^{66}Zn	27.90		
	^{67}Zn	4.10	$\delta^{x}Zn$（x 为 66、67、68 或 70）	JMC-Lyon
	^{68}Zn	18.75		
	^{70}Zn	0.62		
Cd	^{106}Cd	1.25		
	^{108}Cd	0.89	$\delta^{114/110}Cd$	NIST SRM 3108
	^{110}Cd	12.47		
	^{111}Cd	12.80		
	^{112}Cd	24.11		
	^{113}Cd	12.23	$\delta^{114/110}Cd$ 或 $\delta^{114/110}Cd$	NIST SRM 3108
	^{114}Cd	28.74		
	^{116}Cd	7.52		
Hg	^{196}Hg	0.15		
	^{198}Hg	9.97		
	^{199}Hg	16.87		
	^{200}Hg	23.10	$\delta^{x}Hg$（x 为 199、200、201、202 或 204）	NIST SRM 3133
	^{201}Hg	13.18		
	^{202}Hg	29.86		
	^{204}Hg	6.87		

元素	稳定同位素	相对丰度/%	表达式	国际标样
U	^{235}U	0.72	δ^{238}U	CRM-112a；CRM-145
	^{238}U	99.27		
V	^{50}V	0.24	δ^{51}V	AA，Alfa Aesar
	^{51}V	99.76		
Cr	^{50}Cr	4.35	δ^{53}Cr	NIST SRM 979；IST SRM 3112a
	^{52}Cr	83.79		
	^{53}Cr	9.50		
	^{54}Cr	2.36		
Mo	^{92}Mo	14.84	$\delta^{97/95}$Mo 或 $\delta^{98/95}$Mo	JMC 的 Mo 标准溶液；NIST SRM 3134a
	^{94}Mo	9.25		
	^{95}Mo	15.92		
	^{96}Mo	16.68		
	^{97}Mo	9.55		
	^{98}Mo	24.13		
	^{100}Mo	9.63		
Fe	^{54}Fe	5.84	δ^{x}Fe (x 为 56 或 57)	IRMM-014
	^{56}Fe	91.76		
	^{57}Fe	2.12		
	^{58}Fe	0.28		
Ni	^{58}Ni		$\delta^{x/58}$Ni (x 为 60、61、62 或 64)	NIST SRM 986
	^{60}Ni			
	^{61}Ni			
	^{62}Ni			
	^{64}Ni			
Sr	^{84}Sr	0.56	δ^{88}Sr	NIST SRM 987
	^{86}Sr	9.86		
	^{87}Sr	7.02		
	^{88}Sr	82.56		
Ge	^{70}Ge	21.23	$\delta^{74/70}$Ge 或 $\delta^{74/72}$Ge	NIST SRM3120a
	^{72}Ge	27.66		
	^{73}Ge	7.72		
	^{74}Ge	35.94		
	^{76}Ge	7.45		
Sb	^{121}Sb	57.213	$\delta^{123/121}$Sb	NIST SRM 3102a
	^{123}Sb	42.787		
Ag	^{107}Ag	51.839	δ^{109}Ag	NIST SRM 978a
	^{109}Ag	48.160		
Ti	^{46}Ti	8.25	$\delta^{x/46}$Ti (x 为 47、48、49 或 50)	NIST SRM 3162a；OL-Ti
	^{47}Ti	7.44		
	^{48}Ti	73.72		

元素	稳定同位素	相对丰度/%	表达式	国际标样
Ti	^{49}Ti	5.41	$\delta^{x/46}$Ti（x 为 47、48、49 或 50）	NIST SRM 3162a；OL-Ti
	^{50}Ti	5.18		
Cl	^{35}Cl	75.76	δ^{37}Cl	SMOC
	^{37}Cl	24.24		
Br	^{79}Br	50.69	δ^{81}Br	SMOB
	^{81}Br	49.31		

数据表达方式是由测量值和相应误差构成的。一般用样品与标样同位素比值的相对千分差（‰）来表示非传统稳定同位素组成（即 δ 值），其定义式表达为：$\delta^{X/Y}R=[(^{X}R/^{Y}R)_{样品}/(^{X}R/^{Y}R)_{标样}-1]\times1000$（$^{X}R/^{Y}R$ 代表元素 R 的质量数分别为 X 和 Y 的同位素的物质的量比值）。数据误差一般用两倍标准偏差（2SD）表示，如果用两倍标准误差（2SE），必须给出测量次数（n），还要考虑转换参数 Student's T（2SE = 2Student's T×SD/$\sqrt{n}$）。内部测量精度可以反映仪器性能，必须小于外部测量精度。对超出数据质量控制限的测试结果要检查原因，做相应改进后重新分析。对于分馏较大的样品，最好重复测量，确保观察结果无误。

第二节　非传统同位素地球化学的主要应用

非传统稳定同位素是由具有不同地球化学性质的众多体系组成，这些同位素体系在不同的地质、环境条件下具有不同的分馏特征，而且能对地质环境条件的演化做出不同程度的响应。因此，非传统稳定同位素体系不仅能够有效反映物质来源，也能反映各种地质过程中的物质循环和环境演变过程。近年来，非传统稳定同位素已经被广泛应用到沉积地球化学研究领域中，主要包括示踪海洋氧化还原条件、大陆风化强度、海水的 pH 和海洋酸化事件、生物初级生产力、古火山活动、硅质岩的成因、生物活动和白云岩成因等。

一、海水的氧化还原状态反映

恢复古海水的氧化还原条件是沉积地球化学领域的重要研究内容。对海洋氧化还原条件的重建有利于研究生命的演化历史（如生命的起源、寒武纪生命大爆发、生物的灭绝与复苏），解译重要的气候环境事件（如大氧化事件和大洋缺氧事件），揭示烃源岩的发育（有机质的富集机制），阐明部分沉积矿床的成矿作用。

水体的氧化还原条件会使元素在沉积时发生分馏作用，而氧化还原程度会造成分馏程度不一样。因此，利用同位素可以判断海洋的氧化还原条件。Mo、U、Tl、Cr、Fe、V、Se 等是常见的氧化还原敏感性元素，其对应的同位素体系已经被广泛用于恢复地质历史时期古海洋的氧化还原条件。

1. Mo 同位素

在现代海水中，Mo 以稳定的钼酸盐（MoO_4^{2-}）形式存在，Mo 在海水中的滞留时间（约0.8Ma）远大于海洋混合时间（约 1600a）（Tribovillard et al.，2006）。在氧化海水中，Fe、Mn 氧化物会优先吸附水中的 ^{95}Mo 发生沉淀，导致沉积物中的 Mo 同位素较小（约−0.7‰），海水中的 Mo 同位素较大（约 2.3‰），造成 Mo 同位素分馏达到 3‰（Siebert et al.，2003）。在缺氧环境下，沉积物中 ^{97}Mo、^{98}Mo 的值偏大，Mo 同位素分馏程度减小（≤1‰）（图 7-1）（Poulson et al.，2006）。在硫化水体中，溶解的 MoO_4^{2-} 转变为 MoS_4^{2-} 沉积下来，该过程Mo 同位素不产生分馏，此时沉积物中的 Mo 同位素代表了海水中的 Mo 同位素（2.3‰）（Siebert et al.，2003）。因此，Mo 同位素分馏越大反映水体越氧化；分馏越小反映水体越缺氧（甚至硫化）。目前，Mo 同位素已经被广泛应用到不同地质历史时期（甚至现代）海洋氧化还原条件的研究当中。例如，Cheng 等（2018）通过研究南华盆地大塘坡组黑色页岩的 Mo 同位素，认为在整个成冰纪存在大范围的海洋缺氧，海洋氧化进程在成冰纪进展得很缓慢，这可能是导致后生动物直到成冰纪晚期才首次出现，并在埃迪卡拉纪发生大辐射的重要因素。Zhang 等（2021）通过对华南地区两条二叠纪—三叠纪界限剖面的全岩碳酸盐样品的 Mo 同位素的研究，发现在晚二叠世生物大灭绝时期发生海洋缺氧事件，缺氧事件的持续时间相对较短。

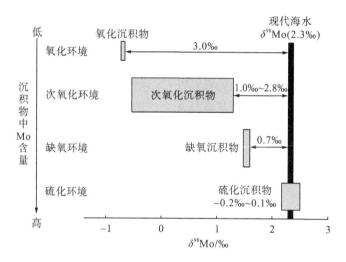

图 7-1 Mo 同位素分馏与氧化还原条件之间的关系图

注：据 Poulson 等（2006）。

2. U 同位素

U 主要来源于陆壳氧化活化和河流输送的溶解 U(VI)。全球主要河流的 U 同位素平均值为−0.34‰，与陆壳平均同位素组成［（−0.31±0.05）‰］接近（Tissot and Dauphas，2015）。在现代富氧海水中，U 以 $UO_2(CO_3)_3^{4-}$ 的形式存在，在海水中的滞留时间（约 0.4Ma）远超过海水的混合时间。因此，在混合良好的开放海中，U 有相对稳定的含量（约 3.2ng/g）和均一的同位素组成(±0.01‰)(Tissot and Dauphas，2015)。在硫化条件下，与生物或非生物有关的还原反应使得 U(VI) 被还原为 U(IV)，^{238}U 优先进入沉积物中，此过程会发生显著的同位素分馏，因此沉积于硫化水体中的现代沉积物比海水的 U 同位素重 0.4‰～1.2‰(Weyer et al.，2008)，这与缺氧条件下微生物介导的 U(VI) 还原过程中产生的同位素分馏是类似的(0.68‰～0.99‰)。相比之下，其他来源的 U 进入现代海洋(次氧化沉积物、碳酸盐沉积物、热液蚀变玄武岩和氧化沉积物如铁锰结核等)的过程中产生的同位素分馏作用较小(<0.3‰)(图 7-2)(Gilleaudeau et al.，2019)。一般来说，铁锰结核和黑色页岩中较大的 U 同位素分馏可以分别反映氧化水体和缺氧水体，沉积物中较小的 U 同位素分馏反映次氧化水体(Andersen et al.，2014)。U 同位素被认为是强有力的海洋氧化还原条件示踪剂，已经得到了广泛的应用。例如，Lau 等(2016)研究了中国和土耳其两条晚二叠世—晚三叠世的碳酸盐剖面的 U 同位素，发现 U 同位素在晚二叠世生物灭绝期间发生了显著的负偏，随后 U 同位素在 5Ma 内逐渐恢复到灭绝前的水平，据此提出了大洋缺氧延迟了晚二叠世生物灭绝以后的生物复苏的观点。Bartlett 等(2018)通过对加拿大安蒂科斯蒂岛晚奥陶世—早志留世海相碳酸盐的 U 同位素的分析发现，突然的全球性海洋缺氧事件诱发了晚奥陶世的生物灭绝，一般的海洋缺氧事件形成于温室气候条件下，此次海洋缺氧事件却是在冰室气候顶峰和减弱阶段形成的，全球变冷驱动了此次海洋缺氧事件。

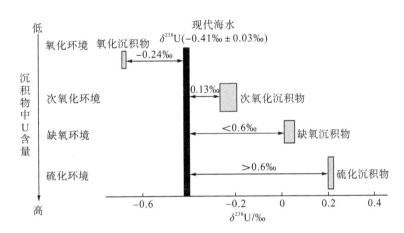

图 7-2　U 同位素分馏与氧化还原条件之间的关系图(据 Goto et al.，2014)

3. Cr 同位素

在地球表生环境中，Cr 具有两种价态：氧化环境中可溶的 Cr(VI) (CrO_4^{2-} 或 $HCrO_4^-$)和还原环境中不溶的 Cr(III) 化合物。地壳 Cr 同位素平均值为-0.124‰±0.101‰(图 7-3)(Schoenberg et al.，2008)。Cr 在海洋中的滞留时间约为 6300a，比海洋的混合时间略大，这在一定程度上解释了现代海水中Cr浓度和同位素组成的不均一性。Bruggmann 等(2019)通过对秘鲁边缘最小含氧带水体和沉积物中的 Cr 同位素的研究表明：沉积于持续性缺氧条件下的沉积物中的 Cr 同位素(0.77‰±0.19‰)与氧化沉积物(0.46‰±0.19‰)显著不同，因此沉积物中的 Cr 同位素受到了水体氧化还原条件的影响。此外，Reinhard 等(2014)通过对卡里亚科(Cariaco)盆地缺氧沉积物的研究发现：硫化沉积物中自生 Cr 的 Cr 同位素与现代开放大西洋海水中 Cr 同位素具有较好的一致性。利用 Cr 同位素反演古环境氧化还原状态的基本工作原理为，当大气中氧含量较高时，陆壳岩石中的 Cr(Ⅲ) 发生氧化形成 Cr(Ⅵ)。Cr(Ⅵ) 相比于 Cr(Ⅲ) 具有偏正的 Cr 同位素组成。同时，因为 Cr(Ⅵ) 相对于 Cr(Ⅲ) 溶解度更高，其更容易进入地表水系统中，并最终输入到海洋，偏正的 Cr 同位素信号最终被保存在沉积岩中(Fang et al.，2022)。Cr 同位素作为一种新兴的古环境氧化还原指标，近年来得到广泛的应用。例如，Fang 等(2021)研究了二叠纪—三叠纪之交湖北峡口剖面的碳酸盐岩 Cr 同位素组成，认为在二叠纪—三叠纪之交出现了海洋缺氧范围的扩张，广泛的海洋厌氧可能在早三叠世持续了很长时间，可能是造成生物复苏迟缓的原因之一。Xu 等(2022)对华南埃迪卡拉纪—早寒武世深水相剖面的 Cr 同位素进行研究得出，埃迪卡拉纪—早寒武世海洋大部分时期以缺氧为主，但是华南地区海洋经历了几次短暂的增氧事件，该时期华南地区海洋氧化还原波动可能具有全球性。

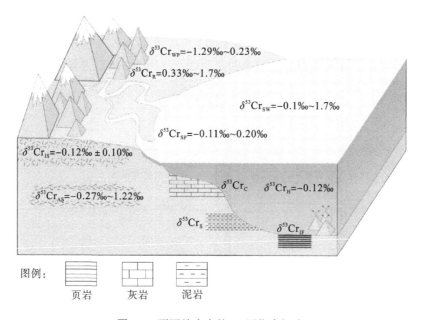

图 7-3　不同储库中的 Cr 同位素组成

IS：火成岩；AS：蚀变硅酸盐；WP：风化剖面；R：河流；SP：河流悬浮颗粒；SW：海水；C：碳酸盐岩；S：页岩；IF：
铁建造；H：热液喷口
注：据 Frank 等(2020)。

4. Tl 同位素

Tl 通过河流、高温热液流体、火山喷发、气溶胶以及来自大陆边缘沉积物的孔隙水进入海洋中(图 7-4)，此时的 Tl 同位素值约为−2‰，接近陆壳的 Tl 同位素(−2.1‰±0.3‰)(Nielsen et al.，2005)，说明在陆地风化和高温过程中，Tl 同位素的分馏作用很小。Tl 主要通过 Mn 的氧化物和低温(<100℃)洋壳的蚀变输出，然而 Tl 通过 Mn 的氧化物进入沉

积物的过程中 Tl 同位素会产生明显的分馏。在现代氧化海洋中，Mn 的氧化物优先吸收 ^{205}Tl 进入沉积物中，从而导致海水中的 Tl 同位素(−6.0‰±0.3‰)(图 7-5)相比陆壳更富 ^{203}Tl(Nielsen et al.，2005；Owens et al.，2017)。在缺氧、硫化环境中，Tl 同位素不发生分馏，沉积物保留了同期海水的 Tl 同位素信号(Owens et al.，2017)。沉积物中 Mn 的氧化物在缺氧环境中发生溶解，只有在 O_2 存在于或者接近水-沉积物界面时才能存在。反之，Mn 的氧化物的埋藏通量与底层水的氧化还原条件相关(Owens et al.，2017)。因此，海水的 Tl 同位素与海洋含氧量的变化密切相关。当底层海水的 O_2 增加时，沉积的 Mn 的氧化物增多，海水的 Tl 同位素会更加偏负；当底层海水的 O_2 减少时(缺氧和硫化环境)，沉积的 Mn 的氧化物减少，海水的 Tl 同位素会更加偏正，接近−2‰(Them et al.，2018)。在现代海洋中，Tl 的滞留时间(约 18.5ka)远大于海水循环周期，故 Tl 在海水中是均匀分布的，可以利用 Tl 同位素反映全球海洋氧化还原条件的变化。例如，Ostrander 等(2017)通过对 ODP Site 1258 白垩纪缺氧事件(OAE 2)富有机质黑色页岩的 Tl 同位素研究，发现沉积物-水界面缺氧开始扩张的时间早于 OAE 2 43ka±11ka，这一快速缺氧导致的极端古气候事件的证据对已经经历大规模脱氧的现代海洋具有重要意义。Them 等(2018)测试了德国和加拿大两个缺氧盆地沉积于早侏罗世图阿尔(Toarcian)期大洋缺氧事件(T-OAE)沉积的 Tl 同位素，发现全球海洋缺氧早于 T-OAE 600ka，这次缺氧位于普林斯巴赫(Pliensbachian)期和 Toarcian 期交界处，对应大规模火山活动的开始和生物灭绝的开始，该研究建议了广泛的缺氧底层水体至少持续了 1Ma(从 Toarcian 早期到 Toarcian 中期)，缺氧对于生物的演化具有重要的影响。

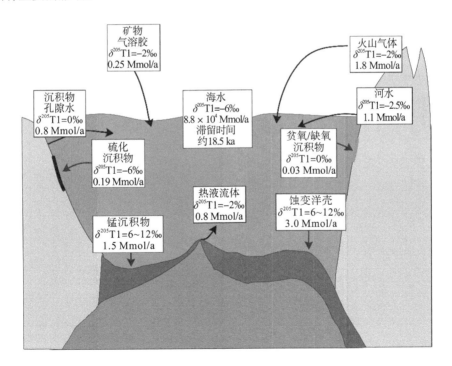

图 7-4　Tl 的大洋循环示意图

注：据 Owens 等(2017)。

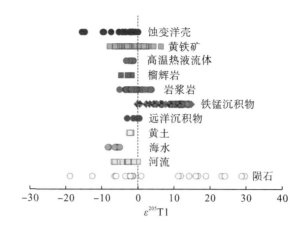

图 7-5 自然界 Tl 同位素组成

注：据邱啸飞等（2014）。

5. Fe 同位素

氧化还原条件是影响 Fe 同位素分馏的重要因素，Fe 同位素在各储库中的组成及自然界 Fe 同位素组成见图 7-6 和图 7-7。在完全氧化的海洋中，水体中的 Fe^{2+} 几乎全部沉淀，生成的 Fe^{3+} 氧化物不存在明显的 Fe 同位素分馏，此时的 Fe 同位素代表原始海水的 Fe 同位素信号；在次氧化水体中，Fe 发生部分沉淀，生成的 Fe^{3+} 氧化物会产生显著的 Fe 同位素分馏，富集重的 Fe 同位素。在还原性水体中，与 Fe^{3+} 相比，Fe^{2+} 中具有较大的溶解度，主要以碳酸盐矿物或硫化物的形式沉淀，然而自生沉积的碳酸盐矿物具有与海水相似或更

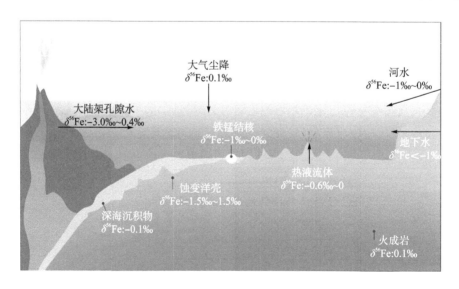

图 7-6 各储库的 Fe 同位素组成

注：据 Anbar 和 Rouxel（2007）。

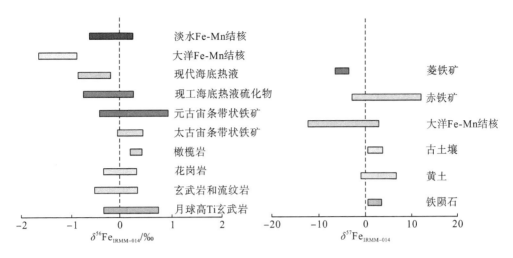

图 7-7 自然界 Fe 同位素组成

注：据蒋少涌（2003）。

轻的 Fe 同位素组成，自生沉积的硫化物与海水相比具有更轻的 Fe 同位素组成。因此，在氧化水体和还原水体中，Fe 同位素都会产生明显的分馏：在氧化水体下富集 Fe 的重同位素，在还原水体下富集 Fe 的轻同位素（闫斌等，2014）。利用 Fe 同位素揭示古海水的氧化还原条件已经受到了广泛的关注。例如，闫斌等（2014）通过对宜昌峡东地区埃迪卡拉系陡山沱组黑色页岩的 Fe 同位素和微量元素的研究，探讨了埃迪卡拉纪海水氧化还原状态的演化，揭示了海洋氧化还原状态动态演化对埃迪卡拉纪生物出现和演化的影响。Shen 等（2019）通过对华南新元古代成冰系南沱组马林诺（Marinoan）冰期沉积 Fe 同位素、S 同位素及 Fe 组分的综合分析，系统研究了 Marinoan 冰期古海洋环境，重建了冰期古海洋氧化还原条件，探讨了冰期古海洋氧化还原状态对真核生物演化的意义。

6. V 同位素

现代海水中 V 的滞留时间约为 91ka，长于海水的混合时间，因此全球海水的 V 同位素组成是均一的（0.20‰±0.15‰）（图 7-8）。理论计算表明：不同化合价和化学键环境的 V 之间存在显著的同位素分馏，因此 V 从海水中沉淀时的同位素分馏可能受到了氧化还原条件的影响。Wu 等（2020）通过研究现代海洋中沉积于不同氧化还原条件下沉积物的 V 同位素，发现沉积于缺氧水体的开放海沉积物的 V 同位素与氧化沉积物明显不同。沉积于不同氧化还原条件下的沉积物具有不同程度的 V 同位素分馏：氧化沉积物约为–1.1‰，缺氧沉积物约为–0.7‰，硫化沉积物约为–0.4‰（Wu et al.，2020）。V 同位素作为一种潜在的古海洋氧化还原指标，也得到了越来越多的关注。例如，Fan 等（2021）通过对华南两个不同剖面中页岩的 V 同位素组成进行古海洋氧化还原条件分析，证实了利用 V 同位素示踪地质历史时期古海水氧化还原条件是可行的，同时也为在埃迪卡拉纪晚期阿瓦隆（Avalon）生物组合出现期间，边缘海环境普遍存在硫化水体提供了令人信服的证据。

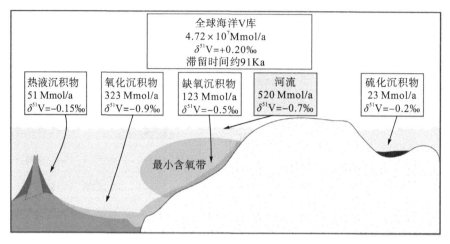

图 7-8　现代 V 同位素质量平衡

注：据 Fan 等（2021）。

7. Se 同位素

现代海洋的 Se 循环及不同地质样品中 Se 同位素组成见图 7-9 和图 7-10。上地壳的 Se 同位素约为 0‰±0.5‰，现今海水的 Se 同位素约为 0.3‰，地质历史时期海相沉积物的 Se 同位素为−3‰～3‰（Stüeken et al.，2015）。Se 在海水中的滞留时间较短（约 1000a），因此对盆地规模氧化还原条件的响应很敏感。实验研究表明：Se(VI) 或 Se(IV) 通过生物或非生物反应还原为 Se(0) 和/或 Se(II) 的过程中会产生 Se 同位素的分馏。根据环境条件（如还原剂、Se 浓度）的不同，Se 同位素的分馏可以从 7‰ 到 11‰ 不等，并且还原产物中的重同位素相对缺乏（Wen et al.，2014）。因此，Se 同位素在判断水体的氧化还原状态方面表现出了巨大的潜力。例如，Wen 等（2014）通过对华南早寒武世地层 Se 同位素的研究，

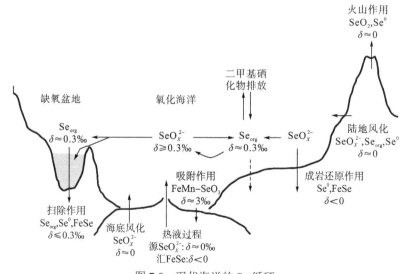

图 7-9　现代海洋的 Se 循环

注：据 Stüeken 等（2015）。

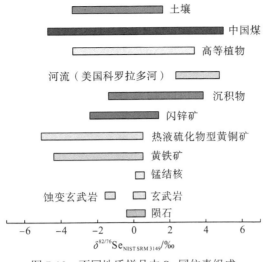

图 7-10　不同地质样品中 Se 同位素组成
注：据朱建明等(2015)。

发现早寒武世扬子地台东缘已经出现了缺氧铁化的水体，海洋循环逐渐重组。Kipp 等
(2017)对大氧化事件期间和之后近海环境沉积的黑色页岩的 Se 同位素测试，认为在大氧
化事件期间近海环境普遍为贫氧的环境。

二、风化作用强度揭示

化学风化是地壳演化的重要驱动力之一。硅酸盐的化学风化作用会影响大气 CO_2 的
浓度，从而在地质时间尺度上调节全球碳循环、气候变化和地球的可居住性。海、陆相元
素的储量和伴随的同位素分馏对恢复陆地风化具有重要意义(von Pogge Strandmann et al.，
2013；Teng et al.，2020)，从而增强我们对气候变化的认识与理解。因此，评估大陆风化
作用对大气圈、水圈、岩石圈和生物圈碳循环和氧转换作用的机制和贡献备受关注。总的
来说，Mg、Li、Ca、Zn、Cu 和 K 同位素(图 7-11)是应用较多的同位素大陆风化指标。

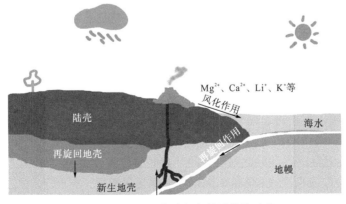

图 7-11　化学风化过程中易迁移的元素
注：据 Liu 和 Rudnick(2011)。

1. Mg 同位素

海水中的 Mg 主要来源于经河流输入的大陆风化产物(图 7-12),因此可以利用古海洋中的 Mg 同位素反映地质时期大陆风化演化历史以及当时的气候变化。Mg 在海洋中呈现保守性,滞留时间可达 13Ma。Mg 同位素在化学风化过程中会产生显著的分馏(高达 2‰),即化学风化会使重 Mg 同位素(^{26}Mg)优先保存在风化产物中,随着化学风化的增强,风化产物的 Mg 同位素会增大(Liu X M et al.,2014)。自然界 Mg 同位素组成见图 7-13,利用 Mg 同位素反演陆地风化具有明显的优势:①Mg 是陆壳中的主量元素;②Mg 具有水溶性,在化学风化过程中易发生迁移转化;③Mg 无化合价变化,不直接受氧化还原过程影响;④^{24}Mg 与 ^{26}Mg 之间质量差高达约 8%,在低温水-岩相互作用过程中易发生显著分馏;⑤岩浆演化过程不会对 Mg 同位素产生较大影响,物源对 Mg 同位素影响较小;⑥与成岩作用和低变质作用相关的次生蚀变对白云岩和硅酸盐的 Mg 同位素影响较小(Huang et al.,2016;Liu X M et al.,2014;闫雅妮等,2021)。Mg 同位素作为大陆风化指标,已经得到了广泛的关注。例如,Huang 等(2016)通过对华南成冰纪南沱组和上覆盖帽碳酸盐碎屑组分的 Mg 同位素进行研究,证实在 635Ma 的 Marinoan 冰期结束期间有一段时间化学风化作用很强,但其顶峰发生在盖层碳酸盐岩沉积之前。Chen 等(2020a)利用伊朗和华南两个晚二叠世—早三叠世的剖面的碳酸盐岩碎屑组分的 Mg 同位素数据,揭示了早三叠世陆地化学风化加剧,早三叠纪海洋生态系统的恢复可能与二氧化碳脱气和气候变暖引起的频繁的化学风化作用增强有关。

2. Li 同位素

Li 是一种保守元素,在海洋中的滞留时间(约 1.5Ma)远大于海水的混合时间,故 Li 的含量和同位素组成在全球海洋中呈现均匀分布,分别为 0.18μg/g 和 31.0‰±0.5‰(Millot et al.,2004)。输入海洋的 Li 主要来自河流(~50‰)和洋中脊扩张中心的热液输入(~50‰)(图 7-14)。Li 的输出以海底沉积作用以及洋壳玄武岩低温蚀变为主,形成含 Li、Mg 和 Fe 的海洋自生铝硅酸盐黏土矿物,即硅酸盐逆风化作用来完成。原始硅酸盐岩石的 Li 同位素的变化范围较小,洋中脊玄武岩为 3‰~5‰,陆壳平均值约为 0‰±3‰;然而,现代河流中的 Li 同位素变化较大(6‰~42‰,平均为 23‰)(图 7-15),因此河流中的 Li 同位素不受硅酸盐岩石岩性变化的控制。Li 同位素被植物吸收也不产生分馏,河流中 Li 同位素的变化是由于次生矿物优先吸收轻 Li 同位素(^{6}Li)造成的。因此,河流的 Li 同位素反映了两个端员溶质的混合:一个由原生硅酸盐矿物溶解形成(具有低 Li 同位素和高 Li 含量),另一个与次生矿物形成含量(具有高 Li 同位素和低 Li 含量)。因此,高的河流 Li 通量可以作为高硅酸盐风化速率的示踪剂,而低的 Li 同位素则代表强的化学风化作用(von Pogge Strandmann et al.,2020)。

利用 Li 同位素反映化学风化强度有四个方面的优势:①壳幔分异过程中,Li 在结晶分异后期进入岩石,使陆壳 Li 含量远远超过地球其他圈层,有助于利用 Li 同位素反映表生地球化学循环;②Li 主要赋存于硅酸盐矿物,对于陆相/海相碳酸盐岩和黑色页岩的风化响应不敏感;③Li 同位素分馏不受氧化还原条件、生物和成岩作用的影响;④作为最

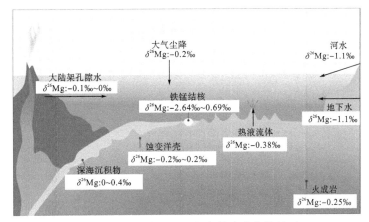

图 7-12　海洋中 Mg 同位素的地球化学循环

注：据 Anbar 和 Rouxel（2007）。

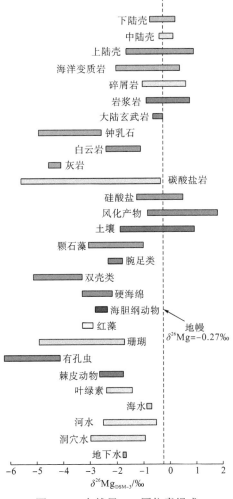

图 7-13　自然界 Mg 同位素组成

注：据 Tipper 等（2006）、陈洁等（2021）。

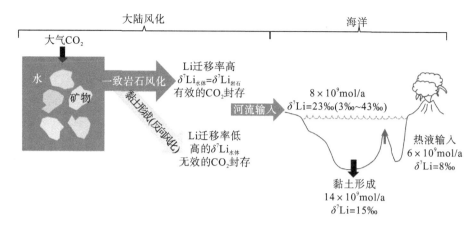

图 7-14　Li 同位素在大陆风化过程中对海洋 Li 收支的影响及源汇

注：据 von Pogge Strandmann（2020）。

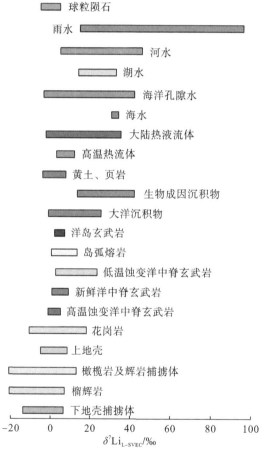

图 7-15　不同储库中的 Li 同位素组成

注：据苟龙飞等（2017）。

轻的金属元素，Li 的两个同位素间具有约 16.7%的相对质量差，使 Li 同位素在自然界的分馏达到 110‰，便于揭示化学风化过程的细节(苟龙飞等，2017)。Li 同位素已经被广泛应用于地质历史时期大陆风化的研究中。例如，von Pogge Strandmann 等(2013)利用 3 个海相碳酸盐剖面 Li 同位素重建了 OAE 2 期间的大陆风化作用，指出 OAE 2 期间 Li 同位素降低揭示了陆地风化作用的加强。Sun 等(2018)通过对华南地区二叠纪—三叠纪界限地层的 Li 同位素进行研究，推测二叠纪—三叠纪界限 Li 同位素出现最低值指示了该时期化学风化作用加剧，增强的大陆风化作用向海洋输送了过量的营养物质，可能导致海洋富营养化、缺氧、酸化和生态扰动，最终导致二叠纪末生物大灭绝。

3. Ca 同位素

现代海水中 Ca 的滞留时间(约 1Ma)远大于海水的混合时间，因此在同一时期全球海水的 Ca 同位素是均一的(1.88‰±0.1‰)。Ca 的来源包括大陆岩石圈风化所引发的河流输入(图 7-16)、海底热液、白云石 Mg-Ca 交代等子系统；Ca 主要汇聚生物成因的碳酸盐中；在全球尺度，河流是输入现代海洋的最大 Ca 通量。Ca 元素主要以溶解状态的 Ca^{2+} 存在于河流中，Ca 同位素均值为 0.86‰，海水中的 Ca 同位素为自然界中的最大值(1.88‰)(图 7-17)。因此，当风化强度增加时，将造成海水中的 Ca 同位素减少。Ca 是化学风化反应过程中的关键组成部分，在化学风化反应中，Ca 从硅酸盐转移到碳酸盐中，降低大气中的 CO_2 的浓度，并在长时间尺度上稳定气候(Blättler et al.，2011)。利用 Ca 同位素重建大陆风化强度已经受到了高度的重视。例如，Blättler 等(2011)通过对 OAE 1a 和 OAE 2 时期碳酸盐剖面的 Ca 同位素进行分析，发现 Ca 同位素偏移和 C 同位素偏移是相吻合的，说明了该时期全球陆地风化加剧。Brazier 等(2015)利用葡萄牙佩尼谢(Peniche)剖面普林斯巴赫(Pliensbachian)期和早 Toarcian 期全岩和腕足壳体的 Ca 同位素揭示了早 Toarcian 期大洋缺氧事件 Ca 同位素的负偏反映了陆地风化作用的增强。

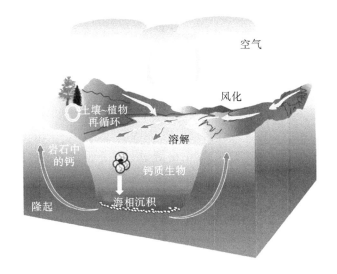

图 7-16 Ca 的生物地球化学循环

注：据 Gussone 等(2016)。

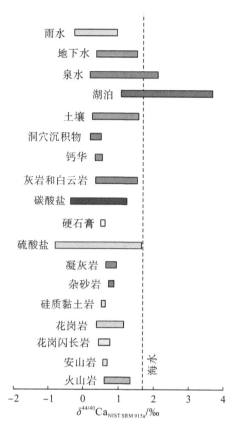

图 7-17　自然界 Ca 同位素组成

注：据 Gussone 等（2016）。

4. Zn 同位素

在现代海水中，Zn 的滞留时间约为 50ka，远大于海水的混合时间。Zn 同位素在高温环境中分馏较小，而在低温过程中则会产生显著的分馏。海水中的 Zn 主要通过河流、海底热液和风尘的输入（图 7-18），海水的 Zn 向外输出主要赋存于氧化沉积物（铁锰结壳、碳酸盐沉积物）、大陆边缘沉积物和缺氧沉积物中（Little et al.，2014）。不同地区的河流 Zn 同位素差异较大（−0.12‰～0.8‰），流入海洋的河流平均 Zn 同位素约为 0.33‰（Little et al.，2014），明显小于海水的 Zn 同位素（图 7-19）。因此，海水的 Zn 同位素可能随着风化作用的增加而减小。此外，Lv 等（2016）通过对茅口组黑色页岩的 Zn 同位素进行分析，黑色页岩风化产物相比于基岩也具有偏轻的 Zn 同位素组成，表明风化过程中重 Zn 同位素会被优先释放进入水体。Little 等（2019）对印度红土风化剖面（包括未蚀变的基岩到风化红土）的 Zn 同位素进行了研究，发现随着风化作用的加强，优先丢失重 Zn 同位素，从而使风化产物富集轻 Zn 同位素。因此，Zn 同位素是可以用来指示硅酸盐风化强度的。例如，Chen 等（2020b）通过对藏南 OAE 2 时期浅海碳酸盐岩 Zn 同位素演化过程的研究，发现 OAE 2 启动时，Zn 同位素的持续负偏与高 CO_2 浓度和高温条件下硅酸盐风化强度增加有关。

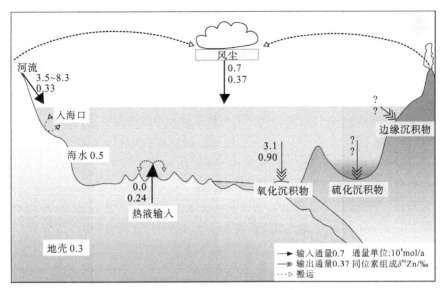

图 7-18　海洋中 Zn 同位素的地球化学循环
注：据 Little 等（2014）。

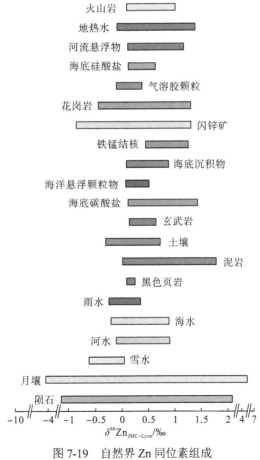

图 7-19　自然界 Zn 同位素组成
注：据王中伟等（2015）。

5. Cu 同位素

Cu 在海水中的滞留时间(5ka)比海水的循环混合时间略大,海洋中 Cu 同位素的地球化学循环见图 7-20,自然界 Cu 同位素组成见图 7-21。Cu 同位素的地球化学行为与 Zn 同位素相似,即在高温环境中分馏较小,而在低温过程中则会产生显著的分馏(Liu S A et al.,2014b)。Liu 等(2014b)通过对亚热带地区辉绿岩墙的风化剖面和中国海南中生代玄武岩风化剖面 Cu 同位素的对比研究,发现气候条件不同会造成 Cu 同位素的变化。在降水量大的热带地区,强烈的淋滤作用会使土壤中的重 Cu 同位素由于解吸附和淋滤丢失,土壤富集轻 Cu 同位素,从而导致土壤 Cu 同位素变轻;而在亚热带气候条件下,降水量相对较小,土壤中溶解的 Cu 沉淀后,铁的(氢)氧化物会吸附重 Cu 同位素,使得土壤中 Cu 同位素变重。Little 等(2019)通过分析印度红土风化剖面的 Cu 同位素数据,指出随着蚀变程度的增强,风化产物优先富集轻 Cu 同位素。因此,Cu 同位素在反映硅酸盐风化强度时具有一定的潜力。

6. K 同位素

通过对水圈和陆壳岩石 K 同位素的研究表明:水圈(特别是海水)具有均一且较重的 K 同位素组成,然而陆壳岩石的 K 同位素组成变化较大且较轻。海水与陆壳之间较大的 K 同位素组成差异(约 0.6‰)可能反映了化学风化的影响(Teng et al.,2020)。化学风化过程中,轻 K 同位素保留在了风化产物中,从而导致风化产物具有较轻的 K 同位素组成,流体具有较重的 K 同位素组成,形成于极端风化条件下的风化产物可能具有更轻的 K 同位素组成(图 7-22)(Teng et al.,2020)。此外,海水中溶解的 K 主要受控于四个地质过程:①河流输入;②热液输入;③海洋沉积岩的成岩作用;④洋壳的低温蚀变(图 7-23)。Li 等(2019)通过对全球 K 循环通量的估算,发现现代海水的 K 同位素组成对大陆风化强度相当敏感,因此古海水的 K 同位素组成可以用来指示化学风化强度。

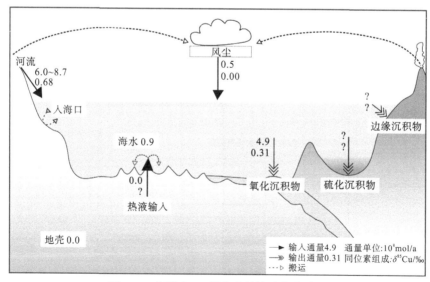

图 7-20　海洋中 Cu 同位素的地球化学循环
注:据 Little 等(2014)。

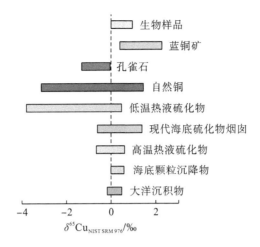

图 7-21 自然界 Cu 同位素组成

注：据蒋少涌（2003）。

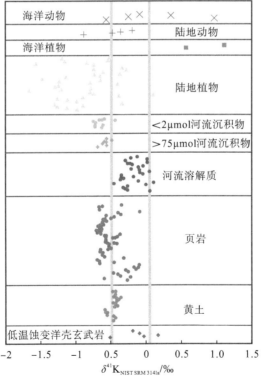

图 7-22 不同生物样品和沉积岩类的 K 同位素组成

注：据王昆等（2020）。

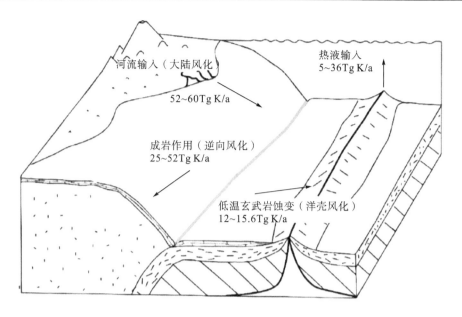

图 7-23 K 循环示意图

注：数字代表其通量大小(Tg=10^{12}g)，括号中文字指代其对应的碳循环过程。据李石磊 (2020)。

三、海水的 pH 和海洋酸化事件示踪

海洋酸化是指由于海洋不断地从大气中吸收 CO_2 而引起海水酸度增加的过程。地质历史时期曾发生过多次海洋酸化事件 (Müller et al., 2020；Wei et al., 2009)，海洋酸化改变了海水的化学特性，使得海洋生物赖以生存的海洋化学环境发生了变化，从而影响海洋生物的生理、生长、繁殖和代谢过程，破坏海洋生物多样性和生态系统平衡，故海洋酸化是导致大规模生物灭绝的重要原因。前人在示踪海水的 pH 和海洋酸化事件方面做了大量的工作，B、Ca 和 Li 同位素等被认为是反映海水 pH 的重要同位素地球化学指标。

1. B 同位素

自然界中 B 同位素组成见图 7-24，对生物碳酸盐(如有孔虫和珊瑚)的研究发现：生物碳酸盐的 B 同位素组成与海水的 pH 具有良好的对应关系。B 在水体中的存在形式及其同位素组成受到了 pH 的控制，并且海水中的 $B(OH)_4^-$ 相比于 $B(OH)_3$ 会大比例地进入 $CaCO_3$ 的晶格中，因此海洋碳酸盐的 B 同位素组成可以指示水体的 pH 变化。利用生物碳酸盐的 B 同位素反演海水 pH 已经得到了广泛的应用。例如，Barker 和 Elderfield (2002) 通过对末次冰期与间冰期(0~50ka)有孔虫的 B 同位素进行研究，发现海水 CO_3^{2-} 浓度与大气 CO_2 含量呈现负相关关系，间冰期大气高浓度 CO_2 影响海洋生物钙化速率，海水呈现酸化特征。Wei 等 (2009) 通过测定大堡礁滨珊瑚的 B 同位素组成，恢复了南太平洋海水近 200 年的 pH 演化历史，指出 1940 年以来海洋酸化趋势明显。Müller 等 (2020) 利用腕足壳体 B 同位素首次重建了侏罗纪 Pliensbachian 期到早 Toarcian 期海水 pH 的变化，指出在 Toarcian 期大洋缺氧事件期间海水发生了酸化。

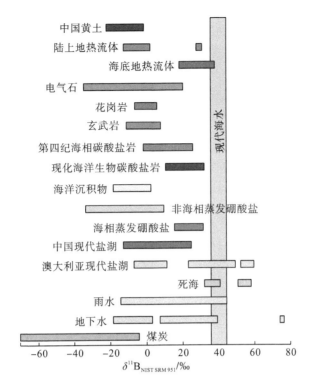

图 7-24 自然样品 B 同位素组成

注：据夏芝广等（2021）。

2. Ca 同位素

现今大洋中 Ca 的滞留时间（约 1Ma）远超过大洋间海水交换混合时间，故同一时期全球范围内海水的 Ca 同位素是均一的。在海水酸化的条件下，过量的 CO_2 溶解到海水中产生大量的 H^+，H^+ 与 CO_3^{2-} 结合降低了 CO_3^{2-} 浓度，从而降低了 $CaCO_3$ 的饱和度，$CaCO_3$ 在沉淀的过程中优先吸收 ^{40}Ca。因此当 $CaCO_3$ 的沉淀减少时，海水中更少的 ^{40}Ca 将被优先沉淀，从而导致 Ca 同位素的负偏。据此，Ca 同位素已经被广泛用于示踪海洋酸化事件。例如，Payne 等（2010）通过对华南二叠纪—三叠纪之交海相灰岩全岩 Ca 同位素的研究，发现在界限附近发生了 Ca 同位素的负偏，并认为该时期发生了海洋酸化事件，并指出西伯利亚大火山岩省诱发了晚二叠世生物灭绝。Song 等（2021）对华南晚二叠世—中三叠世牙形石 Ca 同位素展开分析，推测二叠纪—三叠纪之交，史密斯—史帕斯亚期之交和早—中三叠世之交牙形石 Ca 同位素的负偏分别代表了一次海洋酸化事件，后面两次酸化事件的成因机制明显不同于第一次。

3. Li 同位素

Roberts 等（2018）通过对 *Amphistegina lessonii* 的培养实验，发现有孔虫碳酸盐壳体的 Li 同位素与海水 pH 具有明显的负相关关系，指出 ^6Li 和 ^7Li 水合离子在进入碳酸盐晶格时要脱去溶剂水，该过程的去溶能与 pH 相关，导致 Li 离子进入有孔虫方解石壳体的过程中存在显著的同位素分馏。赵悦等(2020)通过对中—新元古代海相碳酸盐岩的 B、Li 同位素的分析，发现纯净原始碳酸盐岩的 Li 同位素组成(4.9‰～13.4‰，平均值为 8.03‰)显著低于现代海洋碳酸盐，中元古代以来碳酸盐(岩)的 Li 同位素组成整体有上升的趋势。纯净原始碳酸盐岩的 Li 同位素组成与 B 同位素组成及海水的 pH($\delta^{11}B_{sw}$=25‰)具有明显的反相关关系；硅质条带白云岩的 B、Li 同位素组成也呈明显反相关关系，进一步说明碳酸盐(岩)的 Li 同位素是一个潜在的 pH 示踪剂。

四、生物生产力判别

生物生产力与古气候、古环境密切相关，因此重建重要地质历史时期的生物生产力对于理解该时期的沉积环境具有重要意义。此外，生物生产力是控制有机质富集的重要条件，恢复生物生产力对揭示烃源岩的形成机制具有重要作用。前人的研究揭示了 Cd、Zn、Ba、Cu 等同位素可以反映生物生产力。

1. Cd 同位素

Cd 在海水中的滞留时间(约 50ka)大于海水混合时间，因此 Cd 在海洋中的分布具有均一性。Cd 是海洋浮游生物所需的微量营养元素，浮游植物吸收表层海水中的溶解态 Cd 并以颗粒有机物的形式沉降，经过深部再矿化过程重新释放到海水中。海水中溶解态 Cd 与现代海洋中的大营养元素磷酸盐(PO_4^{3-})含量分布相似，表明 Cd 与海洋生物地球化学循环密切相关。在现代海洋中，由于浮游植物优先吸收轻 Cd 同位素，使 Cd 同位素发生分馏，造成表层海水的 Cd 同位素组成偏重(图 7-25)。现代海洋 Cd 通量计算表明，与浮游

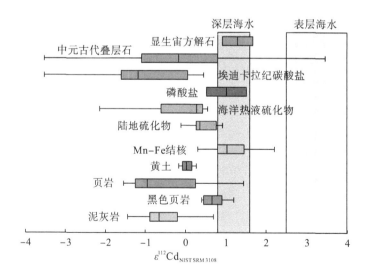

图 7-25　不同地质样品中 Cd 同位素组成

注：据 Hohl 等(2019)。

植物对 Cd 的利用相比，CaCO₃ 沉淀对水体中 Cd 浓度和 Cd 同位素组成的影响不大。因此，海相碳酸盐岩能反映原始海水的 Cd 同位素信号，是恢复当时海洋表层水体生物生产力的重要载体。例如，Zhang 等（2018）通过对二叠纪—三叠纪界限地层碳酸盐岩的 Cd 同位素研究，发现在二叠纪—三叠纪界限附近 Cd 同位素突然发生明显降低，暗示了海洋系统初级生产力急剧下降，晚二叠世大灭绝事件可能与古海洋初级生产者受到破坏密切相关。王伟中等（2019）对泥盆世弗拉斯期—法门期的 Cd 同位素进行研究，发现在弗拉斯期—法门期灭绝事件前中后期，Cd 同位素的正偏变负偏再恢复正偏的变化趋势指示了事件前后，海洋初级生产力发生了由强变弱再恢复的变化，揭示了弗拉斯期与法门期之交的生物灭绝事件可能是海洋初级生产力下降造成的。

2. Zn 同位素

Zn 是海洋浮游生物生命活动所必需的微量营养元素。Zn 在海水中的滞留时间（50ka）远大于海水的混合时间（Tribovillard et al.，2006）。前人的研究表明：现代海水的 Zn 同位素在垂向上差异很大，深海的 Zn 同位素是极其均一的（0.5‰），然而表层海水 Zn 同位素变化很大（−1.1‰～0.9‰）。在表层海水中，浮游生物优先吸收轻 Zn 同位素，导致 Zn 同位素的分馏，造成表层海水中的 Zn 同位素组成偏重。此外，有研究表明：大西洋中部的沉积物的 Zn 同位素组成的变化与生物生产力变化有关，表明上层水体 Zn 同位素组成受到生物生产力的控制，因此，Zn 同位素可以有效地追踪生物生产力的变化。Pichat 等（2003）通过对深海碳酸盐岩 Zn 同位素的分析，认为 Zn 同位素组成与冰期-间冰期是相互耦合的，较大的 Zn 同位素组成可能与生物生产力升高有关。Kunzmann 等（2013）利用雪球地球事件后的盖帽碳酸盐岩的 Zn 同位素数据，发现了突然增大的 Zn 同位素指示了冰期之后初级生产力的恢复。

3. Ba 同位素

海水中的 Ba 主要来源于热液、河水和地下水的输入（图 7-26），在海洋中滞留时间（约 11ka）略大于海水的混合时间（Carter et al.，2020）。Ba 是重要的生物营养元素，Ba 及其同位素组成在现代海洋中的分布表现为准营养型，即上层水体贫 Ba 和富重 Ba 同位素，随着水体深度的增加，Ba 含量和同位素分别增加和降低。在现代氧化海洋中，Ba 同位素组成的分布受到生物生产力的显著控制（Wei et al.，2021）。因此，Ba 同位素被认为是一种新颖的古生产力指标，自然储库中 Ba 同位素组成见图 7-27。例如，Bridgestock 等（2019）通过对大洋钻孔古新世—始新世极热事件（Paleocene-Eocene Thermal Maximum，PETM）段沉积物的 Ba 同位素的观测，发现 PETM 恢复期 Ba 同位素相比 PETM 偏重，揭示了 PETM 恢复期海洋生产力的提高，提高的海洋生产力驱动海洋的碳埋藏，从而推动大气 CO₂ 降低及温度下降。Wei 等（2021）测定了华南埃迪卡拉系碳酸盐岩的 Ba 同位素，认为古海洋中 Ba 的生物地球化学循环可能受到海洋氧化还原条件的明显控制，Ba 同位素可能更适用于反映氧化水体的生产力水平。

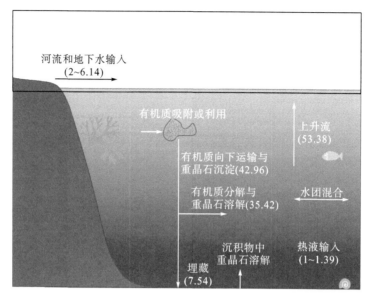

图 7-26　海洋 Ba 元素循环示意图

注：括号中为 Ba 的通量，单位为 $nmol \cdot cm^{-2} \cdot a^{-1}$。据 Carter 等（2020）。

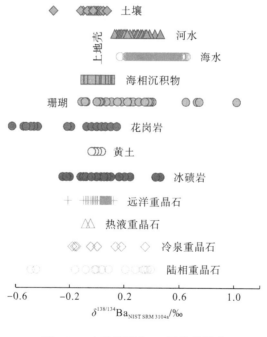

图 7-27　自然储库中 Ba 同位素组成

注：据 Wei 等（2021）。

4. Cu 同位素

Cu 是重要的生命元素，也是生物生命活动必不可少的微量营养元素。Cu 在海水中的滞留时间（5ka）略大于海水的混合时间（Tribovillard et al.，2006）。Thompson 和 Ellwood（2014）通过对西南太平洋塔斯曼海生产力较高的 P3 站点表层海水 Cu 同位素的研究发现，较重的 Cu 同位素可能与生物优先摄取海水中的轻 Cu 同位素有关。因此，Cu 同位素也是潜在的生物生产力指标，值得开展更多的工作进行验证。

五、生物活动指示

Ni、Zn 和 Mo 元素等是生命体活动所需的重要元素，因此，其同位素在示踪生物活动方面具有巨大的潜力。

1. Ni 同位素

产甲烷菌是地质历史时期一种非常重要的细菌类型，对生命活动及温室气体的排放均具有重要意义。Ni 是产甲烷菌活动重要的辅助金属元素。在产甲烷菌的活动过程中，其会优先利用轻 Ni 同位素，该过程会产生明显的同位素分馏（−0.8‰）。虽然其他微生物也可以利用 Ni，但不会造成 Ni 同位素分馏。另外，陆生植物对 Ni 同位素也有分馏作用，但是陆生植物的生物分馏作用不能用来解释元古代样品中的 Ni 同位素分馏，故 Ni 同位素可用来示踪元古代的甲烷生成过程（甲烷菌的活动）。例如，Wang 等（2019）通过对中太古代和古元古代冰川沉积物的 Ni 同位素分析，认为在大氧化事件期间，产甲烷菌活动产生了足够的甲烷，防止了长期的冰室气候，同时使氧气含量上升。Zhao 等（2021）研究了华南 Marinoan 冰期沉积物同沉积黄铁矿的 Ni 同位素（图 7-28），指出在 Marinoan 雪球地球消融过程中，甲烷菌的活动很强烈，产生了大量甲烷。

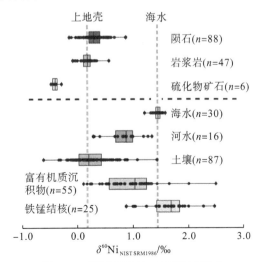

图 7-28　不同储库的 Ni 同位素组成

注：据 Zhao 等（2021），n 为样品个数。

2. Zn 同位素

Zn 是珊瑚生长的必需营养元素，是珊瑚虫和与其共生的虫黄藻体内 300 多种酶(如超氧化物歧化酶和碳酸酐酶等)的重要辅助因子，对虫黄藻的光合作用和珊瑚的钙化至关重要。海水中的 Zn 被珊瑚吸收进入体内后会参与各种生物过程(如虫黄藻的光合作用等)，然后被进一步输送到钙化流体中替代 Ca^{2+} 而保存到珊瑚骨骼文石中。这些复杂的生物过程可能会导致 Zn 同位素分馏效应，因此珊瑚骨骼 Zn 同位素组成有可能成为示踪生物活动的代替指标。Xiao 等(2020)通过对澳大利亚大堡礁的滨珊瑚骨骼进行月分辨率的 Zn 同位素和对南海北部三亚湾鹿回头礁区的 6 个不同种类的，以及实验室培养的 6 个相同种类但是共生不同类型虫黄藻的珊瑚骨骼 Zn 同位素的研究，发现滨珊瑚骨骼的月分辨率 Zn 同位素组成具有显著的差异，但与其他珊瑚气候和环境替代指标以及器测环境参数之间具有较弱的相关性;鹿回头礁区不同种类珊瑚骨骼 Zn 含量和 Zn 同位素也存在明显的种间变化;实验室培养的共生不同类型虫黄藻的珊瑚骨骼 Zn 同位素也体现了和虫黄藻类型相关的个体差异。这些结果可能揭示了珊瑚骨骼月分辨率 Zn 同位素变化并非是直接由周围海水环境和化学组成的变化引起的，而是主要受珊瑚生物活动控制。

3. Mo 同位素

Mo 是海洋浮游生物生命活动所需金属蛋白酶的关键组分，因此 Mo 同位素也是指示生物活动的潜在指标。Wang Z C 等(2019)通过对澳大利亚大堡礁和南海北部现代滨珊瑚骨骼及海水的 Mo 同位素分析，指出 Mo 同位素在进入珊瑚体内形成骨骼的过程中会发生相对较大的同位素分馏(达 1‰)，此外，温度也控制了 Mo 同位素分馏。另外，研究也发现海水中的 Mo 同位素存在明显的昼夜差异，这可能受到生物活动(光合/呼吸作用)的影响。因此，Mo 在进入珊瑚体内形成骨骼这一过程中的同位素分馏可能受共生体新陈代谢的影响，Mo 同位素具有反映生物活动的潜力。

六、古火山活动研究

在现代，大气 Hg 主要来源于海洋 Hg 的逸出、生物体的燃烧、岩石的风化、火山作用和工厂的释放。火山活动是自然界大气 Hg 的最大来源，大多数火山 Hg 是以气态单质 $Hg(Hg^0)$ 的形式释放到大气中，并在大气中滞留 1~2 年，通过大气环流传输到全球范围，因此火山 Hg 一旦释放，将可能达到区域甚至全球性分布(图 7-29)。火山 Hg 通过陆地输入和大气 Hg^0 和 Hg^{2+} 沉降两种方式输入海洋中，这两种方式具有不同的 Hg 同位素特征。在云端或水域表面，火山喷发的 Hg^0 氧化后形成的 Hg^{2+} 会发生导致非质量分馏($\Delta^{199}Hg$)变化的光化学反应，该过程会导致 Hg^{2+} 产生相对正的 $\Delta^{199}Hg$，因此大气中的 Hg^{2+} 和主要含有大气 Hg^{2+} 的沉积物中的 $\Delta^{199}Hg$ 值倾向于正数。相反的是，首先进入陆地再通过径流输入海洋的火山 Hg，由于有陆源 Hg 的混合，陆地土壤和有机物具有较负的 $\Delta^{199}Hg$ 组成(-0.25‰~0‰)。另外，陆地上植物和土壤对 Hg 的吸附作用也会发生轻微的质量分馏，使 $\delta^{202}Hg$ 轻微的负偏。整体来看，通过陆地径流进入海洋沉积物中的 Hg 具有相对偏负的

Δ^{199}Hg 和 δ^{202}Hg；而通过 Hg^{2+} 直接沉降到海洋沉积物中的 Hg 具有较正的 Δ^{199}Hg 及较小的负的 δ^{202}Hg (图 7-30)。因此，Hg 同位素可以用来有效地示踪地层中 Hg 异常是否为火山来源及火山 Hg 进入海洋沉积物的主要途径。Hg 同位素已经被广泛用于地质历史时期火山活动的示踪当中。例如，Thibodeau 等 (2016) 测定了晚三叠世—早侏罗世界限地层的 Hg 同位素，发现该时期的生物大灭绝与中大西洋火成岩省的喷发密切相关，生物复苏在火山喷发后才开始进行。Hu 等 (2020) 通过对华南和劳亚大陆两个剖面的 Hg 同位素研究发现，晚奥陶世的生物大灭绝可能是由大规模的火山喷发造成的。

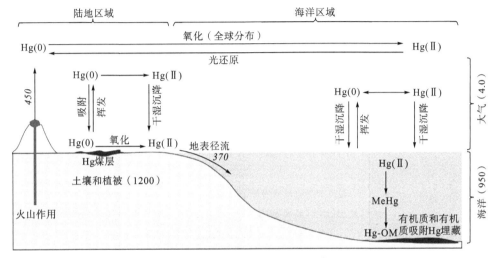

图 7-29 大气和海洋 Hg 循环示意图

注：据 Shen 等 (2019)。括号中的数字代表每个储库中 (大气、海洋、土壤和植被) Hg 的物质的量，单位为 10^6 mol；斜体数字代表通量，单位为 10^6 mol/ka。

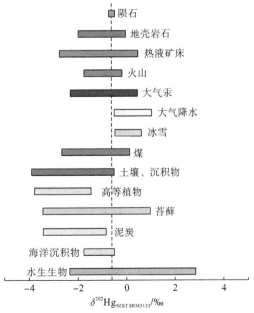

图 7-30 不同储库的 Hg 同位素组成

注：据 Yin 等 (2014) 修改。

七、硅质岩的成因探讨

自然界中的 Si 只有一种价态，主要以硅-氧四面体的形式存在，因此硅的热力学分馏作用较小。在地球上，SiO_2 从溶液中沉淀时产生的同位素动力学分馏(包括化学沉淀过程和生物过程)是最为重要的动力学分馏。如图 7-31 所示，不同成因的硅质岩具有不同的 Si 同位素特征：①沉积成因(1.1‰~1.4‰)；②生物成因(-1.1‰~1.7‰)；③火山成因(-0.5‰~-0.4‰)；④交代成因(2.4‰~3.8‰)；⑤热液成因(-1.5‰~0.8‰)(Douthitt，1982)。因此，Si 同位素是研究硅质岩成因(包括硅岩来源、沉积机理和沉积环境)的重要方法。例如，陈永权等(2010)通过对塔里木盆地寒武系层状硅质岩的 Si 同位素进行研究，认为其成因为正常海水沉积。唐卫(2018)分析了上震旦统硅质岩的 Si 同位素，结合其他地球化学指标，指出该时期的硅质岩为热液、海水、沉积和成岩交代共同作用的产物。

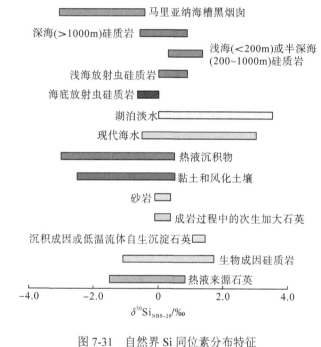

图 7-31　自然界 Si 同位素分布特征

注：据 Douthitt(1982)、Clayton(1986)、Von den Boorn(2010)、杨宗玉等(2019)。

八、白云岩成因研究

Mg 作为组成白云石的主要元素，直接参与整个白云石化过程，并与白云岩问题的本质密切相关。因此，加强白云岩 Mg 同位素的研究有利于更好地回答白云岩的成因问题。相较于其他地球化学研究手段，利用 Mg 同位素揭示白云岩的成因有以下优势：①可以指示白云岩中 Mg 的来源，Mg 同位素在低温地球化学过程中具有显著的分馏，使地表不同储库(如岩浆岩、碳酸盐岩、黏土矿物、海水、河水、孔隙水和热液等)的 Mg 同位素组成存在明显区别；②可以定量或半定量地研究白云石化过程，白云岩的 Mg 同位素组成受白云石化过程影响，不同白云石化过程中的 Mg 同位素地球化学体系已经被建立，在此基础上，对白云石化过程的 Mg 同位素体系进行模拟，进而为白云岩的成因提供定量的约束。Mg 同位素已经在白云岩问题研究领域受到了广泛关注。例如，Ning 等(2020)利用 Mg 同位素成功示踪了厚层白云岩的成因，为研究厚层白云岩的成因提供了新的研究手段。

第三节　非传统同位素地球化学应用的局限性

非传统稳定同位素具有其独特的优势，已经被广泛用于地球科学领域的研究当中，但是其本身也存在一定的局限性。非传统同位素地球化学应用的局限性主要表现在三个方面。

(1)分析方法的缺乏或分析精度不够导致不能获得高质量的同位素数据。高质量同位素数据的获取离不开高灵敏度高精度的分析方法。虽然很多同位素已经建立了较为可靠的实验分析方法，但是很多分析方法仍有很大的提升空间。例如，海水溶解态 Cu 含量低，同位素测定易受基质元素影响。同时海水样品不同的预处理方式，如是否用紫外线照射、酸化储存时酸的浓度及存储时长等都可能成为影响海水 Cu 同位素的测定因素(陈璐等，2021)，从而严重地限制了其地质应用。一些同位素体系(如 Tl、Os、Re 等)依然没有建立相关的分析方法，而 Tl 同位素在重建古海洋氧化还原条件方面具有很大的优势，Os 同位素在揭示大陆风化作用方面表现出强大的作用，Re 同位素也是重要的氧化还原指示剂，缺乏相关的分析方法制约了其示踪作用。

(2)分馏机制不明确导致结果解释困难。前人已经在同位素的分馏机制上做了大量的研究工作，很多同位素的分馏过程已经被揭示，但是在结果解释时却存在很大的困难。例如，Zn 同位素的分馏受到多个过程(如风化、生物产率和生命活动等)的影响，结果解释就不能只靠单一的同位素手段，需要结合其他的手段(如沉积学、矿物学以及元素地球化学等)共同解释。K 同位素在示踪大陆风化方面也有巨大的潜力，但是需要注意的是，K 元素是生物敏感元素，K 同位素的生物利用会改变土壤或沉积剖面中的同位素分馏，在使用 K 同位素表征化学风化强度时要考虑生物因素的影响(Chen et al., 2020a)。关于 K 同位素的分馏机制，目前仍有较多不确定性亟待完善。目前，一些其他的同位素体系的各个储库的同位素组成仍然是不清楚的，分馏机制研究程度较低,也导致同位素数据解释困难,制约了其地质应用。

(3)适用性问题。非传统稳定同位素的适用性问题在解决地学问题时不能忽视。例如，氧化还原敏感性元素的同位素(如 Mo、U、V、Tl、Fe、Cr 和 Se 等)是常用的氧化还原指示剂，在重建古海水的氧化还原条件方面已经得到广泛地应用，然而这些同位素能否用于反映大陆环境(如湖相盆地)氧化还原条件的演化仍然不清楚的。利用 Ba 同位素反映初级生产力更适用于氧化的沉积物，而对于缺氧的沉积物并不适用。利用 Mg 同位素反演大陆风化一般利用碎屑组分的 Mg 同位素，而全岩的 Mg 同位素可能并不能反映大陆风化的强度。

第四节　非传统同位素地球化学的发展与展望

随着 MC-ICP-MS 和 TIMS 等高精度质谱仪的飞速发展，很多非传统稳定同位素可以被精确地测定，为非传统稳定同位素地球化学学科的建立奠定了坚实基础。在过去的三十年，非传统稳定同位素地球化学研究方面得到了长足的发展。研究水平已经摆脱了过去的以跟踪国际同行为主，目前，我国的非传统稳定同位素地球化学研究进展基本和国际同步，特别是在过去十年更是获得了飞跃式发展，跻身国际先进行列。国内具备开展固体同位素分析测试能力的单位基本上都加入了这一研究行列，相关研究方向的科研人员对非传统稳定同位素的了解和认可程度也在不断提高。在未来，我国非传统稳定同位素的研究将得到跨越式发展，应用领域将变得更加广泛。

非传统稳定同位素是当前国际地球化学研究的前沿和热点领域，可以为地球科学的各个重要领域，如地质成矿过程、壳幔物质循环、古环境研究、生物圈对岩石圈的作用、天体地球化学等提供新的示踪手段，具有重要的应用价值，在未来将会扮演更加举足轻重的作用。未来我国的非传统稳定同位素地球化学研究方向可以归纳为三个方面。

(1) 分析测试技术的改进与完善。非传统稳定同位素地球化学的发展离不开技术发展的支持，然而测试技术的进步是需要不断探索的。国内目前已经建立了很多非传统稳定同位素体系的分析方法与技术，并也得到了广泛地应用。然而现有的很多测试方法，在测试精度、分析效率以及适用的样品类型等方面仍然具有广阔的发展空间。未来技术研发方面应更多趋向于更高的分析精度和准度，更少的样品量和更高效、环保的化学纯化流程。针对复杂的地质样品类型，化学纯化流程尚未建立可应用于所有样品类型的普适性分离纯化方法；仪器分析过程中的质谱干扰、基体效应、仪器灵敏度和稳定性、分析测试效率等问题值得进一步深入研究。针对全岩同位素分析测试复杂的化学前处理流程，探索优化分离富集策略、提升生产效率、降低劳动强度等已逐渐成为新的方向。进一步优化酸碱消解流程，降低试剂用量、提升消解效率、克服元素丢失问题(如不完全溶解、氟化物沉淀、挥发性丢失)将继续成为地质样品消解技术革新的方向。此外，一些同位素体系(如 Tl、Os、Re 等)仍然缺乏相应的测试技术，值得更多的关注，开展相应的技术研发对于揭示这些同位素体系的地质意义具有重要作用。微区原位地球化学组成分析可以省去琐碎繁杂的化学前处理流程，提高分析测试效率，可以提供常规化学分析不能提供的地球化学组成的微区空间分布信息，然而目前微区原位非传统稳定同位素分析仍处于起步阶段，是未来同位素分析领域的重要研究方向，具有巨大的发展空间(刘勇胜等，2021)。

(2) 分馏机制和分馏模型的研究。研究非传统稳定同位素的分馏机制是利用其示踪地质过程的前提。目前，虽然学者们已经开展了大量的工作来分析同位素的分馏机制，一些同位素的分馏过程也已经得到了很好的约束，然而，对很多同位素分馏机制的探索才刚刚起步，导致许多同位素分馏机制是不清楚的，严重制约了其地质应用。此外，各地质储库端员值的确定是一个精细而又复杂的过程，需要大量的数据和时间的积累。继续深入了解各地质单元的同位素端员值，必将推动全球尺度的物质循环、壳幔物质循环、地壳生成和演化、生物地球化学等方面的发展。在理论上厘清各种同位素分馏的本质特征和差异原因，通过实验和理论计算建立同位素分馏模型，也是非传统稳定同位素未来发展的重要方向（孙卫东等，2012）。

（3）示踪领域的扩展。虽然非传统稳定同位素已经被应用到地球科学领域中，然而伴随着更多新的同位素示踪理论体系的建立，非传统稳定同位素的地质应用范围将不断扩大，新的研究方向将不断产生。此外，积极开拓多元素同位素体系的联合示踪，实现优势互补，可能更有助于我们重新认识地质历史中或者正在发生的重大地质过程，也是非传统稳定同位素研究未来值得关注的方向（孙卫东等，2012）。

第八章　沉积有机地球化学

有机地球化学是研究有机质的分布、迁移富集与转化机制的地球化学分支学科。沉积物中的有机质主要来自生物及其代谢产物，一部分是成岩过程中残存下来的稳定性较高的有机物，如氨基酸、脂肪酸、卟啉等，另一部分是成岩过程中新产生的有机物，如烃类、腐殖酸和干酪根等。自然界中的有机质一般可划分为五类：蛋白质、脂类(脂肪)、碳水化合物、色素及木质素，还有少量其他化合物。

第一节　生物有机地球化学基础

一、生物有机质的化学组成

在不同生物体中，其有机质的化学组成有很大差异，如藻类富含蛋白质、脂类，高等植物富含纤维素和木质素。

1. 碳水化合物

碳水化合物又称糖类，在生物机体中提供基本能量，是光合作用的产物，具有 $C_n(H_2O)_m$ 型的分子式。几乎所有生物体内都含有糖类，其中植物的含糖量最大，约占80%，菌类含糖量为10%～30%，而动物器官组织中含糖量常不超过2%。

碳水化合物按其水解产物，可分为单糖、寡糖和多糖。其中，单糖和寡糖极易溶于水，在地质体中保存较少，而多糖是由上千个单糖以糖苷酸相连形成的高聚体，一般不溶于水，个别能在水中形成胶体溶液。在自然界中多糖分布很广，植物的纤维素、淀粉、树胶、动物的糖原以及昆虫的甲壳等都是由多糖构成。其中，对形成沉积岩中有机质最有意义的是纤维素和半纤维素。纤维素是构成植物细胞壁和支持组织的重要成分，是生物界最丰富的有机化合物，占植物界碳含量的50%以上。

2. 脂类化合物

脂类化合物又称类脂化合物，是构成生物体细胞膜的重要物质，并为机体的新陈代谢提供必需的能量，是生物维持正常生命活动不可缺少的物质。脂类的共同特性是不难溶于水而易溶于非极性溶剂中。对于大多数脂类化合物而言，其化学本质是脂肪酸和醇所形成的酯质及其衍生物，磷脂、萜、甾类化合物、甘油二烷基甘油四醚化合物(GDGTs)等均为脂类化合物。脂类化合物相对稳定，易于保存于地质体中，是形成油气最主要的生物化学组分。

3. 脂肪酸

脂肪酸按其烃基组成可以分为饱和脂肪酸和不饱和脂肪酸。天然脂肪酸碳骨架的碳原子数目几乎都是偶数，奇数碳原子脂肪酸在陆地生物中含量极少，但在某些海洋生物中有相当的数量存在。动植物中的脂肪酸具有以下特征。

(1)在高等植物、藻类和低温生活的动物中，不饱和脂肪酸的含量高于饱和脂肪酸，如高等植物中不饱和脂肪酸约占总脂肪酸的 78%，藻类中不饱和脂肪酸占 73%～88%，动物中普遍具有饱和脂肪酸的优势。

(2)不同种类的生物含有不同类型的脂肪酸。植物油脂中脂肪酸碳数范围为 16～22，以 16、18 为主。藻类也以 16、18 为主，但与植物相比，C_{20}、C_{22} 烯酸也较重要。动物油脂中脂肪酸以 16、18、14 为主，C_{20} 以上的脂肪酸含量比植物油脂中含量大。

(3)细菌所含的脂肪酸种类比高等动植物少得多，其碳数也多在 12～18，个别的可高达 35 以上。细菌中绝大多数脂肪酸为饱和脂肪酸，有的还带有甲基支链，如 2-甲基(异构)和 3-甲基(反异构)脂肪酸，如革兰氏阴性菌含有较高的 C_{15}、C_{17} 异构和反异构脂肪酸。

(4)除这些大量的脂肪酸以外，在植物类脂中还有一些广泛存在而含量少的脂肪酸。某些植物类脂中还有高碳数(22～30)偶碳烯酸存在。

4. 蜡

蜡是长链脂肪酸和长链一元醇或固醇形成的酯，长链是指烃基碳数为 16 或者 16 以上者。天然的蜡是多种蜡酯的混合物，常常还含有烃类以及二元酸、羟基酸和二元醇的酯。蜡中发现的脂肪酸一般为饱和脂肪酸，醇可以是饱和醇和不饱和醇，或是固醇。蜡分子含有一个很弱的极性头(酯基部分)和一个非极性尾(一般为两条长烃链)，因此，蜡完全不溶于水。

5. 萜类和甾类

萜类化合物是由异戊二烯(isoprene)单元组成的化合物。异戊二烯连接的方式可以是头尾相连，也可以是尾尾相连，形成的萜类可以是直链的，也可以是单环、双环和多环化合物。从细菌到人类，所有的生物体都含有萜类。萜类是极为重要的生物标志化合物，在地质体中广泛分布，具有指示有机质来源、沉积环境和有机质成熟度等作用。

甾类化合物也称类固醇化合物，广泛存在于动植物组织中，是一类在生命活动中起着重要作用的天然产物，甾类化合物共同的特点是具有一个由四个环组成的环戊稠全氢化菲的骨架。

所有的真核生物中均含有甾醇，天然甾醇在生物体内以游离态或酯的形式存在，动物体内的甾醇多与脂肪酸结合成酯存在于血液、脂肪及各种器官中。C_{27} 甾醇是最重要的甾醇，在动物及藻类体内丰富，人体内的胆石几乎全由胆甾醇组成。植物甾醇以 C_{28} 麦角甾醇、C_{28} 菜籽甾醇、C_{29} 豆甾醇和 C_{29} 谷甾醇最为常见。

6. 色素

色素多具异戊二烯结构。在水生植物、动物和沉积物中找到的天然有机色素大致有三类：①叶绿素色素，其中包括叶绿素（chlorophyll）和卟啉（porphyrin）；②叶红素色素，其中包括橙色素、叶红素和叶黄素；③黄素肮、黄色素及与其有关的含氮原子的杂环化合物（N-杂环物质）。其中，尤以类叶绿素最为重要，叶绿素本身很不稳定，在地质体中很少见到。

7. 生物烃

海洋和陆生植物中含有各类原生烃，如浮游动物中广泛分布姥鲛烷，含量达脂类的 1%～3%。细菌和高等植物中普遍含有萜烯。藻类多含有低碳数的正构烷烃，高等植物多含有具有奇偶优势的高碳数正构烷烃，细菌多具有异构和反异构的直链烷烃。此外，生物体中的木质素、单宁及甾萜类、树脂、色素化合物等中还存在芳香环，但是真正游离的芳香烃在生物体中极为罕见。

8. 树脂

树脂是萜类的混合物，分子大小相当于从 C_{15} 倍半萜到 C_{40} 的四萜，主要为双萜和三萜类的衍生物，其中多是不饱和的双萜酸，如松香酸、海松酸和贝壳酸等。

天然树脂是植物生长过程中的分泌物，存在于树叶和树干内部。大多数树脂产自温带针叶树及热带的被子植物，低等植物不含树脂。树脂具有很强的抵抗化学风化和生物侵蚀的能力。煤和干酪根中的树脂体前身便是树脂，其中的不饱和酸还原形成三环萜，是原油和沉积物中三环双萜的重要母质。

此外，高等植物中还有角质、孢粉素、木栓质等特殊的类脂化合物。角质是植物细胞角质层中主要成分，木栓质是植物细胞壁内部的组成，具有碳数从 12～26 的二羟基和羟基酸交联聚合结构。孢粉素是孢子花粉外壁的主要成分，它具有脂肪族-芳香族的碳网结构。孢粉素基本上由胡萝卜素和类胡萝卜素酯的混合物组成，其中含少量饱和烃和不饱和烃。

9. 蛋白质和氨基酸

蛋白质是生命的基础，是生物体内一切组织的基本组成部分，细胞内除水以外其余 80% 的物质是蛋白质。蛋白质在生物界中分布是不均匀的，动物组织中的蛋白质含量高于植物组织，低等水生生物中的蛋白质又高于高等植物。

蛋白质是含氮的天然高聚物，除 C、H、O 及少量的 S、P 外，含氮量平均为 16%。尽管地表有机质中蛋白质占 1/3～1/4，但在古老沉积物中完整的蛋白质却很少，主要是因为蛋白质是不稳定的有机化合物，在酸、碱或酶的作用下发生水解形成氨基酸。氨基酸广泛存在于不同时代的地质体中，对石油的形成有一定意义。

蛋白质是多种氨基酸通过肽键缩合组成的高度有序的聚合物。蛋白质与其他分子结合，形成色素、酶、细菌毒素等生命过程中大部分重要的化合物。蛋白质在机体中承担着各种生理作用及机械功能，是生命活动依赖的主要物质。

氨基酸对石油的形成亦有一定意义。当氨基酸分解同时脱去氨基和羧基就可以形成烃类，这些烃类大部分是 C_1～C_7 的轻烃。

生物体死亡后，氨基酸保存在遗骸、贝壳等硬体骨骼中，故在笔石、腕足、藻类等化石中均含有氨基酸。在不同沉积环境中氨基酸的组成与含量不同，海相沉积物中氨基酸含量比湖相沉积物高，碳酸盐沉积物中氨基酸含量比泥质沉积物多。

10. 木质素和单宁

木质素是高等植物木质部分的基本组成，因此也称为木质或木素。它包围着纤维素并充填其间隙形成了支撑组织，即具有高相对分子质量的聚酚，包括由酚-丙烷衍生物构成的单位，可视为高相对分子质量聚酚，其单体基本上是酚-丙烷基结构的化合物，常带有甲氧基等官能团。这种化合物在动物体中是不存在的，但在植物中却很普遍。

木质素性质十分稳定，不易水解，但可被氧化成芳香酸或脂肪酸，在缺氧水体中，在水和微生物的作用下，木质素分解，可与其他化合物形成腐殖质。在植物中，木质素是由芳香醇，如松醇、芥子醇和香豆醇发生缩合脱水而形成。

单宁主要由几种羟基芳香酸(如五倍子酸、鞣花酸)的衍生物缩合而成，其性质介于木质素和纤维素之间，主要出现在高等植物(如红树科)树皮及树叶中，藻类也含有少量单宁。

木质素和单宁还有其他一系列酚类和芳香酸及其衍生物广泛地分布于植物界。它们是沉积有机质中芳香结构的主要来源，也是成煤的重要有机组分。

二、不同生物的化学组成

现代生物学将生物界划分为古菌、细菌、真核生物三大域，包括各类生物均有其特征的类脂物组分，为区分各类沉积有机质提供了依据。

1. 古菌与细菌

古菌的细胞膜脂主要为甘油二烷基甘油四醚化合物(GDGTs)，而真细菌和真核细胞类脂膜的主要成分是由脂肪酸与极性头组成的糖脂及磷脂。三酰甘油(TAGs)是甘油的脂肪酸三酯，普遍存在于真核细胞膜中。古菌和细菌在自然界中分布十分广泛，海洋、湖泊、土壤，甚至极端环境中均有大量分布，是沉积有机质的重要来源之一。细菌的生化组分的50%～80%为蛋白质，类脂化合物含量可达 10%。脂肪酸碳数多为 10～20，并以 16、18 为主，含有丰富的支链脂肪酸，尤以异构、反异构两种形式居多。烃类以 C_{10}～C_{30} 为主，也有碳数大于 30 的烃类，但无奇偶优势。支链烷烃以异构和反异构为主。细菌中含有特征的藿烷系列的五环三萜类和色素，如类胡萝卜素、番茄红素及菌绿素。古菌细胞膜类脂组分 GDGTs 亦具头对头结构的无环类异戊二烯烷基链，这些化合物可能是有机质中各种萜类的先体。

2. 浮游植物

浮游植物是水生环境中有机质最重要的生产者。在整个地质历史中，藻类占浮游植物中头等重要地位；现代海洋中最发育的是硅藻、甲藻和颗石藻。浮游植物中含有蛋白质，类脂物在其中占有相当高的比例，约为11%。而藻类中类脂物含量更高，可达20%～30%，主要为脂肪酸和烃类。藻类中脂肪酸主要是饱和的和不饱和的直链脂肪酸，以 C_{16}、C_{18} 最为丰富，异构和反异构直链脂肪酸含量甚少。烃类含量可达 3%～5%，以饱和链烃为主，其中 C_{15}、C_{17} 正构烷烃含量最高，可达正构烷烃总量的 90%。甾醇和胡萝卜素含量丰富，不同藻类含有不同特征的甾醇，如以硅藻、黄绿藻以 C_{28} 甾醇为主，红藻中仅有 C_{27} 甾醇。此外，硅藻具有高支链异戊二烯烃(HBI)、长链二醇等特征性化合物，颗石藻则具有长链烯酮标志物。

3. 浮游动物

浮游动物生产力虽然不如浮游植物高，但在水生动物中仍然占大多数。在整个地质历史中节肢动物是主要的浮游动物群；现代水域中桡足类数量多，分布广，是海洋中最重要的浮游动物，浮游动物中类脂物含量平均为 18%，而桡足类可高达 34%。这些生物体中检测到了丰富的姥鲛烷，可能是沉积有机质中姥鲛烷的来源之一。此外，浮游动物骨骼、贝壳中含有大量的氨基酸。

一些微体生物(如有孔虫、放射虫、介形虫)中均含丰富的类脂物，加上数量多、分布广，对生油亦有一定意义。

4. 高等植物

高等植物以纤维素和木质素为主。几乎所有的木本植物中，纤维素占 40%～50%，木质素占 20%～30%，而蛋白质和类脂物含量一般不超过 5%。

第二节　有机地球化学分析方法

一、有机质的分离

1. 岩石中可溶有机质的分离

抽提前，一般先将样品粉碎至 100 目以下，以便溶剂能与有机质充分接触。样品用量视有机质的含量而定，一般在 100g 左右。抽提的方法很多，如冷浸泡抽提法、索氏抽提法、超声波抽提法等。索氏抽提法是目前应用最广的方法。样品在抽提器中不断与纯溶剂接触，其中的有机质则被溶剂溶解出来，这种抽提比较完全，适于定量分析。但是抽提时间长，氯仿抽提需 72h，抽出物较长时间处于加热状态，轻组分大多散失，影响了对这部分组分的定量。近年来超声波抽提法得到了较广泛的应用，它的抽提效率高，1h 相当于索氏抽提 72h，避免了抽提物受热散发，但是抽出量一般较大。

目前国内外都对抽提器进行了各种改进。我国很多油田将索氏抽提法与超声波抽提法结合，创造了一些快速高效的抽提器，如搅拌抽提可缩短抽提时间到 8h，抽出物在一定的温度(60℃)下受热蒸发至恒重除去溶剂后称量，即可求取相对于岩石的百分含量。国外也有采用球棒粉碎抽提器，该抽提器是将岩石粉碎与沥青抽提同时进行，在强行搅拌的条件下使溶剂与岩样相互作用，由搅拌摩擦进行加热，可以降低轻质组分的损耗。

2. 岩石中不溶有机质（干酪根）的分离

抽提后的岩样中还含有大量不溶于有机溶剂的有机质，称为干酪根。由于这部分有机质往往与沉积岩中的无机基质紧密结合，因此分离它们是更为困难的工作。对已被抽提去除可溶有机质的部分，首先用 HCl 除去碳酸盐、部分硫化物、氢氧化物等，再用 HF 除去硅酸盐矿物。如此反复地用这些非氧化酸处理，直至基本上除去无机矿物，然后再用重液进行浮选，一般用密度为 $2.0 \sim 2.1 \text{g/cm}^3$ 的重液经离心分离，即可区分矿物和干酪根。值得注意的是，不能采用强氧化剂和强还原剂，那样会使干酪根的组成受到较大的影响。这样得到的干酪根纯度一般可达 90% 以上。但有时黄铁矿与干酪根紧密结合，难以分离，纯度可能较低。

3. 岩石中可溶有机物及原油族组分分离

可溶有机物及原油是十分复杂的混合物，必须根据研究目的进一步进行组分的分离和纯化。主要采用的方法有柱层析、薄层色谱、络合物加成等。除此之外还有仪器分析，如液相色谱、凝胶渗透色谱棒薄层色谱等方法。

柱层析方法是使用较多的常规分离方法。该方法脱除了芳香烃的石油醚沉淀沥青质，再利用不同类型的有机物质与吸附剂和各种冲洗剂，以达到对不同物质的脱附、分离效果。具体来说，将除去沥青质后的浴液注入装有吸附剂的柱色层中，再用极性逐渐增强的溶剂分别冲洗出饱和烃、芳香烃和非烃。

4. 生物标志化合物的分离

对含有生物标志化合物的原油、沥青以及岩石抽提物为复杂的混合物，要用玻璃层析柱和高效液相色谱进行提纯，并将其分离成不同的馏分。利用柱色谱法将饱和烃和芳香烃馏分从样品中分离出来，详细流程见图 8-1。

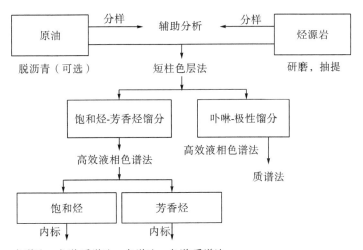

图 8-1　将原油和沥青分离成不同分析馏分的流程图

除柱色谱法外，还可以应用液相色谱法从石油或沥青中分离出纯饱和烃-芳香烃馏分，详细的配置图见图 8-2。

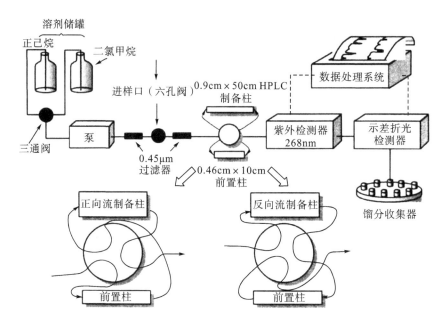

图 8-2   用于自动分离原油样品中饱和烃、芳香烃和极性馏分的高效液相色谱的配置图

使用程控馏分收集仪和 400mL 的玻璃瓶，洗脱物可分成三种馏分(饱和烃、芳香烃和极性化合物)。在正向流动的条件下，饱和烃和芳香烃用正己烷洗脱，而极性化合物用二氯甲烷洗脱。在二氯甲烷从柱中洗脱极性化合物之前，反冲阀开启，使洗脱液从进样口进入主柱，而后经保护柱返回。从反向阀的位置上讲，流体流经主柱的方向不变，但通过保护柱时方向相反(反冲)。在下一次分离之前，柱子用正己烷冲洗保养。

紫外线(ultraviolet，UV，254nm)和折射指数(refractive index，RI)检测器都采用多通道色谱数据处理系统来监测馏分。饱和烃馏分和芳香烃馏分的分割点是根据胆甾烷和单芳甾类标样的保留时间来确定的。而三芳甾类与极性化合物之间分割点的确定则以二甲基菲的流出为准。

各馏分在真空条件下旋转蒸发，然后转移到配衡瓶中，在 45℃水浴和 35mmHg 真空条件下再次旋转蒸发 10min。倘若生物标志化合物浓度异常低，如在某些凝析油中，通常需要采用尿素络合或分子筛的方法进一步处理饱和烃馏分，除去正构链烷烃。

全油的子样品或沥青和分离出的馏分常用于辅助性的地球化学分析，如气相色谱法、稳定碳同位素比值、硫含量及 API 度[API=(141.5/相对密度)-131.5]。在饱和烃和芳香烃馏分中加入内标物以便于对色谱峰定量。例如，取一小份饱和烃馏分注入气相色谱(gas chromatography，GC)中，以便对其在气相色谱-质谱联用仪(gas chromatography-mass spectrometry，GC-MS)分析中的状态进行初步评估。该样品中加入了 4 种支链烷烃的内标(3-甲基十七烷、3-甲基十九烷、2-甲基二十二烷和 3-甲基二十三烷)以便于峰的测定和确定在 GC-MS 分析之前是否有必要对样品做进一步的处理。这种色谱分析通常会确认某些沥青或重质油需要溶剂(如正己烷)稀释。含蜡量很高的油则可能需要先用尿素络合除去正构烷烃，以使生物标志化合物具有足够的浓度满足 GC-MS 的分析要求。

原油和沥青中生物标志化合物的含量可采用甾烷类内标来确定。很多实验室在进行色谱-质谱法全分析之前，就把 5β-胆烷作为测定甾烷和萜烷的内标加入饱和烃馏分中。在芳香烃馏分中加入了两种内标，对于单芳甾烷而言，其内标为合成的 C_{30} 单芳甾类混合物。对于三芳甾烷而言，其内标为合成的 C 三芳甾类的混合物。一些商业用途的氘代化合物也可用作生物标志化合物 GC-MS 定量分析的内标物。

二、有机质的有机地球化学分析

(一)气相色谱法分析

气相色谱法是利用试样中各组分在色谱柱的流动相和固定相之间具有不同的分配系数来进行分离。

1. 定性分析

色谱定性就是鉴定试样中各组分即每个峰是何种化合物。从色谱分离来看，不同化合物的色谱保留值与分子结构有关，但保留值与分子结构的相关性规律仍未发现，还未能建立具有使用价值、能指导色谱定性的保留值-分子结构理论，色谱保留值定性只是一个相对的方法。

1)利用保留时间定性

在同色谱条件下，分析已知化合物和未知试样，测定色谱保留时间，标样与样品峰保留时间完全吻合时，未知样品即可能与标样是同一化合物。另外也可将已知标样加入未知样品，若使未知样品色谱峰增高者即为已知物的组分。这种方法需要严格控制色谱条件。

2)利用保留值经验规律定性

实验证明，同系物的保留值与分子结构单元重复性呈线性规律；在恒温时，同系物保留值的对数与分子中碳原子数成正比。

3)利用文献保留指数定性

气相色谱发展过程中，已积累了大量文献保留数据，只要在相同条件下分析，便可参考使用。

4)利用检测器响应定性

色谱的各种检测器都有自己的选择性，利用它可以区分几大类物质。

用氢火焰离子化检测器(flame ionization detector，FID)和热导池检测器(thermal conductivity detector，TCD)组合，可以检测出有机物与无机物，因为 FID 只对有机物有响应。

用电子捕获检测器(electron capture detector，ECD)可以检测出电负性强的基团，与 FID 结合可检测出卤素有机物。火焰光度检测器(flame photometric detector，FPD)对于 S、P 化合物有较高的选择性。

5) 与其他仪器联用

与一些结构分析仪器结合以达到分离鉴定的目的，如色谱-质谱、色谱-红外光谱联用等。

2. 定量分析

气相色谱定量分析是根据组分检测响应信号的大小而定的。其依据是各组分的量与色谱检测器响应大小(峰高或峰面积)成正比。要想得到准确的定量结果，必须先将峰高或峰面积测量准确，目前几乎所有色谱仪都配有数字积分仪来计算峰面积。定量分析的计算方法包括定量校正因子法、归一化定量法、内标法和外标法，在这里不详细介绍。

液相色谱分离原理和气相色谱一样，分离系统也由两相(即固定相和流动相)组成。固定相可以是吸附剂，流动相是各种溶剂。被分离混合物由流动相液体推动进入色谱柱。根据各组分在固定相及流动相中的吸附能力、分配系数的差异进行分离。液相色谱所用基本概念和基本理论(如保留值等)与气相色谱基本一致。由于所用流动相不同，二者也存在一些差别：气相色谱仅能分析在操作温度下能汽化而不分解的物质，对于高沸点化合物、非挥发性物质、热不稳定化合物、离子型化合物及高聚物的分离分析较为困难；而液相色谱不受样品挥发度和热稳定性的限制。在实际应用中，这两种色谱技术是相互补充的。

(二) 岩石热解分析仪分析

将岩石(干酪根)样品置于仪器的热解炉中，以一定的升温速率(如 20℃/min)将样品从室温加热到 550℃(或 600℃)，可以得到 S_1、S_2、S_3 峰。其中，S_1 为游离烃(mgHC/g 岩石)，是升温过程中 300℃以前热蒸发出来的，为已经存在于源岩(岩石)中的烃类产物；S_2 为裂解烃(mgHC/g 岩石)，为 300℃以后的受热过程有机质裂解出来的烃类产物，反映干酪根的剩余成烃潜力；对储集层，为 300℃条件下难以挥发的重烃馏分和含 N、S、O 化合物的裂解产物，S_3 为有机质热解过程中 CO_2 的含量，反映了有机质含氧量的多少；T_{max} 为最大热解峰温(℃)，为热解产烃速率最高时的温度，对应着 S_2 峰的峰温。

由于该仪器近年来被广泛应用于储层的评价当中，因此，新出仪器的分析流程已经做了一些改动。相应地，分析结果也有所变化，其中，S_0 峰为 90℃条件下受热、氮气吹洗 2min 所得到的岩石样品中小于 C_7 的轻烃(相当于天然气峰)；S_1 峰为 300℃条件下加热 3min 所得到的产物；大约对应于岩样中的 $C_7 \sim C_{32}$ 烃；这里的 S_0+S_1 等于前面的 S_1；S_2 峰的意义基本与前面相同，为岩石中大于 C_{40} 的重组分烃类及胶质、沥青质的裂解产物。S_4 峰为热解阶段结束后，将岩样转入氧化炉，在通空气或 O_2 的条件下，于 600℃温度下燃烧 5min，把岩样的残余碳燃烧成 CO_2，由热导检测器测定所得，相当于岩石中不能产烃的死碳。

(三) 热解-气相色谱分析

热解-气相色谱应用热解装置(如岩石热解仪)与气相色谱仪联机,因此,它兼有裂解反应和气相色谱分析两方面的功能。它可以将岩石中挥发性的残余烃(如 S_0、S_1)"蒸发"出来,或将不挥发的高聚合物干酪根、沥青质(如 S_2)热裂解成为烃类进入气相色谱仪器中测定其组成,从而为生油岩中有机质丰度、类型、成熟度和产烃类型的评价提供大量的信息。对于干酪根这类不挥发的缩聚物,可以从它裂解碎片的色谱图中了解物质的组成、结构及其热稳定性和分解机理。因此热解色谱特别适用于干酪根的研究。该方法用样量少、简便快速,能及时提供大量的信息。在模拟自然演化的过程中能提供大量有关干酪根结构、组成和成烃机理方面的信息。

有机元素是石油及沉积岩中有机质的基本组成,其中以 C、H 元素为主。元素组成分析是研究和鉴定纯物质的基本参数,在石油地球化学研究中,一般用有机元素组成范围或原子比值来表征有机母质的性质,用干酪根或抽提物中 C、H、O 元素随埋深的变化来研究生油岩中有机质热演化特征等,因而是重要的分析项目之一。

C、H、N、O 分成两个管路,试样在高温炉中分解后,变成欲测定的形态(CO_2、H_2O、N_2、CO),然后以氢气流载入色谱柱进行分离,依次进入热导池,产生和各自浓度成比例的电子信号,信号由电位差计和积分仪分别记录,按照所得数据和标准样品得到的相应值,计算各元素含量。C、H、N 元素分析仪所需样品的量极少,往往只需若干毫克,分析的速度也很快。在此类分析仪中,试样的燃烧以及排除硫和卤素干扰的过程原则上和重量法是一样的。只是为了加速样品的燃烧,加入高效的氧化催化剂。为了能同时测定 N 的含量,样品不用空气燃烧而用高纯 O_2 和 N_2 的混合气,对于燃烧后生成的氮氧化合物则用铜将其还原成 N_2。最后用热导检测气相色谱法或示差吸收热导法,与标样进行对比得出 C、H、O 含量的数据。

(四) 红外光谱(infrared spectrossopy, IR)法分析

红外光谱主要用于区分不同类型的有机质及其热演化,油源对比及区分生油岩与非生油岩。随着分辨率及精度更高的色谱、色谱-质谱等仪器分析技术的发展及研究的深入,红外光谱在地球化学方面的应用逐步减少。但对于难挥发、难分解的大分子物质及一能团结构的分析,红外光谱仍具有其独特的优势。

在红外光谱分析中,对原油及抽提物芳香烃等都采用涂片法(将样品涂于经抛光后的 NaCl 晶片中央),对于干酪根及沥青质多采用压片法(将样品和 KBr 按质量比为 0.25∶100 混合研匀压成透明薄片),样品用量在 5mg 以上,需除去低环芳香烃,仅用稠环芳香烃(18 或 10 个碳原子以上)由于吸收光谱强度与制样方法和样品用量相关,因此,在计算某一指标时,应采用比值法。

红外光谱分析的优点是速度快、样品用量少、分辨率高、重复性好,不破坏原始样品,适用于任何状态的物质;缺点是多解性强,影响定量因素多,受溶剂的影响严重,特别是对高分子聚合物影响因素更多。

（五）气相色谱-质谱法分析

计算机化的 GC-MS 是评价生物标志化合物的主要方法。图 8-3 中所示典型的 GC-MS 系统具有六种功能。

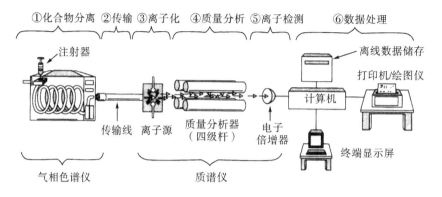

图 8-3   典型的 GC-MS

注：①气相色谱分离化合物；②将分离的化合物输入到质谱仪的电离仓；③电离化合物并沿飞行管道加速；④离子的质量分析；⑤电子倍增检测聚焦离子；⑥计算机采集、处理及显示数据。四极质量分析器为四极质谱仪的一个重要组成部分。质量分析可以通过四个平行的四极杆来完成。通过变换杆内射频和直流电的组合，可以扫描离子束，从而只允许给定质量的离子在扫描时的任一时刻才能进入检测器。

气相色谱-质谱法可以依据色谱的相对保留时间、洗脱形式以及能反映化合物结构特征的质谱碎片的类型来检测并初步地鉴别化合物。

气相色谱-质谱法的分析过程应采用严格的标准，以保证数据解释的有效性。例如，气相色谱-质谱法数据的获得需要应用高分辨率的毛细柱（一般为 50m 或更长）精确谐调的质谱仪产生的高信噪比输出以及快速扫描。

1. 气相色谱-质谱法中的气相色谱仪

气相色谱法（有时也称气/液相色谱法）的理论和应用在文献中已有广泛的描述。用注射器将已知量（通常为<0.1μL）的可溶或不溶于溶剂（一般为甲苯）的饱和烃或芳香烃馏分注入气相色谱内。在气相色谱法中，注入的样品汽化后与惰性载气相混合，然后移动通过毛细柱。

气体（流动相）和样品的混合物流经一根细长的毛细柱（一般直径为 0.20～0.25mm，长 30～60m），其内壁涂有不挥发的液体薄膜（固定相）（厚约 0.25μm）。在柱中的移动过程中，不同的组分依据其在每一相的挥发性及吸附性的差异，经过反复不断地被固定相所捕获和释放回流动相而被分离开来。小孔毛细柱（尤其是适宜于气相色谱-质谱法分析的薄涂层毛细柱）的局限之一是样品载量小。当前，弹性熔融石英毛细柱已基本上取代了气相色谱-质谱法中早期的玻璃或不锈钢毛细柱。

　　大多数已发表的分析石油的气相色谱数据均是采用 100%或 95%的甲基聚硅醚与 5%
的苯基聚硅醚键合在石英柱上充当固定相而获得的。烃类在这些固定相上的保留通常是其
相对挥发性的函数。因此，大多数生物标志物的洗脱顺序相类似，其气相色谱-质谱法的
分析结果具有可比性。

　　在采用标准的聚硅醚作固定相的气相色谱分析中，许多生物标志化合物在碳数为 nC_{24}
与 nC_{36} 之间被洗脱出来，其丰度通常要远低于正构烷烃。姥鲛烷、植烷以及各种二萜类
和三环菇类则属例外，它们在该范围之前流出。而卟啉则由于其分子较大和不易挥发，在
正常气相色谱条件下不被洗脱。

　　采用改性的环糊精作固定相的手性色谱技术在某些特殊的研究中变得非常流行，该研
究基于被分析物的不同形状，需要对高度选择性的旋光对应异构体进行分离。

　　2. 气相色谱-质谱法中的质谱仪

　　在质量分析器中碎片离子聚焦成束，以便在任何时候只有一定质/荷比(m/z)的正离子
会撞击在检测器上。分析离子束有两种主要的方法：采用磁体或四极杆。

　　1)磁质谱仪

　　磁质谱仪由单聚焦或双聚焦系统组成。双聚焦仪利用静电场在离子束进入磁场之前或
离开以后对离子束进行能量聚焦，以获得 2000 或更高的质量分辨率。在磁场中，较重的
离子与带同样电荷的轻离子相比，不易发生偏转。通过改变磁场的强度来扫描磁场，可以
使特定质/荷比的离子在检测器上聚焦。在离子源和检测器上均采用可调狭缝，以提高系
统的质量分辨率。

　　单聚焦磁系统只由磁场组成，而没有静电聚焦，因而只能获得约为 1000 或更低的分
辨率。单聚焦和双聚焦 GC-MS 系统都是通过扫描磁场来获得质量谱图。

　　2)单级/三级四极和三维离子阱

　　单级四极或三级四极以及三维离子阱仪器均利用四极杆射频/电场选择特定质/荷比的
离子。四极杆滤质器完全不用聚焦，但可进行质量选择，因为对于给定的一组条件而言，
在质量分析时只有质/荷比范围很窄的离子才能保留在质量分析器内。例如，4 个相互平行
的四极杆每两个互为一组，通过变换杆内的射频和直流数值的组合，可以对离子束进行扫
描。在这种情况下，离子被射频电场捕集在三维空间中。因此，只有那些目的离子才能被
捕获并得到检测。

　　3)检测及扫描分析

　　在扫描分析过程中，检测器通常每三秒对 m/z 为 50～600 的离子测量一遍(即 3s 内测
量的离子数大于 500)。从气相色谱中析出的每一个峰都生成一个碎片离子质量的分布。
因此，每三秒就检测一次每个峰生成离子的"时间段"。

　　从色谱中洗脱的每个化合物生成的碎片离子质量的特殊分布被称为质谱图。生物标志
化合物的质谱图十分有用，因为它一般显示出了分子的质量(某些分子发生离子化，但未
进一步裂解)以及用于推断其结构的特征性的裂解模式。在理想情况下，每个色谱峰代表

一个分离的化合物，它具有独一无二的质谱。实际上，大多数色谱峰为两个或更多个未分离化合物的混合体，因此解释起来就比较复杂。

每个样品中所有质谱总离子流的大小与保留时间的关系可绘制成一张重建离子色谱图(reconstructed ion chromatogram，RIC)，或称为总离子色谱图(total ion chromatogram，TIC)，它所表示的一系列峰代表洗脱化合物的相对含量。石油的 RIC 与色谱迹线图基本一致，但 RIC 需要用质谱检测，而色谱则使用更为常规的火焰离子检测器(flame ionization detector，FID)。然而，与火焰离子检测器的数据相比，有些因素可对 RIC 产生较大的歧视影响。全扫描 GC-MS 常受限于质量范围。例如，m/z 小于 60 的碎片离子在 m/z 为 60～600 的扫描中不被记录，对 RIC 没有贡献，从而导致在检测低质量碎片丰富的化合物时灵敏度降低。在质谱仪的离子源中，有些分子更易离子化，可以形成比其他分子更多的离子。四极质谱仪常对高质/荷比的离子产生"歧视"，造成 RIC 中质量的失真。反之，FID 则会对那些燃烧不完全的化合物产生"歧视"（如不检测四氯化碳）。

4) 数据处理及校准

一个典型的扫描过程约需要 90min，其间质谱仪每 3s 扫描一次设定的质量范围，每个样品可生成 1800 个质谱(90×60/3，其中"90"代表一个扫描过程为 90min，"60"代表 1min=60s，"3"代表每三秒扫描一次)。大多数 GC-MS 数据系统由一台中心计算机组成，它包括一个或几个显示终端以及各种其他外围设备，用于数据储存、打印和绘图。该计算机含有一个谱库，存储了已知化合物的数千个电子碰撞质谱。当计算机从每次色谱-质谱仪的分析中获取数据时，注入样品中的未知化合物经与谱库的质谱自动对比，可以得到初步的鉴定。计算机通常提供两种或多种最佳的选择，同时附有纯度和符合程度的信息，供鉴别化合物参考。纯度和符合程度分别用 0～1000 的尺度予以分级，其中 1000 表示未知和已知化合物的质谱完全吻合。

每一种 GC-MS 系统均需要定期对质量标准进行校正。校正可由标准化合物如"FC-43"来完成，该化合物在目标质量范围内生成已知的碎片。FC-43 由全氟三丁基胺组成，其分子量为 671D。

三、有机地球化学应用的局限性

生物标志物在有机质演化的过程中具有一定的稳定性，没有和较少发生变化，基本保存了原始生化组分的碳骨架，记载了原始生物母质的特殊分子结构信息。因此对于反映原始的沉积环境及生物群落的组成具有独特优势。但是其也存在一定的局限性。有机地球化学应用的局限性主要表现为三个方面。

(1)热降解或生物降解导致结果解释困难。在对生物标志化合物进行结果解释时，必须讨论其热降解或生物降解的程度，这些因素可能会使一些非相关样品具有相同或相似的生物标志化合物分布，因此在进行结果解释时尽可能地使用生物标志化合物的分布和其他地质和地球化学参数联合对比，使结果更合理可靠。

（2）生物标志物来源不明确导致结果的多解性。在进行母源输入和沉积环境判别时，也要考虑生物标志化合物来源，尽管某一化合物或某一组化合物可能是支持某一种特定的生物来源或古环境，但也可能有例外，所以使用时尽可能联合其他指标进行解释。

（3）油气运移的影响。在油气运移过程中主要有两个过程影响着生物标志化合物的分布：增溶作用和地质色层效应。增溶作用也叫叠加作用，虽然文献中相关的报道不多，但它涉及与运移原油无关的岩石中有机物质的混入。增溶物质与运移原油相比往往具有较低的成熟度。由于未熟（生油窗前）生物标志化合物的存在，污染可能会变得明显，如烯烃或者是分子和同位素成熟度参数的变化。增溶作用的典型证据是同一原油中具有不同的热成熟度信息。

虽然相关的研究很少，但没有几个原油的生物标志化合物分布会在储层中或在输导层运移的过程中可能因污染物的增溶作用而发生重大的改变。一般而言，储集岩和输导岩中的有机质含量很低，由这些来源增溶的生物标志化合物与运移原油相比其含量很低。然而，在某些情况下，如贫生物标志化合物的凝析油在运移经过富有机质的煤层后，增溶作用就可能至关重要。

地质色层效应是一种假设的地质过程，在这一过程中生物标志化合物和其他化合物以不同的速率运移通过岩石中矿物基质的间隙。不同分子量、不同极性和不同立体结构的化合物在离开烃源岩的运动中（初次运移）或通过输导层（二次运移）的过程中在遭受各种吸附/解吸作用时应该具有迥然不同的表现。研究表明，在经历蒙脱石黏土的差异性吸附时存在于生物标志化合物间的运移差异。

第三节　有机地球化学的主要应用

一、烃源岩评价

烃源岩的评价主要回答勘探区是否存在烃源岩，哪些是烃源岩，烃源岩的品质如何，岩石中有机质的多少、有机质生烃能力的高低及有机质向油气转化的程度是决定烃源岩生烃前陆的因素。从原理上讲，烃源岩的体积也是决定其生烃量的重要因素，但烃源岩的体积受控于其发育厚度和分布面积，这是一个地质问题。

（一）有机质的丰度

有机质丰度是指单位质量岩石中有机质的数量。衡量岩石中有机质的丰度所用的指标主要有总有机碳（TOC），氯仿沥青"A"和总烃、生烃势。

1. 有机质丰度

1）总有机碳（TOC，%）

总有机碳是指岩石中存在于有机质中的碳，它不包括碳酸盐岩、石墨中的无机碳。通常用占岩石质量的百分比来表示。从原理上讲，岩石中有机质的量还应该包括 H、O、N、

S 等所有存在于有机质中的元素的总量，但考虑到 C 元素一般占有机质的绝大部分，且含量相对稳定，故常用总有机碳的含量来反映有机质的丰度。

从分析原理来看，有机碳既包括占岩石有机质大部分的干酪根中的碳，也包括可溶有机质中的碳，不包括已经从烃源岩中所排出的油气中的碳，也不包括虽然仍残留于岩石中但相对分子质量较小的挥发性较强的轻质油和天然气中的有机碳。因此，所测得的有机碳只能是残余有机碳。

2) 氯仿沥青 "A"(%) 和总烃(HC，10^{-6})

氯仿沥青 "A" 是指用氯仿从沉积岩(物)中溶解(抽提)出来的有机质。它反映的是沉积岩中可溶有机质的含量，通常用占岩石质量的百分比来表示。严格地讲，它作为生烃(取决于有机质丰度、类型和成熟度)和排烃作用的综合结果，能反映烃源岩中残余可溶有机质的丰度，但不能反映总有机质的丰度。氯仿沥青 "A" 中饱和烃和芳香烃之和称为总烃，通常用占岩石质量的比例来表示。它反映烃源岩中烃类的丰度而不是总有机质的丰度。但在其他条件相近的前提下，这两项指标的值越高，所指示的有机质的丰度越高。因此，它们也常常被用作烃源岩评价时的丰度指标。不过，这两项指标均无法反映烃源岩的生气能力。同时，在高-过成熟阶段，由于液态产物裂解为气态产物，它也难以指示高-过成熟烃源岩的生油能力。另外，由于氯仿抽提及饱和烃、芳香烃分离时的恒重过程，C_{14}^-(指碳数低于 14 个)的烃类基本损失殆尽，两项指标实际上也未能反映烃源岩中的全部残油和残烃量。也有学者认为，氯仿沥青 "A" 和总烃是一个残油、残烃量的指标，其值高，可能不一定表明生烃条件好，反而可能指示烃源岩的排烃条件不好，即指示这类烃源岩对成藏的贡献可能有限。

3) 生烃势

对岩石用岩石热解仪分析得到的 S_1，被称为残留烃，相当于岩石中已有机质生成但尚未排出的残留烃(或称为游离烃或热解烃)，内涵上与氯仿沥青 "A" 和总烃有重叠，但比较富含轻质组分而贫重质组分。分析所得的 S_2 为裂解烃，本质上是岩石中能够生烃但尚未生烃的有机质，对应着不溶有机质中的可产烃部分。所以 (S_1+S_2) 被称为 "geneticpotential"，即 "生烃潜力" 或者 "生烃潜量"，一些学者也将 (S_1+S_2) 称为生油势，它包括烃源岩中已经生成的和潜在能生成的烃量之和，但不包括生成后已从烃源岩中排出的部分。因此，在其他条件相近的前提下，两部分之和 (S_1+S_2) 也随岩石中有机质含量的升高而增大。因此，也成为目前常用的评价烃源岩有机质丰度的指标，称为生烃势，单位为 mg/g。显然，它也会随着有机质生烃潜力的消耗和排烃过程而逐步降低。

除了上述常用的有机质丰度指标外，还可以利用全岩薄片在显微镜下统计的有机质数量(面积占比)反映有机质的丰度。早期，也有学者利用氨基酸的含量来反映有机质的丰度。

2. 烃源岩中有机质丰度评价

岩石中有机质的含量达到多少才能成为烃源岩，是有机质丰度评价的主要内容。对于烃源岩中有机质含量界线，国内外学者都做过大量研究工作。根据大量类似的经验数据统计，国外泥质烃源岩有机碳的下限值一般确定为 0.5%。有些地球化学家主张碎屑岩生油岩可选用 1%的有机碳下限，理由是大多数碎屑岩生油岩都含有很多的再循环的干酪根，所以应提高下限值。

我国主要陆相含油气盆地中，在陆相淡水-半咸水沉积中，主力油源层的有机碳含量均在 1.0%以上，平均值为 1.2%～2.3%，可高达 2.6%以上；氯仿沥青"A"的含量均在 0.1%以上。平均值为 0.1%～0.3%，烃含量均在 $410×10^{-6}$ 以上，平均值大多为 $(550～1800)×10^{-6}$。总体而言，我国陆相主力油源岩是一套灰黑、灰色泥岩、页岩，所含碳酸盐岩极少。陆相生油岩的有机质丰度，特别是烃含量不低，构成了陆相石油生成的良好的物质基础。

煤系地层因有机质类型较差，相应的丰度评价标准有明显的提高。煤系泥岩(TOC＜6%)与一般湖相泥岩相比，有机质以陆生植物为主，类脂组分含量低，富碳贫氢，虽然有机碳含量高，但生烃潜力低；较高的有机质丰度也使其对可溶有机质的吸附能力比一般泥岩强，单位有机碳的生烃潜力低。但单位岩石的生烃潜力又较高，煤系泥岩的这些基本特点决定了其评价标准与泥岩有所不同。

而煤则因为有机质含量均很高(大于 40%)，丰度已不成为制约因素，因此其有机质丰度的定性评价意义不大。煤作为气源岩已不成问题，能否成为油源岩，关键在于其中有机质的组成和性质。

由于成气机理不同于热成因气，生物气源岩的评价标准应该不同于常规气源岩。在有利的条件下，有机质产生物气的产率较高，能否成藏，在很大程度上取决于保存条件。同时，也与主要成气的深度有很大的关系。我国在柴达木盆地发现了储量超过 $1×10^{11}m^3$ 的大型生物气田，其气源岩的有机碳大多为 0.2%～0.3%，我国长江、珠江三角洲地区发现的浅层生物气藏(田)源岩的有机碳也不高(0.3%～0.5%)。因此，作为生物气源岩，有机质的丰度可以较低。

评价标准与勘探效果之间的巨大反差，促使地球化学家开始反思过去所定评价标准的合理性。国内许多学者从勘探实例剖析、地质统计、油源对比、模拟实验、数值模拟等方面，对这一问题进行了多方面的深入探讨，结果倾向于认为，碳酸盐岩和泥岩作为有效烃源岩的有机质丰度下限没有本质区别，其有机碳含量必须大于 0.5%，低丰度的碳酸盐岩不能作为有效烃源岩(表 8-1)(Bjoroy M，1994；张水昌，2002；柳广弟，2009；陈建平，2012)。

表 8-1　泥质岩烃源岩有机质丰度评价标准

参数类型	非烃源岩	差烃源岩	中等烃源岩	好烃源岩
有机碳/%	＜0.5	0.5～1.0	1.0～2.0	＞2.0
氯仿"A"/%	＜0.01	0.01～0.10	0.10～0.15	＞0.15
生烃潜量/(mg·g^{-1})	＜0.5	0.5～2.0	2.0～6.0	＞6.0

(二)有机质的类型

由于不同来源，组成的有机质成烃潜力有很大的差别，因此，要客观认识烃和源岩的成烃能力和性质，还必须对有机质的类型进行评价。有机质(干酪根)类型是衡量有机质产烃能力的参数，同时也决定了产物是以油为主，还是以气为主。有机质的类型既可以由不溶有机质的组成特征来反映，也可以由其产物-可溶有机质及其烃类的特征来反映。

1. 依据岩石(或干酪根)的岩石热解特征划分有机质的类型

利用岩石热解烃源岩评价仪所得到的热解三分资料可快速经济的直接利用少量岩石(这项分析也可以对干酪根进行)获得许多参数,其中不少包含有烃源岩中有机质类型的信息,如氢指数(I_H)、氧指数(I_O)分别与 H/C(原子个数比)、O/C(原子个数比)相近。因此,对成熟度较低的烃源岩而言,I_H 能较好地反映有机质的生烃能力,母质类型指数也可反映有机质氢、氧的相对富集程度,因而可成为良好的判识有机质类型的指标。事实上,这些参数已成为目前油田生产实践中最常用的判识有机质类型的指标之一。图 8-4 为氢指数-氧指数关系图,它是按三类四型方案划分有机质类型的图解。

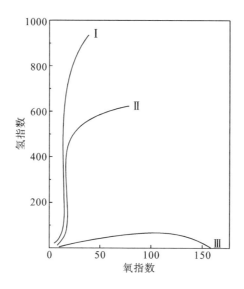

图 8-4　由氢指数、氧指数划分有机质类型图

2. 依据红外光谱(官能团)特征划分有机质的类型

有机质的红外谱带可以分为脂族基团、芳香基团和含氧基团三大类。显然,对相近成熟度的有机质样品来说,脂族基团含量越高,而芳香基团、含氧基团含量越低,则类型越好。因此,依据这些基团(谱带)的相对强度,可以选择许多比值来表征有机质的类型。相关标准可以参照有关行业标准。

3. 依据干酪根的稳定碳同位素组成(δ^{13}C)判识干酪根的类型

不同来源、不同环境中发育的生物具有不同的稳定碳同位素组成。总体上讲,相同条件下,水生生物较陆生生物富集轻碳同位素,类脂化合物较其他组分富集轻碳同位素。因此,较轻的干酪根碳同位素组成一般反映较高的水生生物贡献和较多的类脂化合物含量,即对应着较好的有机质类型。干酪根作为生物有机质的演化产物,应该继承原始有机质的特征。因此,由干酪根的碳同位素组成应该可以反映其有机质的来源及有机质的类型。大多数植物的 δ^{13}C 值为-34‰~-24‰,藻类为-23‰~-12‰,现代沉积物中,湖泥有机质

$\delta^{13}C$ 值为$-32.5‰\sim-27.5‰$（中国科学院地球化学研究所有机地球化学与沉积学研究室，1982），海泥有机质 $\delta^{13}C$ 值平均为$-20‰$（Degens，1969）。

4. 依据干酪根的热失重特征判识干酪根的类型

干酪根在受热过程中会发生裂解，产生挥发性的产物，因此残余干酪根的重量会随着受热温度的升高而逐渐减少。热失重，即是指受热前干酪根的重量减去受热后干酪根的重量。不同类型的干酪根由于产烃潜力不同，因而失重量也会不同。显然，对成熟度相近的样品，干酪根的类型越好（产烃潜力越大），相同条件下的失重量越大，即各类干酪根的热失重量顺序为：Ⅰ型＞Ⅱ型＞Ⅲ型。这 3 类干酪根的最大失重量分别可达到干酪根原始重量的 80%、50% 和 30% 左右。

5. 依据可溶沥青的特征识别有机质类型

1）氯仿沥青"A"的族组成及正构烷烃组成

氯仿沥青"A"是各种烃类和非烃类的混合物，通常可将其进一步分离成饱和烃、芳香烃、非烃和沥青质 4 个族组分。不同类型干酪根所生成的氯仿沥青"A"的族组成存在一定的差异，一般来说，类型越好的干酪根，所生成的氯仿抽提物中饱和烃含量越高；同时，由于藻类等水生生物的正构烷烃一般以较低碳数（小于 C_{20}，主峰碳数一般在 C_{15}、C_{17}）不具奇偶优势的组分为主，而高等植物生源的饱和烃中以高碳数具奇碳优势的正构烷烃为主，因此，在有利的条件下，可以由此间接判识有机质的类型（表 8-2）。需要说明的是，氯仿沥青的族组成不仅受母质类型影响，还受母质的成熟度及运移、次生改造过程的影响，因此表中只适用于低演化程度、未经明显蚀变的样品，当热演化程度较高时，由于大分子烃类的热裂解，会导致上述特征消失。

表 8-2　依据可溶有机质特征划分有机质类型表（三类四分法）

指标		Ⅰ₁	Ⅱ₁	Ⅱ₂	Ⅲ
饱和烃特征	峰型特征	前高单峰型	前高双峰型	后高双峰型	后高单峰型
	主峰碳	C_{17}、C_{19}	前 C_{17}、C_{19} 后 C_{21}、C_{23}	前 C_{17}、C_{19} 后 C_{27}、C_{29}	C_{25}、C_{27}、C_{29}
氯仿沥青"A"的族组成	饱和烃/%	$40\sim60$	$<40\sim30$	$<30\sim20$	<20
	饱/芳	>3	$3.0\sim1.6$	$1.6\sim1.0$	<1.0
	非烃+沥青质/%	$20\sim40$	$>40\sim60$	$>60\sim70$	$>70\sim80$
生物标志化合物 $5\alpha(C_{27}+C_{28}+C_{29})=1$	$5\alpha\text{-}C_{27}$/%	>55	$55\sim35$	$35\sim20$	<20
	$5\alpha\text{-}C_{29}$/%	<25	$25\sim35$	$>35\sim45$	$>45\sim55$
	$5\alpha\text{-}C_{27}/5\alpha C_{29}$	>2.0	$2.0\sim1.2$	$1.2\sim0.8$	<0.8

注：参考《陆相烃源岩地球化学评价方法》（SY/T 5735—2019）。

2）氯仿沥青"A"及原油的碳同位素

氯仿沥青"A"作为干酪根的演化产物，应该在一定程度上继承了先质的特征，但由于成烃反应中的碳同位素分馏作用（^{12}C 优先富集于反应产物中），氯仿沥青"A"的碳同位素组成略轻。由于在石油从生油层向储层运移过程中的碳同位素分馏作用和组分分馏作用，储层中聚集的石油的碳同位素组成也往往较氯仿沥青"A"中的略轻。如果泥岩受到运移来氯仿烃类的浸染，$\delta^{13}C$ 氯仿沥青"A" 所代表的母质类型信息失去意义。

3) 单体烃同位素组成

单体烃同位素是指原油或沥青中单一烃类化合物碳同位素。正构组分单体烃碳同位素有随相对分子质量增加而变轻的趋势。用正构组分的单体烃同位素分布可以区分油的来源。

湖水的咸度可能对原油的单体烃同位素分布形式存在影响，淡水-微咸水湖相原油单体烃同位素偏轻，湖相半咸水、咸水湖相原油偏重，沼泽相煤成烃最重。

除了不溶有机质和可溶有机质的特征能够反映有机质的类型之外，干酪根的热解产物，如热解-气相色谱的产物特征等也可以反映有机质的类型。

上述判别有机质类型的各种方法中，应用较多、比较权威的是依据干酪根的元素组成、显微组分组成，岩石热解数据和生物标志化合物指标（主要是甾、萜）来判识有机质类型。依据干酪根的元素组成来判识干酪根类型的方法从原理上讲比较合理，因为元素组成是一切物质组成的基础，而且它在一定程度上规定了干酪根分子及产物分子的结构，但分析结果受热演化的影响较大，分析也比较耗时费力。岩石热解分析的突出优点在于快速经济，但分析结果受热演化的影响很大，同时氧指数常常会受到无机矿物的干扰，另外目前的改进型仪器往往并不分析氧指数。镜下鉴定的显微组分组成的优点在于能直观地提供有关有机质来源的信息，在演化程度不是太高时，受热演化程度的影响较小，但受观察者的主观因素的影响较大，有些组分在镜下难以确定生源，如无定形体不一定肯定源于产烃能力强的水生生物。甾烷内组成指标的突出优点是受热演化的影响小，但分类界线有较大波动。

除了甾烷内组成和显微组分组成外，由干酪根的碳同位素特征判识有机质类型受热演化的影响也较小。其他指标，大多受热演化的影响很大，如 H/C（原子个数比）、O/C（原子个数比）、I_H、I_O 等均随演化程度的升高而减小，在 H/C-O/C 关系图和 I_H-I_O 关系图上，当成熟度升高到一定程度时，各类干酪根的演化途径趋向于重合，红外光谱上的脂族和含氧官能团趋于消失，热失重减小。因此，许多指标都难以判识高演化程度的样品的有机质类型。一般情况下，常常是多种方法结合应用，互相佐证。

(三) 有机质的成熟度

油气虽然是由有机质生成的，但从有机质到油气需要经过一系列的变化。衡量这种变化程度（有机质向油气转化程度）的参数为成熟度指标，这方面的研究即为有机质的成熟度评价。从原理上讲，无论是成烃母质，还是其产物，只要在成熟演化过程中体现出规律性的变化，反映这种变化的参数即可成为成熟度指标。因此，反映生烃母质干酪根演变特征的元素组成的变化、官能团构成的变化、自由基含量的变化、颜色及荧光性的变化、热失重的变化、碳同位素组成的变化、镜质组反射率的变化以及反映热解产物演化的可溶有机质的含量及组成、烃类的含量及组成均可成为成熟度指标。生物标志化合物异构化参数、奇偶优势参数等也可以成为成熟度指标。

1. 镜质组反射率（R_o）作为成熟度指标

虽然镜质体并非是十分有利的成烃母质，R_o 的增大与烃类的生成并没有必然内在的联系，但由于镜质组反射率随热演化程度的升高而稳定增大，并具有相对广泛、稳定的可比性，R_o 成为目前应用最为广泛、最为权威的成熟度指标。表 8-3 列出了我国石油行业 1995 年颁布的 R_o 与有机质演化阶段（成熟度）的关系。

表 8-3　陆相烃源岩有机质成烃演化阶段划分及判别指标（SY/T 5735-1995 简化）

演化阶段	R_o/%	孢粉颜色指数 SCI	T_{max}/℃	H/C（原子个数比）	孢子体显微荧光	孢粉（干酪根）颜色	ααα-C$_{29}$20S/(20S+20R)	C$_{29}$ββ(ββ+αα)	古地温/℃	油气性质及产状
未成熟	<0.5	<2.0	<435	>1.6	>1～1.4	浅黄色	<0.20	<0.20	>50～60	生物甲烷未成熟油、凝析油
低成熟	<0.5～0.7	2.0～3.0	435～440	1.6～1.2	>1.4～2.0	黄色	0.20～0.40	0.20～0.40	>60～90	低成熟重质油、凝析油
成熟	>0.7～1.3	>3.0～4.5	>440～450	<1.2～1.0	>2.0～3.0	深黄色	>0.40	>0.40	>90～150	成熟中质油
高成熟	>1.3～2.0	>4.5～6.0	>450～580	<1.0～0.5	>3.0	浅棕色—棕黑色	—	—	>150～200	高成熟轻质油、凝析油、湿气
过成熟	>2.0	>6.0	>580	<0.5	>3.0	黑色	—	—	>200	干气

注：SCI＝$p×n_i/\sum n_i$；式中，p 为颜色级别数，规定如下：1.淡黄色；2.黄色；3.棕黄色；4.棕色；5.深棕色；6.棕黑色；7.黑色；n_i 为颜色级别数为 i 的化石数量。参考《陆相烃源岩地球化学评价方法》（SY/T 5735—2019）。

但这一指标在应用中也存在不少局限。第一，镜质体源于高等植物的碎片，所以泥盆纪以前的沉积岩中因缺乏镜质体，使这一指标难以应用。第二，通常使用的 R_o 值是在显微镜下测量的若干值的平均值，对于以水生生物为主的倾油性的干酪根，由于缺少高等植物输入会使干酪根中的镜质体很少或缺乏（如碳酸盐岩），这种情况下，反射率值可能不可靠。第三，一般认为 R_o 只与时间、温度有关，这是它能成为公认的成熟度指标的基础之一。但已有证据表明，大量的油型显微组分或沥青的存在（对镜质体的浸染）或烃源岩内存在超压都会使镜质组反射率的测值偏低或者正常演化变得迟缓。这会使得 R_o 作为权威成熟度指标的有效性受到挑战。

2. 碳酸盐岩有机质成熟作用标志与成熟度评价

对缺少镜质体的地层，尤其是下古生界海相碳酸盐岩，很难经过实践证明是可信的。可以说，这些地层的成熟度评价是困扰石油地质界和油气地球化学界的难题。

目前主要是利用海相岩石中各种有机显微组分的光性参数和干酪根的化学结构参数与镜质组反射率之间的相关关系，来获取等效镜质组反射率。任何成熟度评价参数，如不能建立起可与目前国际上唯一公认的，最广泛应用的成熟度指标——镜质组反射率进行直接或间接的对比关系，则不能被认为是可靠的成熟度指标。

1) 沥青反射率(R_b)

影响沥青反射率的主要地质因素是沥青的成因及其热演化特征。由于沥青的来源不同，它可以发育成不同的光学结构。只有在烃源岩原地形成的或干酪根热转化初期形成的固体沥青，才可以用作成熟度研究。

Jacob(1985)对镜质组反射率与沥青反射率大量数据进行对比研究，提出下列相关关系式：

$$R_o=0.618R_b+0.4 \qquad (8\text{-}1)$$

镜质组反射率与沥青反射率之间存在函数的关系，但不同成熟度范围内，这种函数关系可能存在一定的变化。

2) 海相镜质组反射率(R_{mv})

海相镜质组是碳酸盐岩中"自生"的镜质组分，其反射率与煤中的镜质组反射率有极好的相关关系，是海相碳酸盐岩最理想的成熟度指标之一。钟宁宁和秦勇(1995)通过华北地区石炭系灰岩自然演化系列样品和石炭系—二叠系煤的比较研究，建立了海相镜质组反射率与煤镜质组反射率的换算关系式：

$$\begin{aligned} R_{mv}&=0.805R_o-0.103 \quad (0.50\%<R_o\leqslant1.60\%) \\ R_{mv}&=2.884R_o-3.630 \quad (1.60\%<R_o\leqslant2.00\%) \\ R_{mv}&=1.082R_o+0.025 \quad (2.00\%<R_o<5.00\%) \end{aligned} \qquad (8\text{-}2)$$

一般情况下，在 $R_o\leqslant2.0\%$ 时，煤镜质组反射率明显高于海相镜质组，其差值可在 $0.1\%\sim0.4\%$；当 $R_o>2.0\%$ 时，海相镜质组反射率演化开始超前正常的陆源镜质组。

海相镜质组在开阔台地相的碳酸盐岩中比较容易获得，但在强还原相的海相地层中不容易找到。

3) 动物有机碎屑反射率

在海相地层，尤其是下古生界海相地层中存在多种动物的有机碎屑，许多动物有机碎屑都有类似镜质组的光性特征。有关动物有机碎屑光纤参数作成熟度指标一直受到国内外学者的重视。对笔石、几丁虫、虫鄂等海相动物有机碎屑的反射性进行研究，将它们的反射率演化特征与镜质组对比，发现这些动物有机碎屑的反射率可以用于早古生代海相地层的有机质成熟度评价。Bertrand 和 Héroux(1987)根据加拿大东部泥盆系样品建立的反射率换算关系式如下：

$$\begin{aligned} \lg R_c &= 1.08\lg R_T \\ \lg R_s &= -0.19+1.29\lg R_T \\ \lg R_c &= -0.04+1.10\lg R_T \end{aligned} \qquad (8\text{-}3)$$

式中，R_c、R_s、R_c 分别为几丁虫、虫鄂和笔石的反射率，%；R_T 为结构镜质组反射率，%。

4) 牙形刺的荧光性

牙形刺的色变指数早已成为大家所熟悉的早古生代海相地层的成熟度指标。但牙形刺的色变指数依赖人的肉眼比色，颜色等级的划分受诸多因素的影响，故仅为半定量指标，在实际应用中有许多不便之处。

5) 干酪根芳核平均尺寸指数 (X_b)

干酪根芳核平均尺寸指数 (X_b) 是程克明和王兆云 (1996) 提出的一个成熟度参数。该参数指干酪根的芳香核中桥头碳 (环间桥接芳碳) 含量 F_μ^B 与总芳构碳的比值。桥头碳含量和总芳构碳含量由干酪根的固体 ^{13}C 核磁共振分析获取。随着源岩成熟度增加，干酪根中的芳碳率和桥头碳含量有规律地增大，与镜质组 R_o 呈良好的正相关关系：

$$R_o = 5.2564X_b - 0.3534 \tag{8-4}$$

芳核平均结构尺寸指数 (X_b) 与镜质组反射率 (R_o)、海相镜质组反射率 (R_{mv}) 之间的关系，已通过对我国华北石炭系灰岩自然演化系列和塔里木、渤海湾等地下古生界碳酸盐岩的研究得到初步验证 (程克明和王兆云，1996)。

3. 干酪根元素组成的变化反映有机质的成熟度

干酪根的成烃过程是一个脱氧、去氢、富集碳的过程。因此，干酪根的 H/C、O/C (原子比) 随成熟度的升高而持续降低。这是元素组成的变化能够反映有机质成熟度的基础。对同一类型的干酪根，一般比值越低，成熟度越高。但是，对不同类型的干酪根，这一比较并不成立，从而使 H/C、O/C (原子比) 并非良好的成熟度指标。不过在由干酪根元素分析获得的 H/C、O/C (原子比) 构成的范氏图中，不同类型干酪根都有自己的热演化轨迹。成熟度越高的样品，越靠近图的左下角。这比仅仅依靠原子比来判断成熟度更为有效。但由于 O/C 往往受无机矿物的影响，故这也只是一种粗略估计干酪根成熟度的方法。与 R_o 指标相比，其定量性差。

4. 干酪根官能团组成的变化反映有机质的成熟度

随着受热程度的升高，干酪根演化、成烃的结果使其结构中脂族官能团和含氧官能团含量降低。因此，对同一类型的干酪根，其官能团的组成可以定性反映有机质样品的成熟度。

5. 自由基浓度的变化反映有机质的成熟度

不同类型的干酪根在相同的演化阶段具有明显不同的自由基含量，且自由基含量随演化并非单调变化。使自由基作为成熟度指标的应用并不广泛和权威，虽然 20 世纪 80 年代及以前探讨较多，但近年来应用较少，且大多是在缺少镜质组的海相地层中应用。

6. 干酪根颜色及荧光性的变化作为成熟度指标

随着热演化程度的升高，干酪根或生物残体 (显微组分：牙形石、孢子、花粉、藻类) 的芳核缩聚程度加大，碳化程度提高，对光吸收增强，颜色由浅变深，使反映颜色变化的热变指数成为常用的成熟度指标之一 (表 8-4)。而干酪根中类脂组的荧光强度随热演化程度的升高而降低及荧光波长的红移使干酪根荧光性的变化成为近 20 年来在研究中被较为广泛探讨的热指标。这类指标的优点在于可以广泛应用，其不足在于分级较少，定量性偏低，颜色描述在一定程度上受观测者主观因素影响，由于设备及技术上的原因，荧光性测定在实际中的应用还较少。

表 8-4 有机质热变指示带

热变指示带	孢粉颜色	干酪根颜色	荧光	R_o/%	成熟阶段	热变指数
第一带黄色带	黄色、淡黄色	黄色	强	<0.5	未成熟	1
第二带橘色带	橘黄、深黄色	橘黄色	中	0.5～1.0	低成熟	2
第三带棕色带	棕色	褐色	微弱	1.0～1.5	成熟	3
第四带黑色带	棕黑、暗棕色	暗褐色	无	1.5～2.0	高成熟	4.5
第五带消光带	黑色	黑色	无	>2.0	过成熟	

7. 干酪根热失重量反映成熟度的变化

显然对同一类型的干酪根，随着热演化程度的升高，其可失量逐渐减小，这是它能够在一定程度上反映成熟度的基础。显然，与干酪根的元素组成、官能团组成、自由基含量的变化一样，它受有机质类型的影响极大。这也是该类参数难以成为权威、可信的成熟度指标的制约性因素。

8. 碳同位素组成的变化作为成熟度指标

在有机质演化早期的成岩作用阶段，由于富含 ^{13}C 的含氧基团的脱去，有机母质的碳同位素组成逐渐变轻。在大量成烃的深成热解作用阶段，$^{12}C—^{12}C$ 键的优先断裂使裂解生成的烃类产物相对富含轻碳同位素，使母质的碳同位素组成变重，但是由于这一过程导致的碳同位素分馏效应有限，同时，还有部分相对富集 ^{13}C 含氧基团（如羧基）的继续脱去，使干酪根总体的碳同位素组成变化幅度不大，难以作为有分辨力的成熟度指标。但是，在有机质生成烃类气体时，碳同位素的分馏效应往往非常明显，从而使天然气的碳同位素组成可以敏感地反映成熟度的变化。因此，C_1 的同位素成为判识天然气成熟度较为常用和有效的指标。$\delta^{13}C_1$-R_o 关系式即是基于这一原理，但不同类型的有机质的 $\delta^{13}C_1$-R_o 关系并不相同。从原理上讲，烃源岩中吸附气的碳同位素组成也可以作为衡量烃源岩成熟度的指标，但这需要考虑运移、扩散等过程导致的分馏效应的影响。

9. 氯仿沥青"A"及烃类的含量和组成的变化反映成熟度

无论是氯仿沥青"A"，还是总烃或饱和烃、芳香烃，其对有机碳归一化后的含量随埋深（成熟度）的升高均体现出先增后减的规律性变化，故它们可以反映有机质的成烃进程。可溶有机质和烃类含量反映有机质的成熟度主要不是依靠其绝对量的大小，而是依据其在地质剖面上的变化趋势，即含量由低变高的拐点对应着生油门限，含量最高的点被认为对应着生油高峰，而含量重新降到低值对应着生油下限。从原理上讲，有机质成油（成烃）阶段的确定和划分主要应依据这种成烃量的变化。但由于受取样的深度分布范围、有机质类型变化、排烃效率变化等因素的影响，不少情况下，往往难以得到理想的演化剖面。因此，实际应用中更多地依赖镜质组反射率等成熟度指标来划分成烃阶段。

氯仿沥青"A"的族组成及烃类的内组成（各组分的相对含量及不同结构、不同环数、不同化合物之间的比值）也随埋深呈现规律性变化，因此，它们也可以在一定程度上反映出有机质的热演化程度。但由于它们受有机质类型、排烃效应等非热因素的影响更大，因此，大多数情况下，它们仅仅被用作判识成熟度时的参考性指标。

10. 生物标志化合物作为成熟度指标

这包括正构烷烃奇偶优势、甾、萜异构化、芳构化、C—C 键的裂解、重排反应等众多指标。在使用生物标志化合物判断成熟度时，由于这些指标往往会受到生物母源、沉积环境等的影响，需要结合其他指标进行综合判断。

11. 最高热解峰温（T_{max}）作为成熟度指标

T_{max} 是由岩石热解仪分析所得到的 S_2 峰的峰顶温度，对应着实验室恒速升温的条件下热解产烃速率最高的温度。有机质在埋藏过程中随着热应力的升高逐步生烃时，活化能较低、容易成烃的部分往往更多地被优先裂解，因此，随着成熟度的升高，残余有机质成烃的活化能越来越高，相应地，生烃所需的温度也逐渐升高，即 T_{max} 逐渐升高。这是 T_{max} 作为成熟度指标的基础。也有人认为，T_{max} 可能比 R_o 值对于热事件更敏感。由于岩石热解分析快速经济，它成为常用的成熟度指标之一。但是由于 T_{max} 与有机质的类型有关，T_{max} 测值的波动较大，它作为热指标的权威性不如 R_o。

另外，如果没有发生排烃作用，岩石热解获得的 $S_1/(S_1+S_2)$ 也应该能很好地反映有机质向油气转化的程度，即反映有机质的成熟度。不过由于 S_1 与源岩的排烃效率关系很大，使得它并非很好的成熟度指标。

12. 芳香烃参数作为成熟度指标

20 世纪 80 年代以来，许多学者着力探讨了芳香烃参数作为成熟度指标的可能性。已经提出并应用的指标有：甲基菲指数、三芳甾/（单芳甾＋三芳甾）、低分子芳甾/高分子芳甾等。这些指标在实际应用中，同样可能受到生物母源、沉积环境等的影响，因此，也需要结合其他指标进行综合判断。

13. 噻吩类成熟度参数

噻吩类是石油中常见的含硫化合物，已能识别出上百种单体。目前应用于成熟度研究的主要集中于烷基二苯并噻吩类（DBTs）化合物。噻吩类存在于芳香烃馏分中，根据 GC-MS $m/z = 198$、$m/z = 212$，可鉴定出甲基二苯并噻吩（MDBTs）和二甲基二苯并噻吩（DMDBTs）化合物。

根据分子热稳定性机理，在苯环的不稳碳位上，具有取代基的烷基二苯并噻吩异构体，具有不同的热稳定性。C-4 位烷基取代的异构体最为稳定，C-1 位烷基取代的异构体最不稳定。随着成熟度的增加，热稳定性高的异构体增加，可以使用 2,4-DMDBT/1,4-DMDBT

（记为 $K_{2,4}$）和 4,6-DMDBT/1,4-DMDBT（记为 $K_{4,6}$）来反映成熟度，一些学者提出了它们与 R_o 的对应关系（罗健等，2001）：

$$R_o(\%) = 0.14K_{4,6}+0.57 \tag{8-5}$$

$$R_o(\%) = 0.35K_{2,4}+0.46 \tag{8-6}$$

需要注意的是，上述函数关系是基于特定样品进行的规律总结，在实际应用中，可能存在一定差异。

14. 时间温度指数（TTI）作为成熟度指标

除了上述依据生烃母质或者其演化产物的特征来判识有机质的成熟度的方法之外，目前还用到的一种判断有机质成熟度的半定量方法：TTI（时间温度指数）法，与有机质本身没有任何关系。

如前所述，有机质所经历的时间-温度史是决定油气生成量的关键因素。因此，苏联学者洛泊京基于"温度每升高 10℃，化学反应（成熟作用）速度增大 1 倍"的范特霍夫经验规则，提出了用时间温度指数（TTI）的概念来描述经源岩（有机质）所经历时间和温度史：

$$TTI=\sum \Delta t \times 2^n \tag{8-7}$$

式中，Δt 为烃源岩在某一温度下所经历的时间（Ma），在所选择的基准温度间隔（洛泊京选取 100～110℃）内，$n=0$，以后温度每升高 10℃，n 增加 1，而每降低 10℃，n 减少 1。显然，THI 值越大，有机质的成熟度应该越高。这一指数的实际计算过程要比这里介绍的原理稍微复杂一些。这一指标的主要问题在于范特霍夫规则在许多情况下并不成立。

上面简单介绍了几类代表性的成熟度指标。事实上，文献报道过的成熟度参数远不止这些，如早期探讨过的卟啉类指标，近年来探讨的轻烃成熟度指标等。许多情况下源岩或者原油的成熟度需要多种指标的配合使用才能准确界定。同时，有些热指标只是其他研究的副产品，如干酪根的元素组成、功能团构成、热失重等，更主要的是有机质的类型指标，但它也具有一定的成熟度含义。指标的多用性也使它具有多解性。当前，除了镜质组反射率指标外，生物标志化合物（尤其是甾萜）、T_{max} 热变指数（干酪根颜色）等是应用较为广泛的成熟度参数。

（四）应用有机相评价烃源岩

烃源岩在地下总是有一定的分布面积，由于钻井及取样分析数据的限制，人们依据有限的分析数据所评价的只能是有限个点的烃源岩的性质。要从总体上评价它的全貌，必须将点的评价结果推广到平面上。有机相概念（Rogers，1979）的提出，正好适应了这一需要。

Rogers（1979）明确提出应用有机相来评价烃源岩中有机质的数量、类型与产油气率和油气性质的关系以来，源岩有机相分析在油气勘探中得到了广泛应用。但是国内外不同学者所给出的有机相的定义和划分仍有所差别，其中影响较大的是 Rogers（1979）和 Jones（1987）对有机相的认识和划分。

Rogers（1979）认为，有机相类似于沉积相，可以跨越时间，不受地层和岩石单位的限制，有机质丰度、类型和沉积环境是确定有机相的必要条件，其中尤以有机质类型最为重要。显然，Rogers 强调的主要是生物和环境。

表 8-5 有机相 A-D 的综合沉积地球化学特征(Jones，1987)

有机相类型	A	AB	B	BC	C	CD	D
	深湖湖源藻质相	半深湖混源母质相	滨浅湖陆源母质相	湖沼陆源母质相	河流陆源母质相	冲积扇陆源有机相	陆源有机相
干酪根中无定型含量	多			中等	很低或没有		
浮游生物含量	多	中等	稀少	极为罕见			
干酪根中植物碎片含量	少			中等	较多		
I_H/(mg/g)	≥850	≥850	≥650	≥400	≥250	≥50	<50
有机质类型	I	I～II	II	II～III	III	III～IV	IV
TOC/%	5～10	2～5		1～2	0.6～1	<0.6	
氧化还原环境	缺氧	乏氧			次氧化	氧化	
沉积相	深湖	半深湖	滨浅湖	辫状河三角洲	扇三角洲	冲积扇	山麓冲积

Jones(1987)定义有机相为一个给定地层单位的可制图的单位，在其有机成分基础上区别于附近亚单位，不考虑沉积岩的无机面貌。该定义强调了岩石自身的有机组成。

从我国的应用情况看，出现了根据各自目的和技术手段给出的对有机相定义和划分方案。但总体而言，有机相类型、沉积环境成为有机相分析必须考虑的因素(表 8-5)，有机质丰度、成熟度也可能成为备选。由于有机质类型的研究方法和指标很多，且沉积环境要素更为复杂，研究有机相的目的也有差异，因此，有机相的定义和划分出现了因人而异、因地而异的局面。实际上，有机相的提出更重要的是体现为一种研究思想，即以"相"和"相律"思想为指导，研究烃源岩某些属性在空间或时间上的差异性及其分布的有序性，为源岩评价、油源对比等勘探所需服务。要点在于突出与研究目的有重要联系的"源岩"和"相"的关键要素的差异性。不同地质背景决定了这种要素的不同，也就决定了划分的依据不同。因此，有机相研究应根据具体目的、地质实际及资料的丰富程度灵活运用。

应用有机相的概念必须突出两点：第一，既然是有机相，要以有机组成为定义和划相的重点，事实上，沉积环境、成岩环境、氧化-还原条件都在有机组分的组合上得到了一定程度的体现；第二，要使有机相具有预测功能，必须将它与沉积相相结合，因为许多地球物理信息可以反映沉积相难以直接反映有机相。

二、油源对比

(一)对比原则

1. 油气源对比的依据和主要方法

油气源对比的实质是运用有机地球化学的基本原理，合理地选择对比参数来研究油、气及与源岩之间的相互关系。

油气在运移、聚集以及继续演化过程中，由于所经受的物理、化学条件有差别，如受到水洗和生物降解等影响，导致油气性质出现较大的差别，但同源的油气与烃源岩之间总保持某些亲缘关系，表现在化学组成上存在某种程度的相似性，即其中某些成分相同。特别是一些所谓的"指纹指标"，如生物标志物及其含量，或某些成分之间的比值将保持不变或变化少，而非同源的油气则会表现出较大的差异。因此，"相似相关"是进行油气源对比的基本依据。

油气源研究的主要方法是对原油(天然气)之间或原油(天然气)和烃源岩之间的相同馏分中某个成分的含量或某些成分之间的比值，或某同系物分布和组成进行比较。它可通过元素(样品的总体构成)、分子和同位素参数的对比实现，使用的主要分析技术有气相色谱、气相色谱-质谱联用仪和碳同位素测定仪等。

在对比研究中，必须判断哪些数据对成因关系等问题的解释更可靠，哪些数据受后生变化如排驱、运移、生物降解、水洗和热裂解的影响。此外，必须解决其他复杂的问题，如样品的成熟度差异、烃源岩相变化、不同烃源岩原油的混合作用等。

当样品有关成因联系的所有证据是相似的，就会获得可比性的对比结论。由于任何两个样品不可避免地存在差异，因此，建立对比结论的关键并不是找出样品间的相同点，而是找出样品间的差异，并解释这种差异是油源的因素引起的。

2. 油气源对比的原则

1) 多种分析手段的使用

油气形成过程涉及一个固相(干酪根)产生一个新固相(残余干酪根)、液相(油)和气相的复杂物理和化学过程，而油气源对比是要将发生了复杂变化的固、液、气三相之间的亲缘关系找出来。因此，运用多种分析手段，对固、液、气三相进行分析，是获得其清晰关系的必要保证。

通过 GC-MS 分析能够快速、便捷地获得分子化合物的资料，因此，在油源对比中，生物标志物得到比较广泛的应用。大量存在的各种原油分子分析数据库，使化合物的鉴定变得比较容易，更加深了人们对生物标志物的依赖。然而，单一分析技术有可能导致错误的对比结论，尤其是对比中使用的许多生物标志物在样品中表现为低的浓度。

原油易受排驱、运移以及在油气藏中次生蚀变(如裂解、相分离和生物降解等)的影响，对比的技术和参数必须经过挑选。一般而言，油-源对比较油-油对比更为困难，主要在于很少能从有效烃源岩区采到样品。由于取样点的相变化以及潜在的较大的成熟度差异常会带来较多的问题，因此凝析油的对比十分困难。

2) 地球化学与地质学相结合

完全或主要基于地球化学认识而没有充分地考虑地质背景的油气源对比十分普遍。为了保证地球化学的真正独立性，在对比研究的初期阶段，将地球化学认识与地质认识区分开来，但最终结果应该将地球化学模型与地质框架完全结合起来。虽然地球化学数据常有新的认识，但是所有的地球化学结论最终与地质事实应该是一致的。不能准确地将地质与地球化学数据相结合，其结论很难或不可能从地质角度得到证实。

3) 使用统计学方法

油源研究中包括大量的样品、许多不同的分析方法、比值的较大变化及大量的估测值，所以很容易陷入庞大繁杂的数据中。统计学方法的应用可以提高对对比数据评定过程的速度，减少主观性。

3. 油气源对比研究中应注意的若干问题

(1) 烃源岩层的非均质性问题。石油是烃源岩体生成和运移出的烃类流体混合，选择做油源分析的烃源岩，仅代表潜在烃源岩体中的一个个体，如果它不能代表整个烃源岩体，甚至所选样品不是有效烃源岩，则会导致不正确的结论。

(2) 不同的样品成熟度。良好的油气源对比要求氯仿沥青"A"与所对比的原油在成熟度上基本相似，以避免成熟度的影响。成熟度对烃源岩中生物标志化合物的分布有重要影响，同一烃源岩在不同成熟阶段具有差异的化学组成特征。高过成熟阶段的烃源岩中残留烃与地质历史中生成的油的地球化学特征可比性较差，这使得多旋回复杂含油气盆地中油气源对比较为困难。

当样品处于相同或相似的成熟度时，油-油和油-岩的对比大多十分成功。但是，对于高成熟样品，会导致某些信息和可信度的丧失，很容易将成熟度影响与成因区别相混淆。

(3) 油(气)源对比中，正相关不一定是样品相关的"必要证据"，负相关才可能是样品之间缺乏相关性的"有力证据"。油源对比研究仅根据一些生物标志化合物参数的相似性就做出油-岩相关的结论，其可靠性值得斟酌。在进行复杂盆地油气源对比之前，指标的意义及可能的多解性必须厘定清楚，避免选择上的随意性。

(4) 油气多期注入(尤其是气的过量注入)及运移过程和成藏后的次生变化(如脱沥青作用、生物降解作用、储层原油裂解作用、水洗作用、相分馏作用及地质色层效应等)对烃类总体组成和分子参数及同位素组成有重要影响，导致油气源对比结果的失真。油(气)源对比结果要注意现象的特殊性与解释的合理性。

值得指出的是，人们常常习惯于将原油组分的差异归因于源(有机质类型和热成熟度)的不同及生物降解作用的影响。例如，凝析油气的形成被解释为陆生高等植物生源物质(如树脂体等)成因，或者被解释为高成熟阶段($R_o > 1.3\%$)热裂解所致；高蜡油被解释为陆生高等植物生源(如蜡质、角质体等)成因，或者归因于特殊情况下的菌藻类生物的贡献。这些解释几乎成了油气源对比中的定式。然而，这样的解释常常存在许多潜在的问题，因为简单的物理分异作用有时会完全掩盖从烃源岩继承下来的许多信息。究其原因，我们正是被"源"的概念束缚了思路，忽视了油气藏的动态形成历史。尤其对于复杂的含油气盆地，油气形成的多源、多阶、多期性会使众多的地球化学参数变得平均化而失去了生源的意义。从这个意义上讲，在油(气)源对比参数的选取上并非多多益善，尤其是那些受次生作用(如运移分异作用等)影响较大的参数，在使用时需要去伪存真。一般来说，原油的非均质性可以由一个或一个以上不同的地球化学过程所控制，包括热成熟作用、不同有机质输入、在储层中的转化以及运移作用。究竟是哪一种过程控制了原油组分的变化，则需要根据地质地球化学数据分析，得出符合地质实际的结论。

（二）油气源对比参数

1. 油气源对比参数选择

油气源对比中研究的主要对象是干酪根、可溶的沥青和聚集在圈闭中的油气。其中，油气和沥青中的各种烃类和非烃类化合物一般可用作对比参数。但是，由于油气形成的漫长性和本身的可流动性，油气在运移、聚集过程中，甚至在储层中储存期间都会经历一系列的变化，这样就会模糊甚至完全掩盖这些原生的相似性，从而大大增加了对比的多解性和复杂性。因此，合理地选用对比参数，并综合各种地质及地球化学资料是十分必要的。

在遴选对比参数时应注意以下几个原则。

（1）在物理分离过程中及在其后的时期内，对于生油岩和原油所起的任何作用并没有严重地影响这些对比参数。

（2）在岩石和石油中有足够特征的化合物，可以区分各种生油岩和原油。

（3）由于从烃源岩中排出的化合物的浓度随烃源岩的演化程度、运移和次生改造而改变，所以一般不用某种化合物的绝对浓度或绝对量作为对比参数，而是取它们分布形态、形式、相对丰度、比值作为对比参数。

（4）一般不能只选单一参数进行对比，而应选相互独立、具有明显不同地球化学意义的多项参数进行综合对比。

（5）不能只选原油中低丰度的化合物进行对比，还应同时选择高丰度的或整体性参数作全面对比。

2. 常用油气源对比参数简介

不同指标的应用效果和适用范围有一定的差异，因而必须根据具体地质情况和技术条件加以选择，进行综合油气源对比。最常用的方法见表 8-6。

表 8-6 常用的油气源对比方法

方法	参数[①]	应用[②]	主要非成因因素[③]
常规法	物理性质：		
	颜色	*	BIO，MAT，WW，MIG
	API 重度	*	BIO，MAT，WW，MIG
	黏度	*	BIO，MAT，WW，MIG
	成分		
	SANA	* *	BIO，MAT，WW，MIG
	SBC	* *	BIO，MAT，MIG
	元素（油/可抽提有机质）：		
	硫	* *	BIO，MAT，WW，MIG
	氮	* *	BIO
	钒	* *	BIO
	镍	* *	BIO
	V/Ni	* * *	MAT

续表

方法	参数①	应用②	主要非成因因素③
	碳同位素		
	全油	＊＊＊	BIO，MAT
	饱和烃	＊＊	BIO
	芳香烃	＊＊＊＊	WW
	SANA	＊＊＊	BIO，MAT
	正构烷烃	＊＊	BIO，MAT
	异戊间二烯类	＊＊＊	MIG
	甾烷(C₂₆～C₃₀)	＊＊＊＊	MAT
分子方法	三环萜烷	＊＊＊	
	五环三萜烷	＊＊＊	BIO
	金属卟啉	＊＊＊＊	MAT
	芳香烃，环数	＊＊＊	WW，MIG
	NSO 化合物，z 值	＊＊＊	MIG

注：①SANA 为饱和芳香烃；NSO 为含氮、硫、氧的有机化合物；SBC 为直烷链和环烷烃；②星号增加表示应用范围扩大；③BIO 为生物降解；MAT 为热成熟；MIG 为运移；WW 为水洗。

1) 物理性质参数

物理性质参数包括原油的相对密度、黏度、凝固点、旋光性等，但不同来源的原油物性可能相近，而同源原油也可能因次生变化表现出明显的差异。因此，物理参数不是一项理想的指标，在缺少有效分析技术的早期有一定程度的应用，目前已很少应用于油气源对比研究中。

2) 原油孢粉

原油孢粉对油源地质时代确定的地层常常有效，因为原油从生油层排出和储集过程中，挟带着生油层系特定的孢粉组合，保留着基本的可比性。

3) 含蜡量、含 S 量和 V/Ni

含蜡量、含 S 量和 V/Ni 具有指向意义，可用于油气源对比。当一个含油气盆地同时存在着海相和陆相的烃源岩时，利用 V/Ni 和 S 含量有助于鉴别烃源岩，因为海相原油富含 V，V/Ni 的值高；而陆相原油富含 Ni，V/Ni 的值低。同时陆相原油除盐湖相外，还具有低含硫量的特点，也有别于海相。

4) 族组成

生油岩中原始母质的性质和生化组成在很大程度上决定了相应的石油的族组成特征，所以现今仍在使用族组成资料作为油气源对比，尤其是作为油-油对比的宏观或初步对比参数。这些参数和方法有饱芳比、饱和烃、芳香烃、非烃(胶质＋沥青质)的百分含量三角图等。对比中应该十分注意有机质和石油的成熟度，油气运移、聚集、保存等条件对族组成的影响。它们只能作为辅助性宏观参数来使用。

5) 链烃和环烷烃

以正构烷烃和环烷烃为主而建立的一系列涉及脂肪烃本身的参数,有时也可与异构烷相结合。指标中包括馏分中所含单个化合物的配对系列对比,环烷烃和类异戊二烯烷烃的分布及其比值;C_{15}^+正构烷烃分布及正构烷烃比值、轻烃中某组化合物如 $C_4 \sim C_7$ 含量的比较或低分子烷烃($C_1 \sim C_{10}$)组成配对比较等。选用这些指标时,必须满足样品无生物降解和油、岩热演化阶段基本相同,否则将失去对比的意义。有时在石油运移过程中色层效应所造成的偏差,可以采用错位对比法来消除。

(1) 轻烃组成对比。该方法采用了两项参数:单个组分的浓度对比曲线和配对成分的对比。适用于天然气和富含轻质组分的凝析油、未风化原油的分类对比。单个组分的浓度对比曲线,用毛细色谱法测出 $C_1 \sim C_{10}$ 组分(正构＋异构)的绝对浓度,对比油气的相应组分浓度。但许多次生因素会影响轻烃组分的浓度,因此该方法用途有限。为了尽可能减少各种非成因因素对轻烃组分的影响,将化学结构和沸点相近的烃类成分配对,用每对组分的浓度比值对比,即

$$R = (C_a/C_b)/(C_a'/C_b') \tag{8-8}$$

其中,C_a 和 C_b 为一种原油的一对组分的浓度,C_a' 和 C_b' 为另一种原油的一对同样组分的浓度。显然,当各对组分的 R 值接近 1 时,说明二者有较大的相似性,可能为同源。

(2) C_{15}^+正构烷烃分布特征。正构烷烃是油气的主要烃类组成,可以作为油气成熟度和来源的标志,是油气对比的“指纹”化合物。目前它广泛地应用于油-源、油-油对比之中。正构烷烃的碳数分布范围、主峰碳数,特别是碳数分布型式是十分有用的参数,具有亲缘关系的油气常有相似的分布曲线。但是,由于正构烷烃对细菌降解和热力作用非常敏感,并在一定程度上受运移影响,因此正构烷烃一般只对低—中等成熟度、生物降解不明显的原油有较好的效果。

(3) 类异戊二烯烷烃。在石油和沥青中存在着类异戊二烯烷烃系列,其中尤以 $iC_{15} \sim iC_{19}$ 在色谱图上最为明显。由于它们的结构比较稳定,能够比正构烷烃更好地抵抗微生物的降解,是一类重要的对比参数。采用的主要是两种:系列对比($iC_{15} \sim iC_{19}$)和比值对比(Pr/Ph、Pr/nC_{17}、Ph/nC_{18})等,这些指标一般是有效的。

长碳链的类异戊二烯烷烃(C_{21}^+),如番茄红烷、角鲨烷、丛粒藻烷等主要来源于细菌,更具有“化学化石”特性。不论它们在原油和烃源岩中的丰度如何,只要能够检出,往往都具有很强的对比意义。

6) 基团类

这类指标主要是原油、抽提物及其成分的红外光谱测定,它反映物质结构和基团性质。采用指标为:①与烷烃或烷基侧链有关的甲基、亚甲基、甲川基的吸收峰,如 720cm^{-1}、1380cm^{-1}、1460cm^{-1}、2860cm^{-1} 等;②与芳香核有关的吸收峰,如 740cm^{-1}、806cm^{-1}、1600cm^{-1} 等;③与含氧基团的醇、酚、酸、醌、酮、醚等有关的吸收峰,如 1040 $\sim$ 1270cm^{-1}、1650cm^{-1}、1700 $\sim$ 1740cm^{-1} 等。这三类峰值近似地可作为饱和烃、芳香烃和含杂原子极性化合物的含量,所构成的比值与上述族组成类指标有着基本相同的意义。例如,1460cm^{-1}/1600cm^{-1}(脂芳比值)相当于饱芳比值,1710cm^{-1}/1600cm^{-1}(氧芳比值)、1380cm^{-1}/1600cm^{-1}

(甲基化比值)等,在一定条件下也可以作为油气源对比标志。由于芳核很稳定,因此,以 $1600cm^{-1}$ 为基础所构成的指标,在应用上值得重视。

7)同位素

在光合作用将无机的 CO_2 和 H_2O 转化为有机质及在以后向更为复杂的有机组分转化的过程中,存在着明显的同位素分馏效应。因此,有机质的同位素组成,首先与环境的同位素组成和生化过程所导致的同位素分馏效应有关。而有机质演化过程中的油气产物的同位素组成,既与母质的同位素组成有关,也与演化过程中的同位素分馏效应有关。这使各种产物中的同位素组成存在着某些系统的异同。这是同位素能被应用于油源对比和作为其他地球化学指标的理论基础。目前常用的指标是 C、S 同位素($^{13}C/^{12}C$、$^{34}S/^{32}S$),以它们与标准相比较的相对偏差 δ 值来表示,其中硫同位素 $\delta^{34}S$ 的分布,主要取决于沉积环境和热演化程度,但作为油源对比指标的意义要比碳同位素小得多,在区别海相与陆相油源岩或对时间间隔较远的油源层的判别,$\delta^{34}S$ 值的差异才有意义。

油气的 $\delta^{13}C$ 值的差异,与原始母质有关,故可以被用作油源判别的一项直接指标,其意义仅次于生物标志化合物。当母源、环境条件和演化程度相同时,则油-油、油-岩之间的稳定碳同位素将产生可比性。$\delta^{13}C$ 值的分布有如下规律:①不溶有机质>可溶有机质≥原油;②干酪根>沥青质>非烃>芳香烃>原油>饱和烃。这种随着馏分的极性增加而 $\delta^{13}C$ 值增加的同位素类型对比曲线,是较好的对比方法。一般来说,当干酪根的 $\delta^{13}C$ 落在原油组分的 $\delta^{13}C$ 构成的趋势线上或附近(偏离值在 0.5‰以内)时,油-岩可能具有亲缘关系。

不同来源的原油,其分子类型的 $\delta^{13}C$ 曲线形状不同(图 8-5),从而可利用这种曲线进行油-油或油-岩对比。

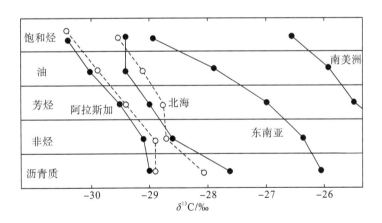

图 8-5　石油分子类型

8)生物标志化合物

生物标志化合物包括色素和异构烷烃、甾族、多环萜类等异戊间二烯型的萜类衍生物。它们来自生物,在成油过程中又保持着稳定碳骨架和基本的结构特征,保留着原始有机质的信息,成为理想的油源对比指标,均具有"指纹"意义。

在进行对比时，最常用的方法是把相对分布作"指纹"来直接进行比较，如胆甾烷（C_{27}）、麦角甾烷（C_{28}）、豆甾烷（C_{29}）的相对分布，霍烷系列中不同碳数化合物的相对分布等。也可以直接将 $m/z=217$ 和 $m/z=191$ 质量色谱图作为"指纹"来使用。在一些比较简单的盆地中这样的对比还是有效的，但在叠合盆地中使用时应谨慎。

在高、过成熟海相古生界油气源对比实践中，发现常规生物标志物作为油气源对比指标已经失效，而三芳甾烷和三芳甲藻甾烷有望成为高、过成熟条件下有效的油气源对比新指标。

除了进行油-油、油-岩的直接对比外，某些生物标志化合物还能用于对原油时代的估计，这种能力对于寻找与一种特定原油可对比的烃源岩是非常有意义的。例如，裸子植物于晚石炭世首次在地球上出现，而四环二萜类化合物是裸子植物的特征标志。因此，倘若在原油中检测出丰富的贝叶烷、贝壳杉烷、扁枝烯等化合物，则意味着该原油与石炭纪以后的烃源岩有关。表 8-7 列出了原油中一些生物标志化合物时代分布。

表 8-7 原油中一些生物标志化合物时代分布

	生物标志化合物	有机体	首次出现的时代
萜烷	奥利烷	被子植物	白垩纪
	贝叶烷、贝壳杉烷、扁枝烯	裸子植物	晚石炭世
	γ-蜡烷	原生动物、细菌	晚元古代
	28,30 二降藿烷	细菌	元古宙
甾烷	23,24-二甲基胆甾烷	定鞭金藻或钙板金藻	三叠纪
	4-甲基甾烷	沟鞭藻纲，细菌	三叠纪
	甲藻甾烷	沟鞭藻纲	三叠纪
	24-正丙基胆甾烷	海相藻	元古宙
	2-和 3-甲基甾烷	细菌/原核生物	元古宙
	$C_{29}/(C_{27}\sim C_{29})$ 甾烷	原核生物	各种时期
类异戊二烯烷烃	丛粒藻烷	丛粒藻	侏罗纪
	双植烷	古细菌	元古宙

三、油藏地球化学

1. 油田（油藏）充注作用

油田（油藏）的充注作用过程，是与烃源岩的生烃、排烃、运移等过程紧密相关的。理想的概念模型是：形成油藏的圈闭捕获的是某烃源岩层不同生烃地质时期所生成的油气。从烃源岩的生烃作用开始，不管排烃作用是以间歇性的脉冲方式，或是连续性的排泄方式（可能以前者为主），生成的烃类都将通过运移作用连续地注入圈闭。石油最初是以枝状通过排驱压力最小的孔隙进入油藏范围内的储层。烃源岩后期生成的石油到达圈闭的同一侧后，它将如同一系列"波阵面"那样向圈闭内部推进，在横向上和垂向上取代先期生成的石油，其结果是先期注入的成熟度较低的原油相对远离油源区，即烃源岩在地质历史过程中，随着成熟度增加，在动态演化模式中所生成的物质，以生成时间的相对早晚分布在油藏范围内的平面上。因此，油藏充注过程完成时，会造成石油柱在横向上和垂向上的成分变化。从而造成油藏流体在其注入过程中存在非均质性。

　　2. 油藏充注方向和运移方向石油化学组成的变化特征

　　油藏的注入过程与油气的运移过程紧密相关，油藏注入方向与油（气）的运移方向一致。前者研究的基础是油藏充注过程所造成的继承性非均质性，后者则侧重于运移作用所造成的化学成分的分异效应。需要注意的是，从有关参数的表征上，两者存在较大差别。就运移过程而言，地层色层效应导致的脱非烃、脱沥青质等运移分馏作用使低密度的原油相对远离油源区，这就造成了原油出现成熟度变化梯度的假象。就油藏的充注过程而言，沿充注方向，烃源岩早期生成的成熟度较低而密度较高的原油相对远离油源区。因此，上述两种过程所造成的流体成分的变化趋势相反。正确区分和判识这两种过程的流体成分变化的本质，将有利于油藏地球化学的综合研究。

　　运移过程中流体成分变化的实质是运移分馏作用，因此这一过程是流体成分的"发散"过程，流体成分差异比较的参照对象，应是化学成分相同或相近的未遭受运移分馏作用前的"母体流体"，差异的大小与流体成分、运移效应和输导层的性质等因素有关。然而，油藏充注的过程方式与烃源岩的生烃演化史、排烃史和运移过程有关，油藏充注过程是成熟度、化学组成存在差异的石油经历运移作用后，在油藏范围内的"累加"过程，其结果使油藏在横向上积累和浓缩了不同时期注入的石油物质组成的差异。对同油源的石油而言，这种差异可表示为有机质成熟度的函数，即造成充注过程中油藏石油成分差异的原因，是不同时期充注到油藏中的原油成分本身的差别。对同油源的油藏原油而言，油藏中原油成熟度降低的方向，就是油藏的注入方向。

四、母源输入与沉积环境分析

　　利用生物标志化合物来预测烃源岩的特征是一项关键的技术。目前，有关沉积和成岩过程对地球化学参数影响的认识虽然非常有限，但却非常有用。例如，对于页岩烃源岩而言，还原（低 Eh）的沉积条件会导致 Ph/Pr、Tm/Ts、钒卟啉/镍卟啉的值升高，但会抑制重排甾烷/甾烷以及短侧链/长侧链单芳甾类的形成。而碱性（高 pH）的条件则似乎有利于 Tm/Ts 以及莫烷/藿烷的值增高，但会阻碍重排甾烷和植烷的形成。

　　生物标志化合物对母质来源和沉积环境有特殊的指示意义，表 8-8 详细介绍了不同生物标志化合物的可能母源、环境指示或年代范围。这里着重介绍正构烷烃和长链烯酮等几类生物标志物的应用。高等植物表皮存有一种特殊的蜡质，主要起到保护叶片和防止蒸发以保持体内水分平衡的作用。植物叶蜡主要分布在叶片角质层里，角质层又可分为角质层核、表皮叶蜡层、表皮叶蜡晶体层。其中，表皮叶蜡层包含一系列正构烷烃、脂肪酸、脂肪醇和脂肪酮。正构烷烃广泛存在于植物及其他生物体内，且不同的生物母源具有不同正构烷烃模式分布，这成为区别母源的重要特征。

表 8-8 生物标志化合物、可能母源及其环境指示意义

生物分类	生物标志化合物或生标模式	环境指示或年代范围	其他可能母源
古菌域			
细菌域	支链甘油二烷基甘油四醚脂	土壤和温泉，湖泊自身来源	
	$C_{31} \sim C_{40}$ 头头组合物环类异戊二烯、古菌醇和其他甘油醚类	根据 GDGTs 提出的 TEX6 和 MBT/CBT 指标定量重建海洋、湖泊和其他大陆沉积古温度	
	角鲨烷、规则无环类异戊二烯		细菌和真核生物（丰度低）
深海浮游泉古菌	2,6,15,19-四甲基二十烷（TMI）	仅见白垩纪大洋缺氧事件	
	泉古醇	最早出现在白垩系地层	
嗜盐古菌	$C_{21} \sim C_{30}$ 规则物环类异戊二烯；Bacterioruberane	膏盐环境和盐湖	其他古细菌
厌氧甲烷氧化菌（ANME）	藏花烷（corcetane）	海底气体来源，天然气水合物和泥火山	二芳类胡萝卜素降解产物
嗜甲烷、嗜热古细菌	2,6,10,15,19-五甲基二十烷		
细菌域			
细菌	C_{30} 藿烷		隐花植物，蕨类，苔藓，地衣，丝状真菌和原生生物
	$C_{31} \sim C_{35}$ 升藿烷		
蓝细菌	单甲基和二甲基烷烃		其他细菌和海绵动物
	2α-甲基藿烷		假单胞菌目；根瘤菌目
Ⅰ类嗜甲烷细菌（甲基球菌科）	3β-甲基藿烷		腊酸菌，鞭毛藻，真核生物含量特少
	4-甲基甾醇，4,4-二甲基甾烷		
绿硫细菌（绿硫细菌科）	绿硫菌烯	透光带大洋缺氧环境（光照条件下大洋缺氧和含硫环境）	
	异海绵烷	透光带大洋缺氧环境	海绵和放线菌
	β-异海绵烷	透光带大洋缺氧环境	
	2,3,6-三甲基芳基类异戊二烯化合物		β-胡萝卜烷的芳香化和降解
	异藿烷和 3,4,5-三甲基芳基类异戊二烯化合物	透光带大洋缺氧事件；是否仅限于古生代	
紫硫细菌	奥克烷	浮游生物条件下的透光带大洋缺氧环境	
	2,3,4-三甲基芳基类异戊二烯化合物	透光带大洋缺氧环境	Cyanobacterial synechoxanthin?
	海绵烷	透光带大洋缺氧环境	海绵及其共生体
	海绵紫红烷	透光带大洋缺氧环境	Cyanobacterial synechoxanthin? 海绵及其共生体
出芽菌属（浮霉状菌目）	羊毛甾烷		几乎所有真核生物和产胆固醇细菌（含量很少）
光合细菌	植烷，姥鲛烷	蓝细菌叶绿素；光养性真核生物和光氧细菌的叶绿素 a 和 b	生育酚；无环类异戊二烯和古细菌膜类脂物
	3,4-二甲基马来酰亚胺和 3-乙基 4-甲基马来酰亚胺	叶绿素和细菌叶绿素	

续表

生物分类	生物标志化合物或生标模式	环境指示或年代范围	其他可能母源
真核生物	麦角、豆甾烷机器芳香族同系物	许多环境均生成；新远古代至今	
陆生高等植物	异海松烷, 惹烯, 西蒙内利烯, 桉叶烷和云杉烷		藻类和微生物也可能产生
被子植物	奥利烷	早白垩纪以来	地衣和蕨类也能生成少量的奥利烷前驱物
龙脑香料	咔嗒烯和双咔嗒烯	石炭纪—新生代	
真核生物域 针叶林	菲洛克拉丹烷, 蒎烷类化合物, 贝壳杉烷, 阿替生烷	泥盆纪—新生代, 煤中含量很高	其他陆生植物和藻类也可能贡献少量
海绵（寻常海绵纲）	24-异丙基胆甾烷	新元古代至今，新元古代晚期到早寒武纪含量最高	
高等陆生植物、挺水植物	C_{27}, C_{29}, C_{31} 和 C_{33} 长链正构烷烃		
细菌、藻类	C_{17}, C_{18}, C_{19} 短链正构烷烃		
浮游、沉水植物和泥炭苔藓	C_{21}, C_{23}, C_{25} 中链正构烷烃		
黄绿藻	$C_{28} \sim C_{32}$ 长连二醇		
其他 人类污染	5,5-二乙基正构烷烃和环戊烷；季碳支链正构烷烃	聚乙烯塑料袋	
	苯烷烃	洗涤剂	
	联苯二甲酸盐	添加剂	

注：据 Brocks 和 Crice (2011)，Brocks 和 Summons (2004)。

自开始研究高等植物表皮叶蜡生物标志化合物特征以来，经过生物地球化学家们几十年的努力，已经查明不同生物种群（包括高等陆生植物、水生植物、细菌和藻类等低等生物）的正构院烃分布特征，并发现不同生物间的分子具有一定的差异性和共性，因此它们对母质来源和沉积环境具有诊断指示意义。高等陆生植物以长链正构烷烃（n-C_{27}，n-C_{29}，n-C_{31}）为主且明显具有奇偶优势。

在利用生物标志化合物预测烃源岩特征的研究中，样品的筛选至关重要。我们需要沉积和成岩过程已知的、定义明确的烃源岩层序，以便把这些过程与测定的生物标志化合物参数更加精准地相互联系在一起。

第四节 有机地球化学进展

近年来，随着各种谱学、化学方法的发展和仪器检测水平的提高，国际有机地球化学的研究取得了一系列重要的进展。①对沉积有机质的性质和结构的认识有了较大的提高。目前，我们能在分子和分子同位素水平上了解地质体中的有机质，从而产生了大量的分子及其同位素数据，大大促进了有机地球化学的发展。②对有机质参与的地球化学全过程能够进行定性的研究。在水柱阶段，了解了各种微生物对不同有机质的改造降解规律；在成岩作用阶段，已可定量化表征有机质的热演化过程；在后生作用阶段，基本上弄清了一些主要反应，如硫酸盐热化学还原反应等。③石油地球化学从烃源岩的研究走向了成藏研究。通过成藏记录厘清成藏过程在烃源岩、疏导层、储层等节点上的表现，从而揭示油气藏的形成规律。④环境有机地球化学逐步发展壮大。环境有机地球化学在污染控制领域发挥着重要作用，特别是在二次污染的源解析、污染过程的研究方面做出了其他学科不能替代的贡献。⑤生物-有机地球化学蓬勃发展。随着新技术、新方法的发展，生物-有机地球化学在稳定碳的形成、定量环境变化与古生态系统重建研究中发挥了举足轻重的作用。对于前四个方面的进展，国内的有机地球化学家已有不少总结，在这里不再赘述。生物-有机地球化学是近几年国际有机地球化学研究的热点，进展较快，成果较多，本书进行重点介绍。

一、海洋生态环境研究

（一）表层海水温度

20 世纪 80 年代，基于 C_{37} 长链不饱和烯酮不饱和度的 U_{37}^K 温标的诞生是有机地球化学对海洋生态环境研究的重要贡献。C_{37} 长链烯酮是一类由定鞭金藻纲，特别是颗石藻合成的含 2～4 个 C＝C 双键的特征生物标志化合物，在全球大洋水体和沉积物中广泛存在。U_{37}^K 与定鞭金藻生长的水体温度存在良好的线性关系[其中，$U_{37}^K=(C_{37.2}-C_{37.4})/(C_{37.2}+C_{37.3})$]，且该指标不受后生成岩作用的影响，因此该指标可以作为古表层海水温度重建的良好替代指标。但新近的研究显示不同种属颗石藻 U_{37}^K 与温度的关系存在一定的差异，因而在对 U_{37}^K 重建的古温度的解释时需要考虑具体的生态环境差异。四醚膜类脂物的古温标（tetra Ether index of tetraether consisting of 86 carbon atoms，TEX_{86}）指标是近 20 年来发展起来的另一类表层海水温度替代指标。随着研究的进行，发现 TEX_{86} 反映的是海洋次表层温度，而不是表层温度，且影响 TEX_{86} 的因素不仅仅是温度。因此，在古环境研究中，通常需要多指标的相互校验，这不仅有助于获得相对准确的古环境数据，而且有可能从各指标的差异中了解潜藏的环境与生物相互作用的机理。近几年发展起来的另一个用来计算海面温度（sea surface temperature，SST）的有机地球化学指标是长链二醇指数（long chain diol index，$LDI=FC_{30}^{1.15\text{-diol}}/FC_{28}^{1.13\text{-diol}}+FC_{30}^{1.12\text{-diol}}+FC_{30}^{1.15\text{-diol}}$）。

Rampen 等（2022）通过大西洋大量表层沉积物 LDI 与 SST 的研究，发现在年均温为 -30～27℃时，二者呈现出良好的线性关系，于是提出 LDI 可以作为潜在的 SST 指标。但目前关于这类化合物的生物来源还没有最后定论，一般认为 1,14-烷基长链二醇来源于硅藻，而 1,13-和 1,15-烷基长链二醇主要来源于黄绿藻。尽管还没有确定海洋沉积物中长链烷基二醇类化合物的准确生物来源，但 LDI 作为 SST 指标已经被广泛采用，由于不同生物对环境变化（包括温度、生态群落和营养盐等）的响应是不同步的，这些温标表现出各种不同的差异。

(二)海洋初级生产力与碳循环

海洋初级生产力和浮游植物生态群落结构的改变通过影响有机泵和碳酸盐泵的组成而直接影响海洋碳埋藏效率。例如,海洋浮游植物种群结构从以颗石藻为主向以甲藻或硅藻为主转变时,海洋"沉积雨"比值($CaCO_3/C_{organic}$)会下降,海洋水体 pH 会升高,最终会引起大气 CO_2 的降低。全球海洋古生产力的定量估算有多种方法,其中利用沉积有机碳含量计算输出生产力是最经典的方法。在利用沉积有机碳方法估算海洋初级生产力时必须扣除陆源有机碳输入的影响,因为即使在远洋地区,陆源有机碳对沉积有机碳的贡献也不容忽视。这就需要通过有机地球化学的方法估算海洋中陆源有机碳的组成比例,从而得到相对更准确的海洋初生产力数据。因此,生物-有机地球化学在海洋古生产力与碳循环研究中发挥了重要作用。生物-有机地球化学对于研究海洋初级生产力的贡献者——浮游植物种群结构的历史变化具有其他方法不可比拟的优势。可以利用生物标志化合物反演历史时期海洋浮游植物群落结构:甲藻甾醇指示甲藻,长链烯酮指示颗石藻,菜籽甾醇指示硅藻。例如,阿拉伯海沉积钻孔的研究揭示出,近 20 万年来尽管其沉积有机碳和海洋初级生产力发生了显著变化,但甲藻甾醇、长链烯酮和菜籽甾醇之间的相对含量一直保持稳定,反映出其浮游植物种群结构并没有发生明显改变。氨基酸单体化合物的稳定 C 同位素揭示赤道北太平洋近千年来对于输出生产力有重要贡献的微藻种群结构的显著变化:中世纪暖期以非固氮蓝藻为优势种,到小冰期转变成以真核微藻为主,工业革命以来,则以固氮蓝细菌为优势种。生物标志化合物的研究也表明巴西东南海域在末次盛冰期由于海平面的降低,陆源输入的增多使得海洋初级生产力升高,沉积有机碳也同时增加。当然,由于不同生物标志化合物的差异性降解以及专属性生物标志化合物的缺乏,现有的生物标志化合物法需要同其他方法如微体古生物学、无机元素地球化学等进行综合比对才能得出更合理的结论。

二、陆地生态环境研究

(一)古湖泊环境

同海洋相比,湖泊汇水域小、沉积速率大,是区域高分辨率古环境、古气候重建研究的理想场所。湖泊沉积可完整记录地质历史时期区域的气候、植被以及人类活动的演化轨迹,且可以获得百年,甚至十年尺度的古气候事件,因此,湖泊沉积成为当前全球变化研究的焦点。湖泊沉积有机质在重建陆相古温度、植物群落演替、古大气二氧化碳分压(p_{CO_2})等方面发挥着其他地质体/载体无可替代的作用。在陆相古温度重建中,生物-有机地球化学发挥了绝对的优势作用。之前关于陆相古温度定量重建一直难以取得突破,是因为缺乏有效的定量化计算指标。近年来,基于支链 GDGTs 的陆相古温度指标得到了广泛的应用与发展。最初的研究认为支链 GDGTs 来源于陆地土壤和泥炭细菌,基于此,国际上建立了土壤的年平均大气温度(mean annual air temperature,MAT)MBT/CBT-MAT 经验计算公式。但新近的研究指出支链 GDGTs 可以由湖泊内源产生,因此,出现了一些基于湖泊现代表层沉积物的 MAT 经验计算公式,虽然这些计算公式是"区域性"的,但其计算结果仍然具有广泛的适用性。另一方面，被广泛运用于海洋的 U_{37}^K 温标近年来在湖泊中的应用也有了长足的发展。长链烯酮化合物主要在咸水湖泊中检出，而最近的研究在北美、欧洲以及亚洲的一些淡水湖泊中都检测出了这类化合物。例如，通过对格陵兰及北美淡水湖泊和低盐湖泊现代过程的研究，发现湖泊中长链烯酮化合物作为温度指标还存在的一些问题，一是不同类型湖泊中这类化合物生物源——定鞭藻的种属可能不同，二是不同湖泊定鞭藻生长的季节不同，这就导致 U_{37}^K 与温度的计算公式需要进行区域和季节的校正，从而使得长链烯酮在湖泊中的应用更加复杂。但随着更多生物学如 DNA、18sRNA 技术的应用，湖泊中长链烯酮的生源解释将更全面、真实，这类化合物在湖泊中的应用也将会更广泛。类脂化合物特别是高碳数正构烷烃的 δD 值也是一个受到广泛关注的指标，因其是重建陆地水环境变化的重要手段，在湖泊和泥炭沉积物中得到了一定的应用。近年来对青藏高原湖泊中高碳数正构烷烃 δD 值的研究，发现印度夏季风在早全新世比较强盛，受北半球太阳辐射影响。但由于来源于高等植物的化合物的单体 δD 值受水源和其他因素，如环境、物理/化学等的影响，使得其 δD 的应用受到一定的限制。未来湖泊沉积物中来源于水生生物的化合物单体 δD 的应用将会受到广泛重视。

（二）C_3/C_4 植被

根据光合作用固碳途径的不同，陆地高等植物可分为 C_3、C_4 和 CAM（crassulacean acid metabolism，景天酸代谢）三类。C_3 植物主要包括树木、灌木和其他喜温凉气候的草本植物，适应于湿润和较高大气二氧化碳分压（p_{CO_2}）气候条件，固碳过程中碳同位素分馏较强，其 $\delta^{13}C$ 值集中在 $-34‰ \sim -22‰$（平均为 $-27‰$）。C_4 植物主要包括生活在干旱热带地区的草本植物，适应于低 p_{CO_2}、高温、高光照、干旱和盐碱化等环境条件，固碳过程中碳同位素分馏较弱，其 $\delta^{13}C$ 值集中在 $-14‰ \sim -10‰$（平均为 $-13‰$）。研究显示，植物合成的高碳数正构烷烃等类脂物的 $\delta^{13}C$ 值比其总体 $\delta^{13}C$ 值约偏负 $-6‰$。因此，沉积记录的有机碳 $\delta^{13}C$ 值和来源于高等植物的类脂化合物的单体 $\delta^{13}C$ 值成为重建地质历史时期陆地 C_3/C_4 植被的有效手段。C_4 光合作用途径的出现是地球植物发展史上一次重要进化变革事件。C_4 光合作用的优势在于它的 CO_2 浓缩机制，使得核酮糖-1,5-二磷酸羧化酶/加氧酶的氧化反应达到最小化，从而尽可能避免光呼吸作用的发生。关于 C_4 植物的起源时间虽然尚存在一定的争议，但一些研究表明 C_4 植物早在渐新世就已出现，只是当时所占比例较少。自晚中新世后，C_4 植物经历了几次显著的扩张使其在陆地生态系统中的丰度大幅度增加，但发生扩张的时间在不同地区是有差异的。C_4 植物扩张的原因尚不完全清楚，但目前的研究普遍认为除了气候之外，大气 CO_2 分压、温度以及自然大火等都影响了 C_4 植物的扩张。在利用沉积记录的总体有机碳重建地质历史时期 C_3/C_4 植被比例时，由于 C_3/C_4 植被 $\delta^{13}C$ 端员值的选择不同，普遍可导致高达 20% 的计算误差，这是由于树、灌木以及开花植物总体有机碳的 $\delta^{13}C$ 变化范围为 $-35‰ \sim -21‰$。因此，来源于高等植物的特征生物标志化合物的单体 $\delta^{13}C$ 值被优先来重建地质历史时期 C_3/C_4 植被比例。但由于不同种植物或者同一植物的不同部位或不同生长期，其高碳数正构烷烃的分子组成和单体化合物的 $\delta^{13}C$ 值都存在较大差异，所以在进行地质记录的重建研究时，需要结合现代过程的研究，综合考虑区域的植被类型。

三、与烃源岩发育相关的环境与控制因素

烃源岩的发育需要大规模有机质的堆积,地质历史时期海洋大规模的有机质堆积形成了现今约 80%以上的原油。这类有机质的母质主要为藻类,富含脂类物质。沉积有机质母源研究极大地促进了不同生物有机质稳定成分以及生物有机质死亡后水柱过程的研究。精确的母源与过程识别技术使我们可以从沉积有机质的研究中重建水柱的古生物地球化学过程,解决什么是水柱的初级生产力、进行详细的水柱分层与细菌分解过程研究等。从重建古生物地球化学过程的大量研究中,研究者发现不同时期,沉积有机质形成过程具有很大的差别,从而激发人们对沉积有机质形成机制的研究。这一工作也使不少有机地球化学家认识到,控制海洋大规模有机质堆积的原因可能是特殊的生物-地球化学过程,即营养盐的特殊富集机制。但如何在地质体找到相关证据,并将其有机地联系起来,是目前研究的难题。高的生产力和有利的有机质保存环境是海洋大规模有机质堆积的必要条件。通常还原环境有利于有机质的保存,这在低生产力的情况下显得十分的重要,在高生产力条件下,由于有机质的充分供给,水体底部基本是还原的,还原环境不足以成为主要控制因素,而高的生产力成为高有机质堆积决定性因素。最新的研究揭示,在一些沉积环境中,低的古生产力和氧化的环境,也能形成高的有机质富集。

从目前的研究大致推测导致显生宙海洋大规模有机质堆积事件发生的营养盐的特殊富集机制不外乎三种情况。第一种机制是火山活动提供营养物质,火山活动发生的时间较短,只要面积够大,火山灰溶解后就可提供大量的营养物质。晚泥盆/早石炭世(集中在374～345Ma)、早白垩世(集中在 125～93Ma)的高有机质堆积可能与此有关。第二种机制是大规模冰期后的营养物质供给。冰期存在明显的物理风化,但这些物质由于冰的固结作用,输运到海洋十分困难,在冰后期,这些营养物质在较短的时间进入海洋,可造成富营养化,从而引起有机质的堆积。前寒武纪的玛丽诺与斯图特冰期、晚奥陶/早志留世(集中在 445～439Ma)冰期,极有可能为后来的大规模有机质堆积提供营养。第三种机制是极端干旱之后的营养盐供给。干旱条件下的物理风化造成了营养物质在陆地上的累积,在后期的气候转换阶段有可能大规模进入海洋,从而为藻类暴发提供条件。中国东部的古近纪湖泊中的高有机质层,有可能就是这样形成的。上述三种情况均是极端条件下造成的特殊营养供给。对于具体的层位,可能存在多种机制并存的状况,如火山活动有可能使气候变冷,从而产生冰川,两者有可能在一起对有机质的堆积起了作用,使得烃源岩发育。这三种假设都没有得到沉积记录的验证,需要未来更多的地球化学工作去揭示和验证。

四、我国有机地球化学研究的主要进展

我国有机地球化学研究起步较晚,初期以国内能源需求为导向,以国内特有的陆相油气资源为研究对象,发现和证实了系列湖相生物标志物,建立和完善了相关油气形成理论,在石油地球化学领域做出了具有中国特色的研究贡献。近年来,围绕关注的环境变化和环境污染问题,有机地球化学研究方向逐步拓展到了生物-有机地球化学和环境-有机地球化学等方面。

(一)陆相地层的特征生物标志物

陆相沉积盆地面积相对较小，水体小而窄，小盆、深盆深水沉积通常具有高的沉积速率和高频旋回，使得湖相沉积环境发生从淡水到咸水、从浅水到深水的巨大变化，形成油页岩、蒸发岩、泥炭沼泽和煤等多种沉积物。有机质的输入也相应发生较大变化：煤沉积以高等(木本)植物为主，泥炭沼泽沉积以草本植物为主，淡水湖相沉积以藻类为主，高盐咸水沉积以嗜盐菌藻类为主，蒸发岩高盐沉积环境除嗜盐菌藻类外还可能有分层水体中的光合细菌存在。沉积有机质的保存条件也可以从含氧沉积(泥炭沼泽和煤)变化到强还原环境(高盐环境)。这些差异决定了陆相沉积地层中生物标志物类型及其分布变化较大，不同沉积环境具有不同的特征生物标志物。

(二)4,4-二甲基甾烷

我国一些富 H_2S 油藏的原油样品中，检测到了丰富的短链羊毛甾烷、4,4-二甲基甾烷和 4-甲基甾醇。推断油藏早期发生了喜氧甲烷氧化菌的复苏和繁盛，这些细菌利用、消耗了地层水中的氧，使得油藏变为厌氧环境。然后厌氧甲烷氧化菌和硫酸盐还原菌发育，产生大量 H_2S。因为能同时产生羊毛甾醇、4,4-二甲基甾烷、4-甲基甾醇的主要是甲烷氧化菌。一般认为，C_{27} 甾烷来自藻类，C_{29} 甾烷来自高等植物，4-甲基甾烷来自硅藻。

(三)芳基类异戊二烯化合物

2,3,4-甲基和 2,3,6-甲基结构芳基类异戊二烯化合物分别来自光合细菌-紫硫菌和绿硫菌。它们通常处于盐湖盆地分层水体下部厌氧环境，以底部沉积底泥中硫酸盐还原菌生成的 H_2S 气体为营养源，在生物化学作用过程中生成很多带有双键的、具有类异戊二烯结构的类胡萝卜素化合物，经成岩地球化学演化成为 2,3,4-甲基和 2,3,6-甲基结构的芳基类异戊二烯化合物。例如，柴达木盆地发育有 2,3,4-甲基和 2,3,6-甲基芳基类异戊二烯，但是江汉盆地原油中的芳基类异戊二烯化合物双峰型更为典型，呈现 1∶1 分布，表明水体中同时存在紫硫菌和绿硫菌，或者有绿硫菌和紫硫菌共生体 "*chlorochromatium*" 存在。进而说明水体中光合紫硫菌和绿硫菌对烃源岩有机质的形成具有重要贡献，其光合作用生成叶绿素和胡萝卜素，实质上是初始生产者。含紫硫菌和绿硫菌的水体通常是一种光合细菌主导下的分层水体生态和沉积模式。这种沉积模式，对其中的特征性生物标志物的分布给出了良好的解释。双峰型芳基类异戊二烯生物标志物的发现，揭示了分层水体中紫硫菌和绿硫菌的贡献，位于化跃层之上嗜菌纤毛虫，以紫硫菌和绿硫菌为食，在缺少甾醇供应条件下生成伽马蜡烷的前身物四膜虫醇，是江汉盆地高丰度伽马蜡烷主要的生物源。细菌叶绿素的植基、法尼基侧链对高丰度植烷和类异戊二烯也有重要贡献。这类化合物的检出对研究古湖泊生态具有重要意义。

(四)其他化合物

与苯并藿烷相比，25-降苯并藿烷的研究较少，我国川西北泥盆系的降解沥青中检测鉴定出了一系列的 25-降甲基苯并藿烷、25-降甲基-2-甲基苯并藿烷，为油气源对比和环境探讨提供了重要手段。塔里木下奥陶系储层稠油中也检测到了完整系列的 25-降苯并藿烷（$C_{31} \sim C_{34}$），且发现 25-降苯并藿烷与苯并藿烷的比值与现有的生物降解评价参数有较好的可比性，推测 25-降苯并藿烷系列化合物有可能作为一种研究原油生物降解的新指标。

五、煤成烃、未成熟油和深部油气

煤成烃是指煤系烃源岩（煤层和煤系泥岩）有机质在成煤过程及热成熟过程中生成的石油和天然气。煤成烃的研究与煤成油气的勘探密切相关。20 世纪 50～60 年代，全球大气田和天然气储量的 70%～80% 来源于煤系烃源岩。我国煤炭资源极为丰富而探明煤成气储量很低，近年来，我国油气地球化学家一直将煤成烃作为重要的研究课题。来源于煤系烃源岩原油的储量远低于煤成气的储量，主要分布在吐鲁番-哈密盆地、准噶尔盆地、焉耆盆地和塔里木盆地库车拗陷等。

未成熟油是在成岩作用晚期，沉积岩中有机质的成烃演化达到生油门限之前所形成的石油。其烃源岩成熟度范围在 R_o 为 0.3%～0.7% 时，其原油性质一般为重质石油，也有凝析油。未成熟油的生烃母质及成因机理：①非烃、沥青质生成的高含硫原油；②脂肪酸成烃；③树脂体成烃；④干酪根早期降解成烃；⑤藻类生物类脂物的早期成烃；⑥生物作用早期成烃；⑦木栓质体早期成烃。我国在济阳拗陷、江汉盆地、苏北盆地、渤海湾盆地、南阳盆地、柴达木盆地和百色盆地等盆地都发现了低成熟原油。

深部油气具有三个方面的含义：①东部盆地埋深大于 3500m，西部盆地埋深大于 4000m 的油气藏；②成熟度很高（过成熟）的气藏；③与叠合盆地古生界海相烃源岩相关的油气藏。近年来，在四川盆地发现了包括普光和川中特大气田在内的一大批大气田，这些气田的含气层位埋深均大于 4000m，气源主要来自古生界海相烃源岩，烃气组成以甲烷为主，湿气含量很低，C_1/C_{1-4} 介于 0.95～1.0。经过多年的勘探工作，深部油气已成为我国主要的勘探方向和目标。

六、古生态、古环境重建

生物标志化合物及其碳氢氮等同位素比值是很好的古生态、碳循环、水循环和氮循环等的示踪物或代用指标，有机地球化学在地球表层系统环境演变研究中得到越来越广泛的应用。我国这一领域的工作主要集中于两大方面：①代用指标的现代过程与适用性研究；②运用代用指标进行古生态、古环境的重建。在代用指标的现代过程与适用性研究上，一些学者通过对不同纬度带数十个不同类型湖泊沉积物中长链烯酮的分布，系统总结了各类湖泊体系中 U_{37}^K 温标的经验计算式的优缺点，重新建立了 U_{37}^K 温标与平均水温的经验计算式。发现 U_{37}^K 温标受盐度的影响显著，而 $U_{37}^{K'}$ 受盐度影响有限。此外，对由奇古菌（*thaumarchaeota*）和未知细菌的甘油二烷基甘油四醚类化合物（GDGTs）构建的 TEX_{86} 和 CBT/MBT 温标，我国学者也开展了广泛和深入的研究，对这些指标在我国湖泊、干旱区土壤和边缘海区的适用性和指示意义都分别进行了详细探讨。但 $U_{37}^{K'}$ 温标重建湖泊温度的工作在我国的应用尚不多见。而 U_{37}^K 温标在我国南海和东黄海不同时间尺度的古温度重建方面都得到了成功的应用，为研究西太平洋暖池始新世以来的历史、冰期旋回中季风演变历史等方面的研究提供了关键数据。运用与 GDGTs 相关的指标重建古环境方面发表的成果还相对较少，可能与上述指标在国内传统古环境古气候实验室尚未得到普及性应用有关。

　　有机地球化学在地质历史古生态重建研究中也发挥了重要的作用。古生态涉及的生物类型主要有陆地高等植物、水生浮游植物、微生物三大类。①来源于高等植物的黑炭和叶蜡类脂单体的碳同位素可以探索陆地植被中 C_4 植物的起源和 C_3/C_4 植物的比例，进而反映古气候的演变历史。我国学者从海洋、黄土和湖泊沉积物中都针对上述问题进行了不同时间尺度的研究工作。②运用海洋沉积中的甾醇类、长链烯酮以及二醇类化合物等可以重建海洋浮游植物的种群结构变化，进而了解海洋生物泵和营养盐变化的历史。这方面的工作在我国边缘海古海洋研究中得到了应用。③微生物类型丰富、数量巨大，是联系其他生物和环境的重要纽带，在碳、氮、硫和金属元素循环中发挥着重要作用。与之相关的生物标志物类型丰富且众多。我国学者在这方面的突出工作是对浙江长兴煤山 Tr/P 界线附近的微生物(蓝细菌、硫细菌等)分子记录的深入研究，揭示了这一重大地质事件过程中环境的不稳定性和生物危机的多阶段性。

　　水循环历史重建是古气候重建的关键内容。生物标志物分子中氢元素的初始来源为生物所利用的环境水，因此氢同位素(δD)反映了源水同位素特征，且其变化受气候和环境条件控制。陆地高等植物叶蜡类脂物的 δD 与大气降水同位素的关系，及其受植被类型、蒸发和蒸腾作用等的影响是目前国际学术界关注的热点。我国学者在此方面发表了一些颇具影响的研究结果。首先发现了叶蜡烷烃氢同位素能记录水汽氢同位素随高程的变化规律，进而提出了运用叶蜡烷烃氢同位素重建古高程。水生藻类的分子标志物能记录下水体氢同位素信息，也是反映海水盐度和淡水蒸发状况的指标，但目前尚缺乏系统研究。古环境重建方面，有机氢同位素的应用已开始受到重视。

参 考 文 献

陈建平, 梁狄刚, 张水昌, 等, 2012. 中国古生界海相烃源岩生烃潜力评价标准与方法. 地质学报, 86(7): 1132-1142.

陈洁, 龚迎莉, 陈露, 等, 2021. 镁同位素地球化学研究新进展及其在碳酸岩研究中的应用. 地球科学, 46(12): 4366-4389.

陈璐, 孙若愚, 刘羿, 等, 2021. 海洋铜锌同位素地球化学研究进展. 地球科学进展, 36(6): 592-603.

陈永权, 蒋少涌, 周新源, 等, 2010. 塔里木盆地寒武系层状硅质岩与硅化岩的元素、δ^{30}Si、δ^{18}O 地球化学研究. 地球化学, 39(2): 159-170.

程克明, 王兆云, 1996. 高成熟和过成熟海相碳酸盐岩生烃条件评价方法研究. 中国科学(D 辑: 地球科学), 26(6): 537-543.

迟清华, 鄢明才, 2007. 应用地球化学元素丰度数据手册. 北京: 地质出版社.

储著银, 许俊杰, 陈知, 等, 2016. 超低本底单颗粒锆石 CA-ID-TIMS U-Pb 高精度定年方法. 科学通报, 61(10): 1121-1129.

丁江辉, 张金川, 李兴起, 等, 2019. 黔南坳陷下石炭统台间黑色岩系有机质富集特征及控制因素. 岩性油气藏, 31(2): 83-95.

冯兴雷, 付修根, 谭富文, 等, 2018. 羌塘盆地沃若山地区上三叠统土门格拉组烃源岩沉积环境分析. 沉积与特提斯地质, 38(2): 3-13.

苟龙飞, 金章东, 贺茂勇, 2017. 锂同位素示踪大陆风化: 进展与挑战. 地球环境学报, 8(2): 89-102.

郭艳琴, 余芳, 李洋, 等, 2016. 鄂尔多斯盆地东部石盒子组盒 8 沉积环境的地球化学表征. 地质科学, 51(3): 872-890.

韩吟文, 马振东, 2003. 地球化学. 北京: 地质出版社.

和政军, 李锦轶, 莫申国, 等, 2003. 漠河前陆盆地砂岩岩石地球化学的构造背景和物源区分析. 中国科学(D 辑: 地球科学), 33(12): 1219-1226.

黄永建, 王成善, 汪云亮, 2005. 古海洋生产力指标研究进展. 地学前缘, 12(2): 163-170.

蒋少涌, 2003. 过渡族金属元素同位素分析方法及其地质应用. 地学前缘, 10(2): 269-278.

金峰, 伊海生, 李启来, 2016. 南羌塘坳陷早侏罗系曲色组下部泥岩地球化学特征及意义. 科学技术与工程, 16(25): 208-215.

李红敬, 解习农, 林正良, 等, 2009. 四川盆地广元地区大隆组有机质富集规律. 地质科技情报, 28(2): 98-103.

李津, 唐索寒, 马健雄, 等, 2021. 金属同位素质谱分析中样品处理的基本原则与方法. 岩矿测试, 40(5): 627-636.

李石磊, 2020. 大陆风化过程的 Be、K 同位素. 南京: 南京大学.

李天义, 何生, 杨智, 2008. 海相优质烃源岩形成环境及其控制因素分析. 地质科技情报, 27(6): 63-70.

李献华, 2016. 高精度高准确度离子探针锆石 U-Pb 定年技术新进展. 中国地球科学联合学术年会: 22-36.

刘勇胜, 屈文俊, 漆亮, 等, 2021. 中国岩矿分析测试研究进展与展望(2011—2020). 矿物岩石地球化学通报, 40(3): 515-539, 776.

柳广弟, 2009. 石油地质学. 北京: 石油工业出版社.

罗健, 程克明, 付立新, 等, 2001. 烷基二苯并噻吩: 烃源岩热演化新指标. 石油学报, 22(3): 27-31.

马宝林, 温常庆, 1991. 塔里木沉积岩形成演化与油气. 北京: 科学出版社.

毛光周, 刘晓通, 安鹏瑞, 等, 2018. 无机地球化学指标在古盐度恢复中的应用及展望. 山东科技大学学报(自然科学版), 37(1): 92-102, 118.

梅水泉, 1988. 岩石化学在湖南前震旦系沉积环境及铀来源研究中的应用. 湖南地质, 7(3): 25-31, 49.

明承栋, 侯读杰, 赵省民, 等, 2015. 内蒙古东部索伦地区中二叠世哲斯组古环境与海平面相对升降的地球化学记录. 地质学报, 89(8): 1484-1494.

牟保磊, 1999. 元素地球化学. 北京: 北京大学出版社.

佩蒂庄 F J, 1981. 沉积岩. 李汉瑜等译. 北京: 石油工业出版社.

邱啸飞, 卢山松, 谭娟娟, 等, 2014. 铊同位素分析技术及其在地学中的应用地球科学. 中国地质大学学报, 39: 705-715.

沈俊, 施张燕, 冯庆来, 2011. 古海洋生产力地球化学指标的研究. 地质科技情报, 30(2): 69-77.

苏中堂, 2011. 鄂尔多斯盆地古隆起周缘马家沟组白云岩成因及成岩系统研究. 成都: 成都理工大学.

孙卫东, 韦刚健, 张兆峰, 等, 2012. 同位素地球化学发展趋势矿物岩石地球化学通报, 31: 560-564.

孙中良, 王芙蓉, 侯宇光, 等, 2020. 盐湖页岩有机质富集主控因素及模式. 地球科学, 45(4): 1375-1387.

唐索寒, 李津, 马健雄, 等, 2018. 地质样品中钛的化学分离及双稀释剂法钛同位素测定. 分析化学, 46(10): 1618-1627.

唐卫, 2018. 川西南峨边先锋地区硅岩特征及成因探讨. 成都: 成都理工大学.

田景春, 张翔, 2016. 沉积地球化学. 北京: 地质出版社.

万蒙蒙, 冯明石, 孟万斌, 等, 2021. 宜昌地区下寒武统水井沱组黑色页岩地球化学特征及其地质意义. 矿物岩石地球化学通报, 40(4): 946-957.

王丛山, 陈文西, 单福龙, 2016. 西藏雄巴地区中新世雄巴组砂岩地球化学特征及对物源区构造背景的指示. 地质学报, 90(6): 1195-1207.

王昆, 李伟强, 李石磊, 2020. 钾稳定同位素研究综述. 地学前缘, 27(3): 104-122.

王良忱, 张金亮, 1996. 沉积环境和沉积相. 北京: 石油工业出版社.

王伟中, 张朝晖, 温汉捷, 等, 2020. 镉同位素在古环境重建中的应用: 以晚泥盆世弗拉期-法门期生物灭绝事件为例. 矿物岩石地球化学通报, 39(1): 80-88.

王中伟, 袁玮, 陈玖斌, 2015. 锌稳定同位素地球化学综述. 地学前缘, 22(5): 84-93.

韦恒叶, 2012. 古海洋生产力与氧化还原指标: 元素地球化学综述. 沉积与特提斯地质, 32(2): 76-88.

夏鹏, 付勇, 杨镇, 等, 2020. 黔北镇远牛蹄塘组黑色页岩沉积环境与有机质富集关系. 地质学报, 94(3): 947-956.

夏威, 于炳松, 孙梦迪, 2015. 渝东南 YK1 井下寒武统牛蹄塘组底部黑色页岩沉积环境及有机质富集机制. 矿物岩石, 35(2): 70-80.

夏威, 于炳松, 王运海, 等, 2017. 黔北牛蹄塘组和龙马溪组沉积环境及有机质富集机理: 以 RY1 井和 XY1 井为例. 矿物岩石, 37(3): 77-89.

夏芝广, 胡忠亚, 刘传, 等, 2021. 蒸发岩非传统稳定同位素研究综述. 地学前缘, 28(6): 29-45.

闫斌, 朱祥坤, 张飞飞, 等, 2014. 峡东地区埃迪卡拉系黑色页岩的微量元素和 Fe 同位素特征及其古环境意义. 地质学报, 88(8): 1603-1615.

闫雅妮, 张伟, 张俊文, 等, 2021. 大陆硅酸盐岩石风化过程中镁同位素地球化学研究进展. 地球科学进展, 36(3): 325-334.

颜佳新, 孟琦, 王夏, 等, 2019. 碳酸盐工厂与浅水碳酸盐岩台地: 研究进展与展望. 古地理学报, 21(2): 232-253.

燕娜, 赵小龙, 赵生国, 等, 2015. 红土镍矿样品前处理方法和分析测定技术研究进展. 岩矿测试, 34(1): 1-11.

尹锦涛, 俞雨溪, 姜呈馥, 等, 2017. 鄂尔多斯盆地张家滩页岩元素地球化学特征及与有机质富集的关系. 煤炭学报, 42(6): 1544-1556.

雍自权, 张旋, 邓海波, 等, 2012. 鄂西地区陡山沱组页岩段有机质富集的差异性. 成都理工大学学报(自然科学版), 39(6): 567-574.

张鸿禹, 杨文涛, 2021. 陆相细粒沉积岩与古土壤深时气候分析方法综述. 沉积学报, 41(2): 333-348.

张建军, 牟传龙, 周恳恳, 等, 2017. 滇西户撒盆地芒棒组砂岩地球化学特征及物源区和构造背景分析. 地质学报, 91(5): 1083-1096.

张明亮, 郭伟, 沈俊, 等, 2017. 古海洋氧化还原地球化学指标研究新进展. 地质科技情报, 36(4): 95-106.

张世红, 蒋干清, 董进, 等, 2008. 华南板溪群五强溪组 SHRIMP 锆石 U-Pb 年代学新结果及其构造地层学意义. 中国科学 D 辑: 地球科学, 38(12): 1496-1503.

张水昌, 梁狄刚, 张大江, 2002. 关于古生界烃源岩有机质丰度的评价标准. 石油勘探与开发, 29(2): 8-12.

张水昌, 张宝民, 边立曾, 等, 2005. 中国海相烃源岩发育控制因素. 地学前缘, 12(3): 39-48.

张文正, 杨华, 杨奕华, 等, 2008. 鄂尔多斯盆地长 7 优质烃源岩的岩石学、元素地球化学特征及发育环境. 地球化学, 37(1): 59-64.

赵一阳, 郡明才, 1994. 中国浅海沉积物地球化学. 北京: 科学出版社.

赵悦, 李延河, 胡斌, 等, 2020. 碳酸盐(岩)的锂同位素组成: 一种潜在的古海水 pH 替代性指标. 地球学报, 41(5): 613-622.

郑永飞, 陈江峰, 2000. 稳定同位素地球化学. 北京: 科学出版社.

郑玉龙, 马志强, 王佰长, 等, 2015. 黑龙江省柳树河盆地始新统八虎力组油页岩元素地球化学特征及沉积环境. 古地理学报, 17(5): 689-698.

中国科学院地球化学研究所有机地球化学与沉积学研究室, 1982. 有机地球化学. 北京: 科学出版社.

钟宁宁, 秦勇, 1995. 碳酸盐岩有机岩石学: 显微组分特, 成因, 演化及其与油气关系. 北京: 科学出版社.

周国晓, 魏国齐, 胡国艺, 等, 2020. 四川盆地早寒武世裂陷槽西部页岩发育背景与有机质富集. 天然气地球科学, 31(4): 498-506.

周瑶琪, 吴智平, 史卜庆, 1998. 中子活化技术在层序地层学中的应用. 地学前缘, 5(1): 143-149.

朱建明, 谭德灿, 王静, 等, 2015. 硒同位素地球化学研究进展与应用. 地学前缘, 22(5): 102-114.

Adachi M, Yamamoto K, Sugisaki R, 1986. Hydrothermal chert and associated siliceous rocks from the northern Pacific: their geological significance as indication of ocean ridge activity. Sedimentary Geology, 47(1-2): 125-148.

Algeo T J, Li C, 2020. Redox classification and calibration of redox thresholds in sedimentary systems. Geochimica et Cosmochimica Acta, 287: 8-26.

Algeo T J, Maynard J B, 2004. Trace-element behavior and redox facies in core shales of Upper Pennsylvanian Kansas-type cyclothems. Chemical Geology, 206(3-4): 289-318.

Algeo T J, Tribovillard N, 2009. Environmental analysis of paleoceanographic systems based on molybdenum-uranium covariation. Chemical Geology, 268(3-4): 211-225.

Algeo T J, Kuwahara K, Sano H, Bates S, et al., 2011. Spatial variation in sediment fluxes, redox conditions, and productivity in the Permian-Triassic Panthalassic Ocean. Palaeogeography, Palaeoclimatology, Palaeoecology, 308(1-2): 65-83.

Anbar A D, Rouxel O, 2007. Metal stable isotopes in paleoceanography. Annual Review of Earth and Planetary Sciences, 35: 717-746.

Andersen M B, Romaniello S, Vance D, et al., 2014. A modern framework for the interpretation of 238U/235U in studies of ancient ocean redox. Earth and Planetary Science Letters, 400: 184-194.

Arnaboldi M, Meyers P A, 2006. Patterns of organic carbon and nitrogen isotopic compositions of latest Pliocene sapropels from six locations across the Mediterranean Sea. Palaeogeography, Palaeoclimatology, Palaeoecology, 235(1-3): 149-167.

Asiedu D K, Agoe M, Amponsah P O, et al., 2019. Geochemical constraints on provenance and source area weathering of metasedimentary rocks from the Paleoproterozoic (~2. 1 Ga) Wa-Lawra Belt, southeastern margin of the West African Craton. Geodinamica Acta, 3131 (1): 27-39.

Aston S R, Chester R, 1973. The influence of suspended particles on the precipitation of iron in natural waters. Estuarine and Coastal Marine Science, 1 (3): 225-231.

Awan R S, Liu C L, Gong H W, et al., 2020. Paleo-sedimentary environment in relation to enrichment of organic matter of Early Cambrian black rocks of Niutitang Formation from Xiangxi area China. Marine and Petroleum Geology: 112, 104057.

Babault J, Viaplana-Muzas M, Legrand X, et al., 2018. Source-to-sink constraints on tectonic and sedimentary evolution of the western Central Range and Cenderawasih Bay (Indonesia). Journal of Asian Earth Sciences, 156: 265-287.

Banner J L, Musgrove M, Capo R, 1994. Tracing ground water evolution in a limestone aquifer using Sr isotopes. Geology, 22: 687-690.

Barbour M M, 2017. Understanding regulation of leaf internal carbon and water transport using online stable isotope techniques. The New Phytologist, 213 (1): 83-88.

Barford C C, Montoya J P, Altabet M A, et al., 1999. Steady-state nitrogen isotope effects of N_2 and N_2O production in *Paracoccus denitrificans*. Applied and Environmental Microbiology, 65 (3): 989-994. Barker S, Elderfield H, 2002. Foraminiferal calcification response to glacial-interglacial changes in atmospheric CO_2. Science, 297 (5582) :, 833-836.

Barnola J M, Raynaud D, Korotkevich Y S et al., 1987. Vostok ice core provides 160, 000-year record of atmospheric CO_2. Nature, 329 (6138): 408-414.

Bartlett R, Elrick M, Wheeley J R, et al., 2018. Abrupt global-ocean anoxia during the Late Ordovician-early Silurian detected using uranium isotopes of marine carbonates. Proceedings of the National Academy of Sciences of the United States of America, 115 (23): 5896-5901.

Beckmann B, Flögel S, Hofmann P, et al., 2005. Orbital forcing of Cretaceous river discharge in tropical Africa and ocean response. Nature, 437 (7056): 241-244.

Bemis B E, Spero H J, Bijma J, et al., 1998. Reevaluation of the oxygen isotopic composition of planktonic foraminifera: Experimental results and revised paleotemperature equations. Paleoceanography, 13 (2): 150-160

Bertrand R, Héroux Y, 1987. Chitinozoan, graptolite, and scolecodont reflectance as an alternative to vitrinite and pyrobitumen reflectance in Ordovician and Silurian strata, anticosti island, Quebec, Canada. AAPG Bulletin, 71: 951-957.

Bhatia M R, 1983. Plate tectonics and geochemical composition of sandstones. The Journal of Geology, 91 (6): 611-627.

Bhatia M R, Crook K A W, 1986. Trace element characteristics of graywackes and tectonic setting discrimination of sedimentary basins. Contributions to Mineralogy and Petrology, 92 (2): 181-193.

Bjorøy M, Hall P B, Moe R P, 1994. Stable carbon isotope variation of n-alkanes in Central Graben oils[J]. Organic Geochemistry, 22 (3-5): 355-381.

Blättler C L, Jenkyns H C, Reynard L M, et al., 2011. Significant increases in global weathering during Oceanic Anoxic Events 1a and 2 indicated by calcium isotopes. Earth and Planetary Science Letters, 309 (1-2): 77-88.

Bond D P G, Wignall P B, 2010. Pyrite framboid study of marine Permian-Triassic boundary sections: a complex anoxic event and its relationship to contemporaneous mass extinction. Geological Society of America Bulletin, 122 (7-8): 1265-1279.

Bonen D, Perlman I, Yellin J, 1980. The evolution of trace element concentrations in basic rocks from Israel and their petrogenesis. Contributions to Mineralogy and Petrology, 72 (4): 397-414.

Boström K, Joensuu O, Valdés S, et al., 1972. Geochemical history of South Atlantic Ocean sediments since Late Cretaceous. Marine Geology, 12(2): 85-121.

Brazier J M, Suan G, Tacail T, et al., 2015. Calcium isotope evidence for dramatic increase of continental weathering during the Toarcian oceanic anoxic event (Early Jurassic). Earth and Planetary Science Letters, 411: 164-176.

Bridgestock L, Hsieh Y T, Porcelli D, et al., 2019. Increased export production during recovery from the Paleocene-Eocene thermal maximum constrained by sedimentary Ba isotopes. Earth and Planetary Science Letters, 510: 53-63.

Brocks J J, Summons R E, 2003. Sedimentary hydrocarbons, biomarkers for early life//Treatise on Geochemistry. Amsterdam: Elsevier.

Brocks J J, Grice K, 2011. Biomarkers (molecular fossils)//Encyclopedia of Geobiology. Dordrecht: Springer Netherlands.

Brownlow Arthur H, 1979. Geochemistry. Englewood Cliffs NJ: Prentice-Hall.

Bruggmann S, Scholz F, Klaebe R M, et al., 2019. Chromium isotope cycling in the water column and sediments of the Peruvian continental margin. Geochimica et Cosmochimica Acta, 257: 224-242.

Brunelle B G, Sigman D M, Cook M S, et al., 2007. Evidence from diatom-bound nitrogen isotopes for subarctic Pacific stratification during the last ice age and a link to North Pacific denitrification changes. Paleoceanography, 22(1): PA1215.

Burgess S D, Bowring S A, 2015. High-precision geochronology confirms voluminous magmatism before, during, and after Earth's most severe extinction. Science Advances, 1(7): e1500470.

Burgess S D, Bowring S, Shen S Z, 2014. High-precision timeline for Earth's most severe extinction. Proceedings of the National Academy of Sciences of the United States of America, 111(9): 3316-3321.

Burton J A, Prim R C, Slichter W P, 1953. The distribution of solute in crystals grown from the melt. Part I. Theoretical. The journal of chemical physics, 21(11): 1987-1991.

Calvert S E, Pedersen T F, 1993. Geochemistry of recent oxic and anoxic marine sediments: implications for the geological record. Marine Geology, 113(1-2): 67-88.

Cameron A G W, 1973. Abundances of the elements in the solar system. Space Science Reviews, 15(1): 121-146.

Campbell F A, Lerbekmo J F, 1963. Mineralogic and chemical variations between upper cretaceous continental belly river shales and marine wapiabi shales in western Alberta, Canada. Sedimentology, 2(3): 215-226.

Campbell F A, Williams G D, 1965. Chemical composition of shales of Mannville Group (Lower Cretaceous) of Central Alberta. AAPG Bulletin, 49: 29-56.

Cao H, Guo W, Shan X, et al., 2015. Paleolimnological environments and organic accumulation of the Nenjiang Formation in the southeastern Songliao Basin. China. Oil Shale, 32(1): 5-24.

Carpenter J H, Grant V E, 1967. Concentration and state of cerium in coastal waters. Journal of Marine Research, 25: 228-238.

Carter S C, Paytan A, Griffith E M, 2020. Toward an improved understanding of the marine barium cycle and the application of marine barite as a paleoproductivity proxy. Minerals, 10(5): 421.

Casali N, Nagorny S S, Orio F, et al., 2014. Discovery of the [151]Eu α decay. Journal of Physics G: Nuclear and Particle Physics, 41(7): 075101.

Casciotti K L, 2009. Inverse kinetic isotope fractionation during bacterial nitrite oxidation. Geochimica et Cosmochimica Acta, 73(7): 2061-2076.

Chacko T, Cole D R, Horita J, 2001. Equilibrium oxygen, hydrogen and carbon fractionation factors applicable to geologic systems. Reviews in Mineralogy and Geochemistry, 43(1): 1-81.

Chaillou G, Anschutz P, Lavaux G, et al., 2002. The distribution of Mo, U, and Cd in relation to major redox species in muddy sediments of the Bay of Biscay. Marine Chemistry, 80(1): 41-59.

Chen G, Gang W Z, Liu Y Z, et al., 2019. Organic matter enrichment of the Late Triassic Yanchang Formation (Ordos Basin, China) under dysoxic to oxic conditions: Insights from pyrite framboid size distributions. Journal of Asian Earth Sciences, 170: 106-117.

Chen J, An Z S, Head J. 1999. Variation of Rb/Sr ratios in the loess-paleosol sequences of central china during the last 130, 000 years and their implications for monsoon paleoclimatology. Quaternary Research, 51(3): 215-219.

Chen J, Chen Y, Liu L W, et al., 2006. Zr/Rb ratio in the Chinese loess sequences and its implication for changes in the East Asian winter monsoon strength. Geochimica et Cosmochimica Acta, 70(6): 1471-1482.

Chen X, Sageman B B, Yao H W, et al., 2020a. Zinc isotope evidence for paleoenvironmental changes during Cretaceous Oceanic Anoxic Event 2. Geology 49(4): 412-416.

Chen X Y, Teng F Z, Huang K J, et al., 2020b. Intensified chemical weathering during Early Triassic revealed by magnesium isotopes. Geochimica et Cosmochimica Acta, 287: 263-276.

Cheng M, Li C, Chen X, et al., 2018. Delayed Neoproterozoic oceanic oxygenation: Evidence from Mo isotopes of the Cryogenian Datangpo Formation. Precambrian Research 319: 187-197.

Chivas, 1985. Chemical differences between minerals from mineralizing and barren intrusions from some North American porphyry copper deposits. Contributions to Mineralogy and Petrology, 89(4): 317-329.

Choi J H, Hariya Y, 1992. Geochemistry and depositional environment of Mn oxide deposits in the Tokoro Belt, northeastern Hokkaido, Japan. Economic Geology, 87(5): 1265-1274.

Clayton R N, Mayeda T K, 1963. The use of bromine pentafluoride in the extraction of oxygen from oxides and silicates for isotopic analysis. Geochimica et Cosmochimica Acta, 27(1): 43-52.

Clayton R N, Goldsmith J R, Karel K J, et al., 1975. Limits on the effect of pressure on isotopic fractionation. Geochimica et Cosmochimica Acta, 39(8): 1197-1201.

Compston W, Meyer W C, 1984. U-Pb geochronology of zircons from lunar breccia 73217 using a sensitive high mass-resolution ion microprobe. Journal of Geophysical Research: Solid Earth, 89(S02): B525-B534.

Couch E L, 1971. Calculation of paleosalinities from boron and clay mineral data. AAPG Bulletin, 55: 1829-1837.

Covault J A, Romans B W, Graham S A, et al., 2011. Terrestrial source to deep-sea sink sediment budgets at high and low sea levels: Insights from tectonically active Southern California. Geology, 39(7): 619-622.

Cox R, Lowe D R, Cullers R L, 1995. The influence of sediment recycling and basement composition on evolution of mudrock chemistry in the southwestern United States. Geochimica et Cosmochimica Acta, 59(14): 2919-2940.

Crerar D A, Namson J, Chyi M S, et al., 1982. Manganiferous cherts of the Franciscan assemblage: I, General geology, ancient and modern analogues, and implications for hydrothermal convection at oceanic spreading centers. Economic Geology, 77(3): 519-540.

Criss R E, 1999. Principles of Stable Isotope Distribution. Oxford: Oxford University Press,.

Crusius J, Calvert S, Pedersen T, et al., 1996. Rhenium and molybdenum enrichments in sediments as indicators of oxic, suboxic and sulfidic conditions of deposition. Earth and Planetary Science Letters, 145(1-4): 65-78.

Cullers R L, 2002. Implications of elemental concentrations for provenance, redox conditions, and metamorphic studies of shales and limestones near Pueblo, CO, USA. Chemical Geology, 191(4): 305-327.

DeVries T, Deutsch C, Primeau F, et al., 2012. Global rates of water-column denitrification derived from nitrogen gas measurements. Nature Geoscience, 5: 547-550.

De Pol-Holz R, Ulloa O, Lamy F, et al., 2007. Late Quaternary variability of sedimentary nitrogen isotopes in the eastern South Pacific Ocean. Paleoceanography, 22(2): PA2207.

De Pol-Holz R, Robinson R S, Hebbeln D M, et al., 2009. Controls on sedimentary nitrogen isotopes along the Chile margin. Deep Sea Research Part II: Topical Studies in Oceanography, 56(16): 1042-1054.

Degens E T, 1969. Biogeochemistry of Stable Carbon Isotopes//Eglinton G, Murphy MTJ. Organic Geochemistry. Berlin, Heidelberg: Springer.

Dickey J S, Frey F A, Hart S R, et al., 1977. Geochemistry and petrology of dredged basalts from the Bouvet triple junction, South Atlantic. Geochimica et Cosmochimica Acta, 41(8): 1105-1118.

Douthitt C B, 1982. The geochemistry of the stable isotopes of silicon. Geochimica et Cosmochimica Acta, 46(8): 1449-1458.

Dymond J, Suess E, Lyle M, 1992. Barium in deep-sea sediment: A geochemical proxy for paleoproductivity. Paleoceanography, 7(2): 163-181.

Dypvik H, Harris N B, 2001. Geochemical facies analysis of fine-grained siliciclastics using Th/U, Zr/Rb and (Zr+Rb)/Sr ratios. Chemical Geology, 181(1-4): 131-146.

Elderfield H, Greaves M J, 1982. The rare earth elements in seawater. Nature, 296: 214-219.

Erez J, Luz B, 1983. Experimental paleotemperature equation for planktonic foraminifera. Geochimica et Cosmochimica Acta, 47(6): 1025-1031.

Fan H F, Ostrander C M, Auro M, et al., 2021. Vanadium isotope evidence for expansive ocean euxinia during the appearance of early Ediacara biota. Earth and Planetary Science Letters, 567: 117007.

Fang X Y, Wu L L, Geng A S, et al., 2019. Formation and evolution of the Ediacaran to Lower Cambrian black shales in the Yangtze Platform, South China. Palaeogeography, Palaeoclimatology, Palaeoecology, 527: 87-102.

Fang Z Y, He X Q, Zhang G J, et al., 2021. Ocean redox changes from the latest Permian to Early Triassic recorded by chromium isotopes. Earth and Planetary Science Letters 570: 117050.

Fang Z Y, Liu W, Yao T, et al., 2022. Experimental study of chromium (III) coprecipitation with calcium carbonate. Geochimica et Cosmochimica Acta, 322: 94-108.

Fedo C M, Wayne Nesbitt, Young G M, 1995. Unraveling the effects of potassium metasomatism in sedimentary rocks and paleosols, with implications for paleoweathering conditions and provenance. Geology, 23(10): 921-924.

Floyd P A, Leveridge B E, 1987. Tectonic environment of the Devonian Gramscatho Basin, South Cornwall: Framework mode and geochemical evidence from turbiditic sandstones. Journal of the Geological Society, 144(4): 531-542.

Fogel M L, Cifuentes L A, 1993. Isotope Fractionation during Primary Production. Organic Geochemistry. Boston, MA: Springer.

Francois R, Altabet M A, Burckle L H, 1992. Glacial to interglacial changes in surface nitrate utilization in the Indian Sector of the Southern Ocean as recorded by sediment $\delta^{15}N$. Paleoceanography, 7(5): 589-606.

Francois R, Altabet M A, Yu E F, et al., 1997. Contribution of Southern Ocean surface-water stratification to low atmospheric CO_2 concentrations during the last glacial period. Nature, 398: 929-935.

Frank A B, Klaebe R M, Löhr S, et al., 2020. Chromium isotope composition of organic-rich marine sediments and their mineral phases and implications for using black shales as a paleoredox archive. Geochimica et Cosmochimica Acta, 270: 338-359.

Frey F A, Suen C Y J, Stockman H W, 1985. The Ronda high temperature peridotite: Geochemistry and petrogenesis. Geochimica et Cosmochimica Acta, 49(11): 2469-2491.

Fryer B J, Jackson S E, Longerich H P, 1993. The application of laser ablation microprobe-inductively coupled plasma-mass spectrometry (LAM-ICP-MS) to in situ (U)-Pb geochronology. Chemical Geology, 109(1-4): 1-8.

Fu X G, Wang J, Zeng S Q, et al., 2017. Continental weathering and palaeoclimatic changes through the onset of the Early Toarcian oceanic anoxic event in the Qiangtang Basin, eastern Tethys. Palaeogeography, Palaeoclimatology, Palaeoecology, 487: 241-250.

Garzanti E, Padoan M, Setti M, et al., 2014. Provenance versus weathering control on the composition of tropical river mud (southern Africa). Chemical Geology, 366: 61-74.

Gast P W, 1968a. Trace element fractionation and the origin of tholeiitic and alkaline magma types. Geochimica et Cosmochimica Acta, 32(10): 1057-1086.

Gast P W, 1968b. Upper mantle chemistry and evolution of the earth's crust in Phinney, RA, ed., The history of the earth's crust: A symposium: Princeton, NJ: 15-27.

Georgiev S V, Horner T J, Stein H J, et al., 2015. Cadmium-isotopic evidence for increasing primary productivity during the Late Permian anoxic event. Earth and Planetary Science Letters, 410: 84-96.

Gilleaudeau G J, Romaniello S J, Luo G M, et al., 2019. Uranium isotope evidence for limited euxinia in mid-Proterozoic oceans. Earth and Planetary Science Letters, 521: 150-157.

Goldberg E D, Arrhenius G O S, 1958. Chemistry of Pacific pelagic sediments. Geochimica et Cosmochimica Acta, 13(2-3): 153-212.

Goldberg E D, Koide M, Schmitt R A, et al., 1963. Rare-earth distributions in the marine environment. Journal of Geophysical Research, 68(14): 4209-4217.

Goldberg K, Humayun M, 2010. The applicability of the Chemical Index of Alteration as a paleoclimatic indicator: An example from the Permian of the Paraná Basin, Brazil. Palaeogeography, Palaeoclimatology, Palaeoecology, 293(1-2): 175-183.

Goldstein S J, Jacobsen S B, 1988. Nd and Sr isotopic systematics of river water suspended material: implications for crustal evolution. Earth and Planetary Science Letters, 87(3): 249-265.

Goto K T, Anbar A D, Gordon G W, et al., 2014. Uranium isotope systematics of ferromanganese crusts in the Pacific Ocean: Implications for the marine ^{238}U/^{235}U isotope system. Geochimica et Cosmochimica Acta 146: 43-58.

Granger J, Sigman D M, Lehmann M F, et al., 2008. Nitrogen and oxygen isotope fractionation during dissimilatory nitrate reduction by denitrifying bacteria. Limnology and Oceanography, 53(6): 2533-2545.

Gupta C K, Krishnamurthy N, 2005. Extractive Metallurgy of Rare Earths. UK: Taylor & Francis.

Gussone N, Schmitt A D, Frank Wombacher A H, et al., 2016. Calcium Stable Isotope Geochemistry. Springer-Verlag Berlin: Heidelberg.

Habicht K S, Gade M, Thamdrup B, et al., 2002. Calibration of sulfate levels in the Archean Ocean. Science, 298(5602): 2372-2374.

Harnois L, 1988. The CIW index: A new chemical index of weathering. Sedimentary Geology, 55(3-4): 319-322.

Haskin L A, Gehl M A, 1962. The rare‐earth distribution in sediments. Journal of Geophysical Research, 67(6): 2537-2541.

Haskin L A, Haskin M A, 1968. Rare-earth elements in the Skaergaard intrusion. Geochimica et Cosmochimica Acta, 32(4): 433-447.

Hayashi K I, Fujisawa H, Holland H D, et al., 1997. Geochemistry of ～1.9 Ga sedimentary rocks from northeastern Labrador, Canada. Geochimica et Cosmochimica Acta, 61(19): 4115-4137.

Hayes J M, Strauss H, Kaufman A J, 1999. The abundance of ^{13}C in marine organic matter and isotopic fractionation in the global biogeochemical cycle of carbon during the past 800 Ma. Chemical Geology, 161(1-3): 103-125.

He J H, Ding W L, Jiang Z X, et al., 2017. Mineralogical and chemical distribution of the Es 3L oil shale in the Jiyang Depression, Bohai Bay Basin (E China): Implications for paleoenvironmental reconstruction and organic matter accumulation. Marine and Petroleum Geology, 81: 196-219.

Henderson L M, Kracek F C, 1927. The fractional precipitation of barium and radium chromates. Journal of the American Chemical Society, 49(3): 738-749.

Hoefs J, 2018. Stable Isotope Geochemistry. Berlin: Springer.

Høgdahl O V E T, Melsom S, Bowen V T, 1968. Neutron activation analysis of lanthanide elements in sea water. Advances in Chemistry, 73: 308-325.

Hohl S V, Jiang S Y, Wei H Z, et al., 2019. Cd isotopes trace periodic (bio)geochemical metal cycling at the verge of the Cambrian animal evolution. Geochimica et Cosmochimica Acta, 263: 195-214.

Holbrook J, Wanas H, 2014. A fulcrum approach to assessing source-to-sink mass balance Using channel paleohydrologic paramaters derivable from common fluvial data sets with an example from the Cretaceous of Egypt. Journal of sedimentary Research, 84, 349-372.

Hooke R L, 1968. Steady-state relationships on arid-region alluvial fans in closed basins. American Journal of Science, 266(8): 609-629.

Hu D P, Li M H, Zhang X L, et al., 2020. Large mass-independent sulphur isotope anomalies link stratospheric volcanism to the Late Ordovician mass extinction. Nature Communications, 11(1): 2297.

Huang K J, Teng F Z, Shen B, et al., 2016. Episode of intense chemical weathering during the termination of the 635 Ma Marinoan glaciation. Proceedings of the National Academy of Sciences of the United States of America, 113(52): 14904-14909.

Irving A J, 1978. A review of experimental studies of crystal/liquid trace element partitioning. Geochimica et Cosmochimica Acta, 42(6): 743-770.

Irving A J, 1980. Petrology and geochemistry of composite ultramafic xenoliths in alkalic basalts and implications for magmatic processes within the mantle. American Journal of Science, 280(2): 389-426.

Jacob H, 1985. Disperse solid bitumens as an indicator for migration and maturity in prospecting for oil and gas. Germany.

Jaffrés J B D, Shields G A, Wallmann K, 2007. The oxygen isotope evolution of seawater: A critical review of a long-standing controversy and an improved geological water cycle model for the past 3. 4 billion years. Earth-Science Reviews, 83(1-2): 83-122.

Jagoutz E, Palme H, Baddenhausen H, et al., 1979. The abundances of major, minor and trace elements in the earth's mantle as derived from primitive ultramafic nodules. Progress in Lunar and Planetary Science Coference, 10th: 2031-2050.

James N P. 1977. Facies Models 7. Introduction to Carbonate Facies Models. Geoscience Canada, 4: 123-125.

Jensen J, MacKintosh A R, 1991. Rare Earth Magnetism. Oxford: Oxford University Press.

Jian X, Guan P, Zhang W, et al., 2013. Geochemistry of Mesozoic and Cenozoic sediments in the northern Qaidam Basin, northeastern Tibetan Plateau: Implications for provenance and weathering. Chemical Geology, 360-3611: 74-88.

Jin C S, Li C, Algeo T J, et al., 2020. Controls on organic matter accumulation on the early-Cambrian western Yangtze Platform, South China. Marine and Petroleum Geology, 111: 75-87.

Jin Z D, Li F C, Cao J J, et al., 2006. Geochemistry of Daihai Lake sediments, Inner Mongolia, North China: implications for provenance, sedimentary sorting, and catchment weathering. Geomorphology, 80(3-4): 147-163.

Jones B, Manning D A C, 1994. Comparison of geochemical indices used for the interpretation of palaeoredox conditions in ancient mudstones. Chemical Geology, 111(1-4): 111-129.

Jones R W, 1987. Organic facies// Brooks, J. D. (Ed.), Advances in Petroleum Geochemistry vol. 2. London: Academic Press.

Jørgensen B B, 1977. Bacterial sulfate reduction within reduced microniches of oxidized marine sediments. Marine Biology, 41(1): 7-17.

Karsh K L, Trull T W, Lourey M J, et al., 2003. Relationship of nitrogen isotope fractionation to phytoplankton size and iron availability during the Southern Ocean Iron Release Experiment (SOIREE). Limnology and Oceanography, 48(3): 1058-1068.

Kasting J F, Howard M T, Wallmann K, et al., 2006. Paleoclimates, ocean depth, and the oxygen isotopic composition of seawater. Earth and Planetary Science Letters, 252(1-2): 82-93.

Kaufman A, Broecker W S, Ku T L, et al., 1971. The status of U-series methods of mollusk dating. Geochimica et Cosmochimica Acta, 35(11): 1155-1183.

Kershaw S, Liu M, 2015. Modern black sea oceanography applied to the end-Permian extinction event. Journal of Palaeogeography, 4(1): 52-62.

Kimura H, Watanabe Y, 2001. Oceanic anoxia at the Precambrian-Cambrian boundary. Geology, 29(11): 995-998.

Kinman W S, Neal C R, 2006. Magma evolution revealed by anorthite-rich plagioclase cumulate xenoliths from the Ontong Java Plateau: insights into LIP magma dynamics and melt evolution. Journal of Volcanology and Geothermal Research, 154(1-2): 131-157.

Kipp M A, Stüeken E E, Bekker A, et al., 2017. Selenium isotopes record extensive marine suboxia during the Great Oxidation Event. Proceedings of the National Academy of Sciences of the United States of America, 114(5): 875-880.

Knauth L P, Lowe D R, 1978. Oxygen isotope geochemistry of cherts from the Onverwacht Group (3. 4 billion years): Transvaal, South Africa, with implications for secular variations in the isotopic composition of cherts. Earth and Planetary Science Letters, 41(2): 209-222.

Kothari A, Gujral S S, 2013. Introduction to bio-fuel and its production from algae: An overview. International Journal of Pharmacy and Biological Sciences, 3: 269-280.

Kritee K, Sigman D M, Granger J, et al., 2012. Reduced isotope fractionation by denitrification under conditions relevant to the ocean. Geochimica et Cosmochimica Acta, 92: 243-259.

Kryza R, Crowley Q G, Larionov A, et al., 2012. Chemical abrasion applied to SHRIMP zircon geochronology: An example from the Variscan Karkonosze Granite (Sudetes, SW Poland). Gondwana Research, 21(4): 757-767.

Kump L R, Brantley S L, Arthur M A, 2000. Chemical weathering, atmospheric CO_2, and climate. Annual Review of Earth and Planetary Sciences, 28: 611-667.

Kunzmann M, Halverson G P, Sossi P A et al., 2013. Zn isotope evidence for immediate resumption of primary productivity after snowball Earth. Geology, 41(1): 27-30.

Lau K V, Maher K, Altiner D, et al., 2016. Marine anoxia and delayed earth system recovery after the end-Permian extinction. Proceedings of the National Academy of Sciences of the United States of America 113(9): 2360-2365.

Lehmann M F, Bernasconi S. M, Barbieri A, et al., 2002. Preservation of organic matter and alteration of its carbon and nitrogen isotope composition during simulated and in situ early sedimentary diagenesis. Geochimica et Cosmochimica Acta, 66(20): 3573-3584.

Lerman A D I, Gat J, 1989. Physics and chemistry of lakes. Berlin: Springer-Verlag. Lerman A, 1978. Lakes: Chemistry, Geology, Physics. Springer Press, Verlag Berlin Heidelberg, pp. 10-100.

Lézin C, Andreu B, Pellenard P, et al., 2013. Geochemical disturbance and paleoenvironmental changes during the Early Toarcian in NW Europe. Chemical Geology, 341: 1-15.

Li D D, Zhang X L, Zhang X, et al., 2020. A paired carbonate-organic $\delta^{13}C$ approach to understanding the Cambrian Drumian carbon isotope excursion (DICE). Precambrian Research, 349: 105503.

Li S L, Li W Q, Beard B L, et al., 2019. K isotopes as a tracer for continental weathering and geological K cycling. Proceedings of the National Academy of Sciences of the United States of America, 116(18): 8740-8745.

Li X H, Liu Y, Li Q L, et al., 2009. Precise determination of Phanerozoic zircon Pb/Pb age by multi-collector SIMS without external standardization. Geochemistry, Geophysics, Geosystems, 10(4): Q04010.

Liang Q S, Tian J C, Zhang X, et al., 2020. Elemental geochemical characteristics of Lower-Middle Permian mudstones in Taikang Uplift, southern North China Basin: implications for the FOUR-PALEO conditions. Geosciences Journal, 24(1): 17-33.

Little S H, Vance D, Walker-Brown C, et al., 2014. The oceanic mass balance of copper and zinc isotopes, investigated by analysis of their inputs, and outputs to ferromanganese oxide sediments. Geochimica et Cosmochimica Acta, 125: 673-693.

Little S H, Munson S, Prytulak J, et al., 2019. Cu and Zn isotope fractionation during extreme chemical weathering. Geochimica et Cosmochimica Acta, 263: 85-107.

Liu Q H, Zhu X M, Yang Y, et al., 2016. Sequence stratigraphy and seismic geomorphology application of facies architecture and sediment-dispersal patterns analysis in the third member of Eocene Shahejie Formation, slope system of Zhanhua Sag, Bohai Bay Basin, China. Marine and Petroleum Geology, 78: 766-784.

Liu S A, Teng F Z, Li S G, et al., 2014b. Copper and iron isotope fractionation during weathering and pedogenesis: Insights from saprolite profiles. Geochimica et Cosmochimica Acta, 146: 59-75.

Liu S X, Wu C F, Li T, et al., 2018. Multiple geochemical proxies controlling the organic matter accumulation of the marine-continental transitional shale: A case study of the Upper Permian Longtan Formation, western Guizhou, China. Journal of Natural Gas Science and Engineering, 56: 152-165.

Liu W Q, Yao J X, Tong J N, et al., 2019. Organic matter accumulation on the Dalong Formation (Upper Permian) in western Hubei, South China: Constraints from multiple geochemical proxies and pyrite morphology. Palaeogeography, Palaeoclimatology, Palaeoecology, 514: 677-689.

Liu X M, Rudnick R L, 2011. Constraints on continental crustal mass loss via chemical weathering using lithium and its isotopes. Proceedings of the National Academy of Sciences of the United States of America, 108(52): 20873-20880.

Liu X M, Teng F Z, Rudnick R L, et al., 2014a. Massive magnesium depletion and isotope fractionation in weathered basalts. Geochimica et Cosmochimica Acta, 135: 336-349.

Liu Y, Li Q L, Tang G Q, et al., 2015. Towards higher precision SIMS U-Pb zircon geochronology via dynamic multi-collector analysis. Journal of Analytical Atomic Spectrometry 30(4): 979-985.

Loubet M, Shimizu N, Allègre C J, 1975. Rare earth elements in alpine peridotites. Contributions to Mineralogy and Petrology, 53(1): 1-12.

Ludwig K R, 1998. On the treatment of concordant uranium-lead ages. Geochimica et Cosmochimica Acta, 62(4): 665-676.

Lv Y W, Liu S A, Zhu J M, et al., 2016. Copper and zinc isotope fractionation during deposition and weathering of highly metalliferous black shales in central China. Chemical Geology, 445: 24-35.

Maher K, Chamberlain C P, 2014. Hydrologic regulation of chemical weathering and the geologic carbon cycle. Science, 343(6178): 1502-1504.

Malinovsky D, Rodushkin I, Baxter D C, et al., 2005. Molybdenum isotope ratio measurements on geological samples by MC-ICPMS. International Journal of Mass Spectrometry, 245(1-3): 94-107.

Marchig V, Gundlach H, Möller P, et al., 1982. Some geochemical indicators for discrimination between diagenetic and hydrothermal metalliferous sediments. Marine Geology, 50(3): 241-256.

Mariotti A, Germon J C, Hubert P, et al., 1981. Experimental determination of nitrogen kinetic isotope fractionation: some principles: illustration for the denitrification and nitrification processes. Plant and Soil, 62(3): 413-430.

Markwitz V, Kirkland C L, 2018. Source to sink zircon grain shape: Constraints on selective preservation and significance for Western Australian Proterozoic basin provenance. Geoscience Frontiers, 9(2): 415-430.

Martin J M, Høgdahl O, Philippot J C, 1976. Rare earth element supply to the Ocean. Journal of Geophysical Research, 81(18): 3119-3124.

Mattinson J M, 2005. Zircon U-Pb chemical abrasion ("CA-TIMS") method: Combined annealing and multi-step partial dissolution analysis for improved precision and accuracy of zircon ages. Chemical Geology, 220(1-2): 47-66.

Maynard J B, 1983. Geochemistry of Sedimentary Ore Deposits[M]. New York, Heidelberg, Berlin: Springer-Verlag.

McAlister J, Orians K, 2012. Calculation of river-seawater endmembers and differential trace metal scavenging in the Columbia River plume. Estuarine, Coastal and Shelf Science, 99: 31-41.

McDonough W F, Sun S S, 1995. The composition of the Earth. Chemical geology, 120(3-4): 223-253.

McIlvin M R, Altabet M A, 2005. Chemical conversion of nitrate and nitrite to nitrous oxide for nitrogen and oxygen isotopic analysis in freshwater and seawater. Analytical Chemistry, 77(17): 5589-5595.

McKay J L, Longstaffe F J, 2003. Sulphur isotope geochemistry of pyrite from the Upper Cretaceous Marshybank Formation, Western Interior Basin. Sedimentary Geology, 157(3-4): 175-195.

McLennan S M, Taylor S R, 1991. Sedimentary rocks and crustal evolution: tectonic setting and secular trends. The Journal of Geology, 99(1): 1-21.

McLennan S M, Hemming S, Mcdaniel D K, et al., 1993. Geochemical approaches to sedimentation, provenance, and tectonics. Geological Society of America: 21-40.

Meyers P A, Bernasconi S M, Forster A, 2006. Origins and accumulation of organic matter in expanded Albian to Santonian black shale sequences on the Demerara Rise, South American margin. Organic Geochemistry, 37(12): 1816-1830.

Middelburg J J, Comans R N J, 1991. Sorption of cadmium on hydroxyapatite. Chemical Geology, 90(1-2): 45-53.

Millet M A, Dauphas N, 2014. Ultra-precise titanium stable isotope measurements by double-spike high resolution MC-ICP-MS. Journal of Analytical Atomic Spectrometry, 29(8): 1444-1458.

Millot R, Guerrot C, Vigier N, 2004. Accurate and high precision measurement of lithium isotopes in two-reference materials by MC-ICP-MS. Geostandards and Geoanalytical Research, 28(1): 153-159.

Morford J L, Russell A D, Emerson S, 2001. Trace metal evidence for changes in the redox environment associated with the transition from terrigenous clay to diatomaceous sediments, Saanich Inlet, BC. Marine Geology, 174(1-4): 355-369.

Morlotti R, Ottonello G, 1982. Solution of rare earth elements in silicate solid phases: henry's law revisited in light of defect chemistry. Physics and Chemistry of Minerals, 8(2): 87-97.

Müller T, Jurikova H, Gutjahr M, et al., 2020. Ocean acidification during the early Toarcian extinction event: Evidence from boron isotopes in brachiopods. Geology 48(12): 1184-1188.

Mundil R, Ludwig K R, Metcalfe I, et al., 2004. Age and timing of the Permian mass extinctions: U/Pb dating of closed-system zircons. Science 305(5691): 1760-1763.

Murray R W, 1994. Chemical criteria to identify the depositional environment of chert: General principles and applications. Sedimentary Geology, 90(3-4): 213-232.

Nara F W, Watanabe T, Kakegawa T, et al., 2014. Biological nitrate utilization in south Siberian lakes (Baikal and Hovsgol) during the Last Glacial period: the influence of climate change on primary productivity. Quaternary Science Reviews, 90: 69-79.

Needoba J A, Waser N A, Harrison P J, et al., 2003. Nitrogen isotope fractionation in 12 species of marine phytoplankton during growth on nitrate. Marine Ecology Progress Series, 255: 81-91.

Nesbitt H W, Young G M, 1982. Early Proterozoic climates and plate motions inferred from major element chemistry of lutites. Nature, 299: 715-717.

Nesbitt H W, Young G M, 1984. Prediction of some weathering trends of plutonic and volcanic rocks based on thermodynamic and kinetic considerations. Geochimica et Cosmochimica Acta, 48(7): 1523-1534.

Neumann H, Jensen B B, Brunfelt A O, 1966. Distribution patterns of rare earth elements in mineral. Norsk Geologisk Tidsskrift, 46: 141-179.

Nie Y, Fu X G, Liu X C, et al., 2023. Organic matter accumulation mechanism under global/regional warming: Insight from the Late Barremian calcareous shales in the Qiangtang Basin (Tibet). Journal of Asian Earth Sciences, 241: 105456.

Nielsen S G,, Rehkämper M, Porcelli D, et al., 2005. Thallium isotope composition of the upper continental crust and rivers—an investigation of the continental sources of dissolved marine thallium. Geochimica et Cosmochimica Acta, 69(8): 2007-2019.

Ning M, Lang X G, Huang K J, et al., 2020. Towards understanding the origin of massive dolostones. Earth and Planetary Science Letters, 545: 116403.

O'Neil J R, 1986. Theoretical and experimental aspects off isotopic fractionation. Reviews in Mineralogy and Geochemistry, 16: 1-40.

O'Nions R K, Powell R, 1977. The thermodynamics of trace element distribution. // Thermodynamics in Geology. Dordrecht: Springer.

Oliva P, Viers J, Dupré B, 2003. Chemical weathering in granitic environments. Chemical Geology, 202(3-4): 225-256.

Orians K J, Bruland K W, 1988. The marine geochemistry of dissolved gallium: A comparison with dissolved aluminum. Geochimica et Cosmochimica Acta, 52(12): 2955-2962.

Ostrander C M, Owens J D, Nielsen S G, 2017. Constraining the rate of oceanic deoxygenation leading up to a Cretaceous Oceanic Anoxic Event (OAE-2: ～94 Ma). Science Advances, 3(8): e1701020.

Owens J D, Nielsen S G, Horner T J, et al., 2017. Thallium-isotopic compositions of euxinic sediments as a proxy for global manganese-oxide burial. Geochimica et Cosmochimica Acta, 213: 291-307.

Palme H, O'Neill H St C. 2007. Cosmochemical Estimates of Mantle Composition. //Treatise on Geochemistry. Amsterdam: Elsevier: 1-38.

Panahi A, Young G M, Rainbird R H, 2000. Behavior of major and trace elements（including REE）during Paleoproterozoic pedogenesis and diagenetic alteration of an Archean granite near Ville Marie, Québec, Canada. Geochimica et Cosmochimica Acta, 64（13）: 2199-2220.

Parker A, 1970. An index of weathering for silicate rocks. Geological Magazine 107（6）: 501-504.

Payne J L, Turchyn A V, Paytan A, et al., 2010. Calcium isotope constraints on the end-Permian mass extinction. Proceedings of the National Academy of Sciences of the United States of America, 107（19）: 8543-8548.

Paytan A, Kastne, R M, 1996. Benthic Ba fluxes in the central Equatorial Pacific, implications for the oceanic Ba cycle. Earth and Planetary Science Letters, 142（3-4）: 439 -450.

Pedersen T F, Calvert S E, 1990. Anoxia vs. productivity: what controls the formation of organic-carbon-rich sediments and sedimentary rocks? AAPG Bulletin, 74: 454-466.

Peter J M, Scott S D, 1988. Mineralogy, composition, and fluid-inclusion microthermometry of seafloor hydrothermal deposits in the Southern Trough of Guaymas Basin, Gulf of California. Canadian Mineralogist, 26（3）: 567-587.

Pettijohn F J, 1975. Sedimentary Rocks, third editon. New York: Harper and Row.

Pfeifer K, Kasten S, Hensen C, et al., 2001. Reconstruction of primary productivity from the barium contents in surface sediments of the South Atlantic Ocean. Marine Geology, 177（1-2）: 13-24.

Pichat S, Douchet C, Albarède F, 2003. Zinc isotope variations in deep-sea carbonates from the Eastern Equatorial Pacific over the last 175 ka. Earth and Planetary Science Letters, 210（1-2）: 167-178.

Piper D Z, Perkins R B, 2004. A modern vs. Permian black shale-the hydrography, primary productivity, and water-column chemistry of deposition. Chemical Geology, 206（3-4）: 177-197.

Platt A W G, 2012. Group trends. In: Atwood DA（ed）The rare earth elements-fundamentals and applications. Chichester: Wiley.

Porcelli D, Baskaran M, 2011. An overview of isotope geochemistry in environmental studies//Baskaran M. Handbook of Environmental Isotope Geochemistry. Berlin, Heidelberg: Springer.

Poulson R L, Siebert C, McManus J, et al., 2006. Authigenic molybdenum isotope signatures in marine sediments. Geology, 34（8）: 617-620.

Puchelt H, Sabels B R, Hoering T C, 1971. Preparation of sulfur hexafluoride for isotope geochemical analysis. Geochimica et Cosmochimica Acta, 35（6）: 625-628.

Raiswell R, Buckley F, Berner R A, et al., 1988. Degree of pyritization of iron as a paleoenvironmental indicator of bottom-water oxygenation. Journal of Sedimentary Petrology, 58: 812-819.

Rampen S W, Friedl T, Rybalka N, et al., 2022. The Long chain Diol Index: A marine palaeotemperature proxy based on eustigmatophyte lipids that records the warmest seasons. Proceedings of the National Academy of Sciences of the United States of America, 119（16）: e2116812119.

Reinhard C T, Planavsky N J, Wang X L, et al., 2014. The isotopic composition of authigenic chromium in anoxic marine sediments: a case study from the Cariaco Basin. Earth and Planetary Science Letters, 407: 9-18.

Reynolds R C Jr, 1965. The concentration of boron in Precambrian seas. Geochimica et Cosmochimica Acta, 29（1）: 1-16.

Riding R, Liang L Y, 2005. Geobiology of microbial carbonates: Metazoan and seawater saturation state influences on secular trends during the Phanerozoic. Palaeogeography, Palaeoclimatology, Palaeoecology, 219（1-2）: 101-115.

Ringwood A E, 1966. The chemical composition and origin of the Earth. Advances in Earth Science, 65, 287.

Ripperger S, Rehkämper M, 2007. Precise determination of cadmium isotope fractionation in seawater by double spike MC-ICPMS. Geochimica et Cosmochimica Acta, 71 (3): 631-642.

Roberts J, Kaczmarek K, Langer G, et al., 2018. Lithium isotopic composition of benthic foraminifera: A new proxy for paleo-pH reconstruction. Geochimica et Cosmochimica Acta, 236: 336-350.

Robinson R S, Sigman D M, 2008. Nitrogen isotopic evidence for a poleward decrease in surface nitrate within the ice age Antarctic. Quaternary Science Reviews, 27 (9-10): 1076-1090.

Rogers G, Dempster T J, Bluck B J, et al., 1989. A high precision U-Pb age for the Ben Vuirich granite: implications for the evolution of the Scottish Dalradian Supergroup. Journal of the Geological Society, 146 (5): 789-798.

Rogers M, 1979. PD 1 (3) Application of Organic Facies Concepts to Hydrocarbon Source Rock Evaluation[J]. World Petroleum Congress, 2: 23-30.

Roser B P, Korsch R J, 1999. Geochemical characterization, evolution and source of a Mesozoic accretionary wedge, the Torlesse Terrane, New Zealand. Geological Magazine, 136 (5): 493-512.

Ross D J K, Bustin R M, 2009, Investigating the use of sedimentary geochemical proxies for paleoenvironment interpretation of thermally mature organic-rich strata: Examples from the Devonian-Mississippian shales, Western Canadian Sedimentary Basin. Chemical Geology, 260 (1-2): 1-19.

Ross J E, Aller L H, 1976. The chemical composition of the sun. Science, 191 (4233): 1223-1229.

Roy D K, Roser B P, 2013. Climatic control on the composition of Carboniferous-Permian Gondwana sediments, Khalaspir basin, Bangladesh. Gondwana Research, 23 (3): 1163-1171.

Russell A D, Morford J L, 2001. The behavior of redox-sensitive metals across a laminated mssive-laminated transition in Saanich Inlet, British Columbia. Marine Geology, 174 (1-4): 341-354.

Saylor J E, Sundell K E, 2016. Quantifying comparison of large detrital geochronology data sets. Geosphere, 12 (1): 203-220.

Schilling J G, 1973. Iceland mantle plume: Geochemical study of reykjanes ridge. Nature, 242: 565-571.

Schmitz B, 1987. Barium, equatorial high productivity, and the northward wandering of the Indian continent. Paleoceanography, 2 (1): 63-77.

Schnetzler C C, Philpotts J A, 1970. Partition coefficients of rare-earth elements between igneous matrix material and rock-forming mineral phenocrysts, II. Geochimica et Cosmochimica Acta, 34 (3): 331-340.

Schoenberg R, Zink S, Staubwasser M, et al., 2008. The stable Cr isotope inventory of solid earth reservoirs determined by double spike MC-ICP-MS. Chemical Geology, 249 (3-4): 294-306.

Schwarcz H P, Burnie S W, 1973. Influence of sedimentary environments on sulfur isotope ratios in clastic rocks: a review. Mineralium Deposita, 8 (3): 264-277.

Shannon R D, 1976. Revised effective ionic radii and systematic studies of interatomic distances in halides and chalcogenides. Acta Crystallographica Section A, 32 (5): 751-767.

Shao J Q, Yang S Y, 2012. Does chemical index of alteration (CIA) reflect silicate weathering and monsoonal climate in the Changjiang River Basin? Chinese Science Bulletin, 57 (10): 1178-1187.

Shcherbakov Y G, 1979. The distribution of elements in the geochemical provinces and ore deposits. Physics and Chemistry of the Earth, 11: 689-695.

Shen J, Algeo T J, Planavsky N J, et al., 2019. Mercury enrichments provide evidence of Early Triassic volcanism following the end-Permian mass extinction. Earth-Science Reviews, 195: 191-212.

Shen S Z, Crowley J L, Wang Y, et al., 2011. Calibrating the end-Permian mass extinction. Science, 334(6061): 1367-1372.

Shields G Stille P, 2001. Diagenetic constraints on the use of cerium anomalies as palaeoseawater redox proxies: An isotopic and REE study of Cambrian phosphorites. Chemical Geology, 175(1-2): 29-48.

Siebert C, Nägler T F, von Blanckenburg F, et al., 2003. Molybdenum isotope records as a potential new proxy for paleoceanography. Earth and Planetary Science Letters, 211(1-2): 159-171.

Sigman D M, Altabet M A, McCorkle D C, et al., 1999. The $\delta^{15}N$ of nitrate in the southern ocean: Consumption of nitrate in surface waters. Global Biogeochemical Cycles, 13(4): 1149-1166.

Sømme T O, Jackson C A L, 2013. Source-to-sink analysis of ancient sedimentary systems using a subsurface case study from the Møre-Trøndelag area of southern Norway: Part 2-sediment dispersal and forcing mechanisms. Basin Research, 25(5): 512-531.

Song H J, Song H Y, Tong J N, et al., 2021. Conodont calcium isotopic evidence for multiple shelf acidification events during the Early Triassic. Chemical Geology, 562: 120038.

Steiner M, Wallis E, Erdtmann B D, et al., 2001. Submarine-hydrothermal exhalative ore layers in black shales from South China and associated fossils - insights into a Lower Cambrian facies and bio-evolution. Palaeogeography, Palaeoclimatology, Palaeoecology, 169(3-4): 165-191.

Stirling C H, Andersen M B, 2009. Uranium-series dating of fossil coral reefs: Extending the sea-level record beyond the last glacial cycle. Earth and Planetary Science Letters, 284(3-4): 269-283.

Stosch H G, Seck H A, 1980. Geochemistry and mineralogy of two spinel peridotite suites from Dreiser Weiher, West Germany. Geochimica et Cosmochimica Acta, 44(3): 457-470.

Stüeken E E, Buick R, Bekker A, et al., 2015. The evolution of the global selenium cycle: Secular trends in Se isotopes and abundances. Geochimica et Cosmochimica Acta, 162: 109-125.

Sun H, Xiao Y L, Gao Y J, et al., 2018. Rapid enhancement of chemical weathering recorded by extremely light seawater lithium isotopes at the Permian-Triassic boundary. Proceedings of the National Academy of Sciences of the United States of America, 115(15): 3782-3787.

Sweere T, van den Boorn S, Dickson A J, et al., 2016. Definition of new trace metal proxies for the controls on organic matter enrichment in marine sediments based on Mn, Co, Mo and Cd concentrations. Chemical Geology, 441: 235-245.

Syvitski J P M, Milliman J D, 2007. Geology, geography, and humans battle for dominance over the delivery of fluvial sediment to the coastal ocean. The Journal of Geology, 115(1): 1-19.

Taylor S R, 1964. Abundance of chemical elements in the continental crust: A new table. Geochimica et Cosmochimica Acta, 28(8): 1273-1285.

Taylor S R, 1965. The application of trace element data to problems in petrology. Physics and Chemistry of the Earth, 6: 133-213.

Taylor S R, McLennan S M, 1985. The continental crust: its composition and evolution. Oxford: Blackwell Scientific Publication.

Taylor S R, McLennan S M, 1995. The geochemical evolution of the continental crust. Reviews of Geophysics, 33(2): 241-265.

Teng F Z, Hu Y, Ma J L, et al., 2020. Potassium isotope fractionation during continental weathering and implications for global K isotopic balance. Geochimica et Cosmochimica Acta, 278: 261-271.

Tera F, Wasserburg G J, 1972. U-Th-Pb systematics in lunar highland samples from the Luna 20 and Apollo 16 missions. Earth and Planetary Science Letters, 17(1): 36-51.

Thamdrup B, Dalsgaard T, 2002. Production of N_2 through anaerobic ammonium oxidation coupled to nitrate reduction in marine sediments. Applied and Environmental Microbiology, 68(3): 1312-1318.

Them T R, Gill B C, Caruthers A H, et al., 2018. Thallium isotopes reveal protracted anoxia during the Toarcian (Early Jurassic) associated with volcanism, carbon burial, and mass extinction. Proceedings of the National Academy of Sciences of the United States of America, 115(26): 6596-6601.

Thibodeau A M, Ritterbush K, Yager J A, et al., 2016. Mercury anomalies and the timing of biotic recovery following the end-Triassic mass extinction. Nature Communications, 7: 11147.

Thompson C M, Ellwood M J, 2014. Dissolved copper isotope biogeochemistry in the Tasman Sea, SW Pacific Ocean. Marine Chemistry, 165: 1-9.

Thurber D L, Broecker W S, Blanchard R L, et al., 1965. Uranium-series ages of pacific atoll coral. Science, 149(3679): 55-58.

Tipper E, Galy A, Bickle M, 2006. Riverine evidence for a fractionated reservoir of Ca and Mg on the continents: Implications for the oceanic Ca cycle. Earth and Planetary Science Letters, 247(3-4): 267-279.

Tisc-hendorf G, Harff J, 1985. Dispresive and accumulative elements. Chem. Erde, 44: 79-88.

Tissot F L H, Dauphas N, 2015. Uranium isotopic compositions of the crust and ocean: age corrections, U budget and global extent of modern anoxia. Geochimica et Cosmochimica Acta, 167: 113-143.

Toth J R, 1980. Deposition of submarine crusts rich in manganese and iron. Geological Society of America Bulletin, 91(1): 44-54.

Tribovillard N, Algeo T J, Lyons T, et al., 2006. Trace metals as paleoredox and paleoproductivity proxies: An update. Chemical Geology, 232(1-2): 12-32.

Tribovillard N, Algeo T J, Baudin F, et al., 2012. Analysis of marine environmental conditions based onmolybdenum-uranium covariation-Applications to Mesozoic paleoceanography. Chemical Geology, 324-325: 46-58.

Turekian K K, Katz A, Chan L, 1973. Trace element trapping in pteropod tests1. Limnology and Oceanography, 18(2): 240-249.

Tyson R V, Pearson T H, 1991. Modern and ancient continental shelf anoxia:: An overview. Geological Society, London, Special Publications, 58(1): 1-24.

Van Mooy B A S, Keil R G, Devol A H, 2002. Impact of suboxia on sinking particulate organic carbon: Enhanced carbon flux and preferential degradation of amino acids via denitrification. Geochimica et Cosmochimica Acta, 66(3): 457-465.

Veizer J, Hoefs J, 1976. The nature of O^{18}/O^{16} and C^{13}/C^{12} secular trends in sedimentary carbonate rocks. Geochimica et Cosmochimica Acta, 40(11): 1387-1395.

Vietti L A, Bailey J V, Fox D L, et al., 2015. Rapid formation of framboidal sulfides on bone surfaces from a simulated marine carcass fall. PALAIOS, 30(4): 327-334.

von Pogge Strandmann P A E, Jenkyns H C, Woodfine R G, 2013. Lithium isotope evidence for enhanced weathering during Oceanic Anoxic Event 2. Nature Geoscience, 6: 668-672.

von Pogge Strandmann P A E, Kasemann S A, Wimpenny J B, 2020. lithium and lithium isotopes in earth's surface cycles. Elements, 16(4): 253-258.

Wakita H, Rey P, Schmitt R A, 1971. Abundances of the 14 rare-earth elements and 12 other trace elements in Apollo 12 samples: Five igneous and one breccia rocks and four soils. Lunar and Planetary Science Conference Proceedings, 2: 1319-1329.

Walker C T, 1968. Evaluation of boron as a paleosalinity indicator and its application to offshore prospects. AAPG Bulletin, 52: 751-766.

Wang S J, Rudnick R L, Gaschnig R M, et al., 2019a. Methanogenesis sustained by sulfide weathering during the Great Oxidation Event. Nature Geoscience, 12: 296-300.

Wang Z C, Park J W, Wang X, et al., 2019b. Evolution of copper isotopes in arc systems: Insights from lavas and molten sulfur in Niuatahi volcano, Tonga rear arc. Geochimica et Cosmochimica Acta, 250: 18-33.

Wang Z W, Fu X G, Feng X L, et al., 2017a. Geochemical features of the black shales from the Wuyu Basin, southern Tibet: Implications for palaeoenvironment and palaeoclimate. Geological Journal, 52(2): 282-297.

Wang Z W, Wang J, Fu X G, et al., 2017b. Organic material accumulation of Carnian mudstones in the North Qiangtang Depression, eastern Tethys: Controlled by the paleoclimate, paleoenvironment, and provenance. Marine and Petroleum Geology, 88: 440-457.

Wang Z W, Wang J, Fu X G, et al., 2018. Geochemistry of the Upper Triassic black mudstones in the Qiangtang Basin, Tibet: Implications for paleoenvironment, provenance, and tectonic setting. Journal of Asian Earth Sciences, 160: 118-135.

Waser N A D, Harrison P J, Nielsen B, et al., 1998. Nitrogen isotope fractionation during the uptake and assimilation of nitrate, nitrite, ammonium, and urea by a marine diatom. Limnology and Oceanography, 43(2): 215-224.

Watkins S E, Whittaker A C, Bell R E, et al., 2019. Are landscapes buffered to high-frequency climate change? A comparison of sediment fluxes and depositional volumes in the Corinth Rift, central Greece, over the past 130 k. y. Geological Society of America Bulletin, 131(3-4): 372-388.

Watts K E, Coble M A, Vazquez J A, et al., 2016. Chemical abrasion-SIMS (CA-SIMS) U-Pb dating of zircon from the late Eocene Caetano caldera, Nevada. Chemical Geology, 439: 139-151.

Wei G J, McCulloch M T, Mortimer G, et al., 2009. Evidence for ocean acidification in the Great Barrier Reef of Australia. Geochimica et Cosmochimica Acta, 73(8): 2332-2346.

Wei H Y, Chen D Z, Wang J G, et al., 2012. Organic accumulation in the lower Chihsia Formation (Middle Permian) of South China: constraints from pyrite morphology and multiple geochemical proxies. Palaeogeography, Palaeoclimatology, Palaeoecology, 353-355: 73-86.

Wei H Y, Shen J, Schoepfer S D, et al., 2015. Environmental controls on marine ecosystem recovery following mass extinctions, with an example from the Early Triassic. Earth-Science Reviews, 149: 108-135.

Wei W, Algeo T J, 2020. Elemental proxies for paleosalinity analysis of ancient shales and mudrocks. Geochimica et Cosmochimica Acta, 287: 341-366.

Wei W, Zeng Z, Shen J, et al., 2021. Dramatic changes in the carbonate-hosted barium isotopic compositions in the Ediacaran Yangtze Platform. Geochimica et Cosmochimica Acta, 299: 113-129.

Wen H J, Carignan J, Chu X L, et al., 2014. Selenium isotopes trace anoxic and ferruginous seawater conditions in the Early Cambrian. Chemical Geology, 390: 164-172.

Weyer S, Anbar A D, Gerdes A, et al., 2008. Natural fractionation of $^{238}U/^{235}U$. Geochimica et Cosmochimica Acta, 72(2): 345-359.

White D E, 1957. Thermal waters of volcanic origin. Geological Society of America Bulletin, 68(12): 1637-1658.

White W M, 2015. Isotope Geochemistry. Oxford: John Wiley & Sons Ltd.

Wieser M E, 2006. Atomic weights of the elements 2005 (IUPAC Technical Report). Pure and Applied Chemistry, 78(11): 2051-2066.

Wignall P B, Twitchett R J, 1996. Oceanic *Anoxia* and the end Permian mass extinction. Science, 272(5265): 1155-1158.

Wilkin R T, Barnes H L, Brantley S L, 1996. The size distribution of framboidal pyrite in modern sediments: An indicator of redox conditions. Geochimica et Cosmochimica Acta, 60(20): 3897-3912.

Wronkiewicz D J, Condie K C, 1987. Geochemistry of Archean shales from the Witwatersrand Supergroup, South Africa: Source-area weathering and provenance. Geochimica et Cosmochimica Acta, 51(9): 2401-2416.

Wronkiewicz D J, Condie K C, 1989. Geochemistry and provenance of sediments from the Pongola Supergroup, South Africa: evidence for a 3. 0-Ga-old continental craton. Geochimica et Cosmochimica Acta, 53 (7): 1537-1549.

Wu F, Owens J D, Scholz F, et al., 2020. Sedimentary vanadium isotope signatures in low oxygen marine conditions. Geochimica et Cosmochimica Acta, 284: 134-155.

Xiao H F, Deng W F, Wei G J, et al., 2020. A pilot study on zinc isotopic compositions in shallow-water coral skeletons. Geochemistry, Geophysics, Geosystems, 21 (11): e2020GC009430.

Xie G L, Shen Y L, Liu S G, et al., 2018. Trace and rare earth element (REE) characteristics of mudstones from Eocene Pinghu Formation and Oligocene Huagang Formation in Xihu Sag, East China Sea Basin: Implications for provenance, depositional conditions and paleoclimate. Marine and Petroleum Geology, 92: 20-36.

Xu C, Shan X L, Lin H M, et al., 2022. The formation of early Eocene organic-rich mudstone in the western Pearl River Mouth Basin, South China: Insight from paleoclimate and hydrothermal activity. International Journal of Coal Geology, 253: 103957.

Xu D T, Wang X Q, Zhu J M, et al., 2022. Chromium isotope evidence for oxygenation events in the Ediacaran Ocean. Geochimica et Cosmochimica Acta, 323: 258-275.

Yang J H, Jiang S Y, Ling H F, et al., 2004. Paleoceangraphic significance of redox-sensitive metals of black shales in the basal lower Cambrian Niutitang Formation in Guizhou Province, South China. Progress in Natural Science, 14 (2): 152-157.

Yin R S, Feng X B, Li X D, et al., 2014. Trends and advances in mercury stable isotopes as a geochemical tracer. Trends in Environmental Analytical Chemistry, 2: 1-10.

Yoshii K, Wada E, Takamatsu N, et al., 1999. ^{13}C and ^{15}N abundances in the sediment core (VER 92/1-St-10-GC2) from northern Lake Baikal. Isotopes in Environmental and Health Studies, 33 (3): 277-286.

Yu F, Fu X G, Xu G, et al., 2019. Geochemical, palynological and organic matter characteristics of the Upper Triassic Bagong Formation from the North Qiangtang Basin, Tibetan Plateau. Palaeogeography, Palaeoclimatology, Palaeoecology, 515: 23-33.

Yu W, Tian J C, Wang F, et al., 2022. Sedimentary environment and organic matter enrichment of black mudstones from the upper Triassic Chang-7 member in the Ordos Basin, Northern China. Journal of Asian Earth Sciences, 224: 105009.

Zaback D A, Pratt L M, Hayes J M, 1993. Transport and reduction of sulfate and immobilization of sulfide in marine black shales. Geology, 21 (2): 141-144.

Zeng Y H, Wei H Y, Fu X G, et al., 2022. Organic matter enrichment in a terrestrial-marine transitional environment driven by global/regional climate recorded in the Upper Permian succession from the Qiangtang Basin, northern Tibet. Journal of Asian Earth Sciences, 229: 105185.

Zhang B L, Yao S P, Wignall P B, et al., 2018. Widespread coastal upwelling along the Eastern Paleo-Tethys Margin (South China) during the Middle Permian (Guadalupian): Implications for organic matter accumulation. Marine and Petroleum Geology, 97: 113-126.

Zhang C Y, Guan S W, Wu L, et al., 2020. Depositional environments of early Cambrian marine shale, northwestern Tarim Basin, China: Implications for organic matter accumulation. Journal of Petroleum Science and Engineering, 194: 107497.

Zhang H, Zhang F F, Chen J B, et al., 2021. Felsic volcanism as a factor driving the end-Permian mass extinction. Science Advances, 7 (47): eabh1390.

Zhang K, Liu R, Liu Z J, et al., 2020. Influence of volcanic and hydrothermal activity on organic matter enrichment in the Upper Triassic Yanchang Formation, southern Ordos Basin, Central China. Marine and Petroleum Geology, 112: 104059.

Zhang L C, Xiao D S, Lu S F, et al., 2019. Effect of sedimentary environment on the formation of organic-rich marine shale: Insights from major/trace elements and shale composition. International Journal of Coal Geology, 204: 34-50.

Zhang Y, Horsfield B, Hou D J, et al., 2019. Impact of hydrothermal activity on organic matter quantity and quality during deposition in the Permian Dalong Formation, Southern China. Marine and Petroleum Geology, 110: 901-911.

Zhang Y X, Wen H J, Zhu C W, et al., 2018. Cadmium isotopic evidence for the evolution of marine primary productivity and the biological extinction event during the Permian-Triassic crisis from the Meishan section, South China. Chemical Geology, 481: 110-118.

Zhang Y X, Wen H J, Zhu C W, et al., 2021. Molybdenum isotopic evidence for anoxic marine conditions during the end-Permian mass extinction. Chemical Geology, 575: 120259.

Zhao J H, Jin Z J, Jin Z K, et al., 2016. Applying sedimentary geochemical proxies for paleoenvironment interpretation of organic-rich shale deposition in the Sichuan Basin, China. International Journal of Coal Geology, 163: 52-71.

Zhao Z Q, Shen B, Zhu J M, et al., 2021. Active methanogenesis during the melting of Marinoan snowball Earth. Nature Communications, 12(1): 955.